JN272844

化学教科書シリーズ

第2版
電気化学概論

松田好晴　岩倉千秋　共著

丸善出版

初版まえがき

　この「化学教科書シリーズ」の中で「電気化学概論」の出版が企画され，その原稿を執筆するにあたり，できる限り理解しやすく，応用力のつくように，同時に最近の新しい電気化学分野の話題も多く含めたい，図表も多くして初学者にも喜ばれるような教科書をつくりたいなどとよくばって考えた．そのため，大学の工学部の化学系，電気電子系は言うまでもなく，工学系の短期大学や工業高等専門学校の学生，生徒にも，さらには電気化学の応用に関心のある大学院生，研究者，技術者などにも興味をもって読んでいただけるように実例を多く取り入れ，数式は必要最小限にとどめた．
　1章から4章までが電気化学の基礎の分野で，5章以降が応用の分野である．そして，5章の電池と6章の電気分解は応用の基礎ともいえるところで，この二つの章はやや詳しく記述した．7章以下では表面の高機能化，金属の腐食防食，光がかかわる電気化学，生物，情報，環境などと電気化学が関連する分野についての基礎と最近の進歩について述べた．このような広い電気化学の領域をできるだけ短時間で講義できるように構成したつもりであるが，時間的制限がある場合には，5章以下はそれぞれ選択して独立して講義できるように配慮した．
　本書を執筆するにあたり，塩川二朗先生から多くの有効なご助言をいただいた．また，多数の著書，総説，解説などを参考にさせていただいた．さらに，著者らの大学の先生方をはじめ，多くの方々から数多くのご教示，ご助言をいただいた．とくに，山口大学工学部の森田昌行助教授には色々とお世話になっ

た．校正や図の作製では大阪府立大学工学部の著者の研究室の学生諸君に手伝ってもらった．ここで心からお礼申し上げたい．

　終りに，編集校正はもとより，常にはげましのお言葉をいただいた丸善出版事業部の中村俊司，小野栄美子両氏には深く謝意を表したい．

　1994年　盛夏

松　田　好　晴
岩　倉　千　秋

第2版まえがき

　本書の初版は平成6年に出版され，それ以降，電気化学に関する教育と電気化学の産業界などでの応用に貢献できたことに感謝している．しかし，この20年間で電気化学は化学分野に限られることなく電子・電気工学や，生命科学，医学・薬学分野，エネルギー・環境領域でより広く関係し，電気化学の知識と技術が用いられるようになってきた．このような状況に対応するために今回の改訂を行うことにした．

　すなわち，(1) 電気化学の進展に伴って，本文を新しい内容に変えるとともに，文章をできるだけ簡潔にした．(2) 逆に，工業的に重要でなくなってきた分野や技術については，記述を簡潔にするかあるいは削除した．(3) 本文を簡潔にするため，補足説明文を脚注へ移すとともに脚注を充実させた．用語の別名もすべて脚注へ移した．(4) 図表を増やすとともに充実させた．(5) 単位をできるだけ国際単位系(SI)に書き換えるとともに，単位の表記法をたとえばMから$mol\ dm^{-3}$のように変更した．(6) 章末演習問題中の計算問題については詳細な解を付けることにより，講義や自習の一助となるように工夫した．

　この改訂で新たな内容を加えて充実させることにより，これまでにも増して大学の学部専門課程はもとより高等工業専門学校から大学院までの講義に適応した教科書になるとともに，電気化学やその関連分野の研究者，技術者などにも大いに参考になるものと確信している．

　なお，本文はできるだけ簡潔にしたつもりであるが，それでも電気化学の学問範囲が広いために，半年2単位で本書全体を詳細に講義することには少し困

難を伴うかもしれない．しかし，後半を取捨選択して簡潔に説明すれば半年の講義も十分可能である．

　第 2 版を執筆するにあたり，塩川二朗大阪大学名誉教授から多くの有効な助言をいただいた．また，多数の著書，総説，解説，資料などを参考にさせていただいた．さらに，山口大学大学院理工学研究科森田昌行教授，関西大学化学生命工学部石川正司教授，大阪府立大学大学院工学研究科井上博史教授，山梨大学大学院工学研究科内田裕之教授，山梨大学クリーンエネルギー研究センター野原愼士准教授，立命館大学理工学部松岡政夫元教授をはじめ，多くの大学や企業の方々にご協力やご助言をいただいた．ここで心からお礼を申し上げる．

　終わりに，第 2 版の編集・校正にあたり，原稿の作成に常に励ましのお言葉をいただいた丸善出版の中村俊司氏，小野栄美子氏ならびに温かい助言と助力をいただいた松野尾倫子氏，糠塚さやか氏に深く謝意を表する．

　2014 年　初春

松　田　好　晴

岩　倉　千　秋

目　　次

1　電気化学の基礎 ··· *1*

　1・1　電気化学の歴史 ··· *1*

　1・2　電気化学セル ·· *4*

　1・3　ファラデーの法則 ·· *7*

2　電解質溶液の性質 ·· *11*

　2・1　電解質溶液の電気伝導率 ·· *11*

　2・2　モル電気伝導率 ·· *13*

　2・3　溶液中のイオン解離 ·· *16*

　2・4　イオンの輸率と移動度 ··· *19*

　2・5　イオン伝導の機構 ·· *24*

　2・6　電解質溶液中のイオンの活量 ······································ *26*

　2・7　非水電解質溶液 ··· *29*

3　電池の起電力と電極電位 ·· *35*

　3・1　電池の起電力 ·· *35*

　　　　電池の表示法と起電力(*35*)　　電池起電力の熱力学的計算
　　　　(*37*)　　可逆電池の標準起電力(*38*)　　電池の起電力に影響
　　　　する要因(*39*)

　3・2　電　極　電　位 ··· *41*

電極(半電池)の種類(41)　　標準水素電極と電極電位(42)
標準電極電位(44)　電極電位の熱力学的計算(46)　参照
電極(48)

3・3　膜　電　位 …………………………………………………………49
3・4　濃　淡　電　池 ……………………………………………………50
濃淡による電位の発生(50)　　電極濃淡電池(51)　　液絡の
ある電解質濃淡電池(51)　　液絡のない電解質濃淡電池(52)
液間電位(53)

4　電極反応の速度 ………………………………………………………57
4・1　電極と電解質溶液の界面の構造 ………………………………57
4・2　電極反応の素過程と反応速度 …………………………………60
電極反応の素過程(60)　　電極反応の速度と電流密度(60)
4・3　電　荷　移　動　過　程 …………………………………………62
単純な電荷移動過程の速度式(62)　　複雑な電荷移動過程の
速度式(68)
4・4　物　質　移　動　過　程 …………………………………………69
物質移動過程の速度式(69)
4・5　IR 損 の 影 響 ……………………………………………………72
4・6　電極反応速度の測定法 ……………………………………………73
4・7　電　極　触　媒　作　用 …………………………………………74

5　エネルギーの変換と貯蔵 ……………………………………………79
5・1　実　用　電　池　の　基　礎 ……………………………………79
電池の定義と分類(79)　　電池の構成，反応および起電力
(80)　　電池の容量，エネルギー密度および出力密度(83)
実用電池に求められる条件(84)
5・2　一　次　電　池 ……………………………………………………85

　　　　　マンガン乾電池(*85*)　　アルカリマンガン乾電池(*88*)　　酸
　　　　　化銀電池(*90*)　　空気電池(*91*)　　リチウム一次電池(*92*)
　　5・3　二　次　電　池 ………………………………………………… 94
　　　　　鉛蓄電池(*94*)　　ニッケル-カドミウム電池(*98*)　　ニッケル
　　　　　水素電池(*100*)　　リチウム二次電池(*102*)
　　5・4　燃　料　電　池 ………………………………………………… 108
　　5・5　電気二重層キャパシタ ………………………………………… 113

6　電気分解の応用 ……………………………………………………… 121

　　6・1　電気分解による物質の製造 …………………………………… 121
　　6・2　実用電解槽の基礎 ……………………………………………… 122
　　　　　電解槽の構成, 反応および分解電圧(*122*)　　実用電解槽の構
　　　　　成材料(*125*)
　　6・3　電　解　製　造 ………………………………………………… 128
　　　　　水電解(*128*)　　食塩電解(*131*)　　無機電解(*134*)　　有機電
　　　　　解(*134*)　　電解重合(*136*)　　溶融塩電解(*137*)
　　6・4　金属の電解採取と電解精錬 …………………………………… 138
　　　　　金属の電解採取(*138*)　　金属の電解精錬(*140*)
　　6・5　電　気　透　析 ………………………………………………… 141
　　6・6　め　っ　き ……………………………………………………… 142
　　　　　電気めっき(*143*)　　無電解めっき(*147*)　　複合めっき(*151*)
　　6・7　アノード処理 …………………………………………………… 152
　　　　　アノード酸化(*152*)　　電解着色(*155*)　　電解研磨(*155*)
　　6・8　電　着　塗　装 ………………………………………………… 157

7　金属の腐食とその防止 ……………………………………………… 161

　　7・1　腐　　　　　食 ………………………………………………… 161

腐食の種類(*161*)　　腐食の機構：局部電池機構(*162*)　　腐食の速度論：腐食電位と腐食電流(*166*)　　腐食の平衡論：電位-pH 図(*169*)　　不活態と不動態(*171*)

7・2　防　　　食 …………………………………………………… *173*

環境制御による防食(*173*)　　電気防食(*173*)　　表面被覆による防食(*175*)　　腐食抑制剤の添加による防食(*175*)　　合金化による防食(*177*)

8　光がかかわる電気化学 ………………………………………… *179*

8・1　半導体の電気伝導 ……………………………………………… *179*

バンド構造と真性半導体(*179*)　　自由電子と正孔(*181*)　　不純物半導体(*182*)

8・2　半導体のフェルミ準位と接合 ………………………………… *184*

フェルミ準位(*184*)　　半導体と金属の接合(*185*)　　n 型半導体と p 型半導体の接合(*187*)

8・3　半導体電極と分極と光照射 …………………………………… *188*

半導体電極と電解質溶液の界面の構造(*188*)　　半導体電極の分極特性(*189*)　　光照射の効果(*191*)

8・4　半導体電極を用いた光電池 …………………………………… *193*

8・5　半導体粉末光触媒 ……………………………………………… *195*

8・6　色素増感と色素増感太陽電池 ………………………………… *197*

9　生体の機能と電気化学 ………………………………………… *201*

9・1　細胞膜電位と神経興奮伝導 …………………………………… *201*

9・2　生体内酸化還元系 ……………………………………………… *205*

生体酸化還元電位(*205*)　　呼吸鎖電子伝達系(*208*)　　光合成電子伝達系(*209*)

9・3　生　体　計　測 ………………………………………………… *212*

電気泳動法(*212*)　バイオセンサー(*213*)　メディエーターを用いる生体計測(*216*)

10　電気化学を応用する計測 ……………………………… *219*

10・1　電気化学測定法の分類 ……………………………… *219*

定電流電解と定電位電解(*222*)　ポテンショメトリー(*223*)　アンペロメトリー(*226*)　クーロメトリー(*228*)　ボルタンメトリー(*230*)　対流ボルタンメトリー(*234*)　交流インピーダンス法(*237*)　コンダクトメトリー(*239*)　分光電気化学測定法(*240*)

10・2　セ　ン　サ　ー ……………………………… *242*

イオンセンサー(*242*)　ガスセンサー(*247*)

参考図書，参考文献および参考資料 ……………………………… *251*
付　　　表 ……………………………… *256*
演習問題解答 ……………………………… *259*
索　　　引 ……………………………… *269*

1

電気化学の基礎

　電気化学(electrochemistry)は，化学的現象のうちとくに電気と深い関係をもつ分野を対象とする学問である．電気化学的現象を利用した歴史はきわめて古いが，近代科学では1791年に，イタリアのガルバニ(Galvani)が金属製ナイフがカエルの筋肉に触れたときに，それが収縮するという現象(動物電気)を見出したのが電気化学のはじまりであるといわれている．本章では，その後の電気化学とその応用について記述する．そして，電気化学的現象の舞台となることが多い電気化学セル(electrochemical cell)で進行する現象を説明する．また，電気化学反応の基礎的法則であるファラデーの法則(Faraday's law)について述べる．

1・1　電気化学の歴史

　化学の分野のうち，電気ともっとも深い関係をもつのが電気化学である．このような分野での応用は古く，紀元前1世紀から紀元1世紀頃にはめっきなどの電源として，陶製のつぼに銅の円筒と鉄の棒を組み合せたバグダッド電池(battery)が使用されていたことがイラクで発掘された遺物からわかっている．
　このような素晴らしい技術も，その後は忘れられ，近代科学の発展の中で再び電気化学的現象が知られたのは，1791年にガルバニによって，金属片がカエルの筋肉に触れると，これが収縮することが発見されてからである．この現象は近くに回転式の起電機を置くと，発電の際，電気火花が飛ぶときにカエルの筋肉の収縮現象がみられることから，電気と関連していることが明らかにされた．その後，1800年にボルタ(Volta)は湿った電気伝導体の電解質を中間に

おき，これに2種の金属を相対して位置させると起電力が生じることを発表した．これが現在の電池のはじまりである．

19世紀に入ると電気化学の中心はイギリスに移り，デービー(Davy)はボルタ電池を用いて溶融したアルカリ化合物の電気分解(electrolysis)によりカリウムやナトリウムを単離した．彼の弟子のファラデー(Faraday)は電気化学の父ともいえる人である．電気分解の基本則であるファラデーの法則を発表したが，電極(electrode)，イオン(ion)，カチオン(陽イオン(cation))，アニオン(陰イオン(anion))，電解質(electrolyte)など種々の電気化学に関する用語と概念を定めた．

1839年にはグローブ(Grove)が硫酸を電解質とし，白金電極と希硫酸を用いて水素-酸素燃料電池(fuel cell)の実験を行った．1850年代にはプランテ(Planté)により鉛蓄電池が，1860年代にはルクランシェ(Lechlanché)によってマンガン乾電池の原型のルクランシェ電池が発明された．1866年にはジーメンス(Siemens)により大型の直流発電機が発明され，大規模な電解工業が発展することになった．

19世紀末期にはアレニウス(Arrhenius)による電離説，ファントホッフ(van't Hoff)による溶液論などの展開があり，20世紀初頭にはネルンスト(Nernst)により，電極反応にかかわる電解質溶液(electrolyte solution)(電解液(electrolytic solution)ともいう)中のイオンの活量と電極電位との関係を示すネルンスト式(Nernst equation)が発表された．また，ターフェル(Tafel)によって，電極反応速度と電極の過電圧との関係を示すターフェル式(Tafel equation)も提出された．

その後，電極と電解質溶液の界面の構造についての研究が進み，化学反応速度論が電気化学の分野に取り入れられ，電極反応速度論が一応確立した．

20世紀後半になると，1969年に本多，藤嶋らにより光電気化学の分野が急展開した．また，1970年代初頭にはわが国で世界最初の実用リチウム一次電池が実現し，1990年代に入るとわが国で世界最初の実用ニッケル-水素電池およびリチウム二次電池(リチウムイオン電池)が実現した．また電気化学の生物学や環境科学，医学などの分野への応用も進められるようになった．このよう

1・1 電気化学の歴史　3

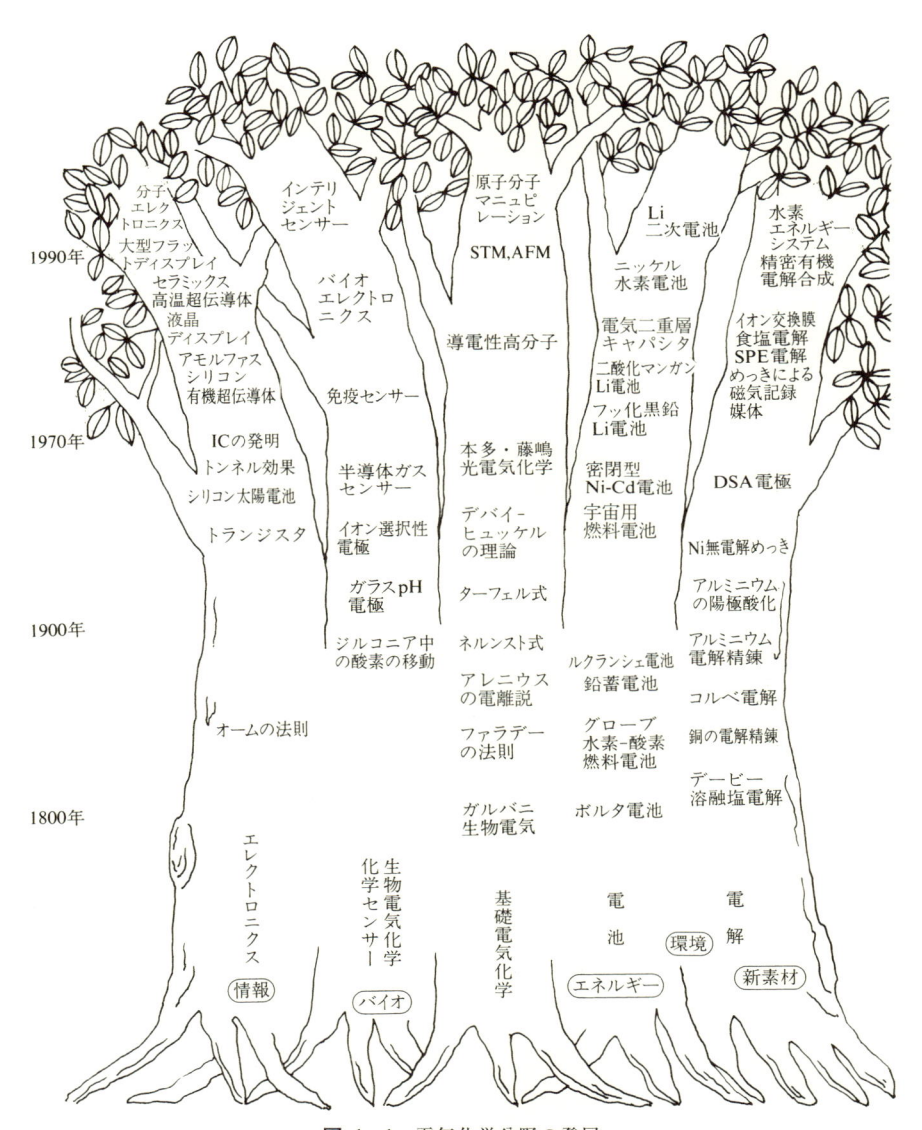

図 1・1　電気化学分野の発展

に，最近では電気化学の分野での基礎と応用の両面にわたる日本の研究には実にめざましいものがある．

電気化学の諸分野の発展の歴史は図1・1に示されている．この図でわかるように，電気化学の取扱う分野は基礎的問題や理論，電池，電気分解，表面処理，腐食・防食，光電気化学，生物電気化学，電気化学計測，環境電気化学など非常に広い範囲にわたっている．そしてエネルギー，新素材，生命科学，情報科学や環境などとも関連している．

1・2 電気化学セル

電気化学系として取り扱われる対象は多くの場合，電気化学セルであり，それは二つの電極，すなわち静電的に電位が高い電極である正極(positive electrode)と電位が低い電極である負極(negative electrode)，ならびにこの両電極の間に存在する電解質溶液からできている．さらに必要に応じて隔膜(separator)が用いられる．このセルの電解質溶液の中では，正の電荷をもつイオンのカチオンと負の電荷をもつイオンのアニオンが電荷を運ぶので，このようなイオンが電荷を運ぶ物質はイオン伝導体(ionic conductor)とよばれる．また電極の中では電子(electron)が電荷を運ぶので，このようなものは電子伝導体(electronic conductor)とよばれる．

ところで，電気化学セルはその働きからみて，大きく二つに分けられる．その一つはセル内の物質の自然に起こる化学的な変化に伴うギブズエネルギー(Gibbs free energy；ギブズ自由エネルギーともいう)を電気エネルギーに変換するガルバニ電池(Galvanic cell)であり，ほかの一つは外部から電気エネルギーを与えて化学的な変化を起こさせる，すなわち電気分解を起こさせる電解セル(electolytic cell)である．

まず，ガルバニ電池の一例として硫酸水溶液を用いる水素-酸素燃料電池をとりあげよう．燃料電池は，外部から供給される燃料と酸化剤を消費し，電気エネルギーを外部へ供給しながら生成物をうまく排出し，連続的に放電するエネルギー変換装置である．図1・2に示されている燃料電池の電極は白金など

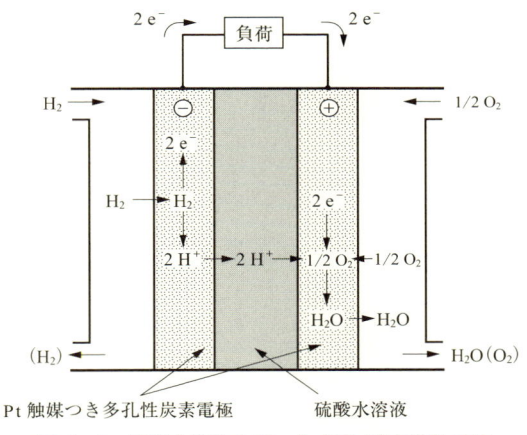

図 1・2 硫酸水溶液を用いる水素-酸素燃料電池

の触媒を担持させた多孔性炭素電極であり，水素ガスや酸素ガスと電解質溶液がそれぞれ反対側から電極内に侵入して電極内部で電極反応が進行するようになっている．

図1・2のように，放電中に負極では水素ガスが酸化されて H^+ と電子が生成する．生成した電子は外部回路へ引き出される．この電極反応は式(1・1)で示される．

$$H_2 \longrightarrow 2H^+ + 2e^- \qquad (1・1)$$

また，正極では酸素ガスが電解質溶液中を移動してきた H^+ および外部回路から流れ込んできた電子と反応して水が生成する．この電極反応は式(1・2)で示される．

$$1/2 O_2 + 2H^+ + 2e^- \longrightarrow H_2O \qquad (1・2)$$

結局，全反応は次式で示される水素と酸素からの水の生成反応となる．

$$H_2 + 1/2 O_2 \longrightarrow H_2O \qquad (1・3)$$

次に，電解セルの一例として，図1・3に示す硫酸水溶液を用いる水の電気分解を考えよう．なお，電気分解では正極，負極は慣例としてそれぞれ陽極，陰極ともよばれている．

図1・3のように，陰極では電子が外部回路から流れ込み，電解質溶液の沖

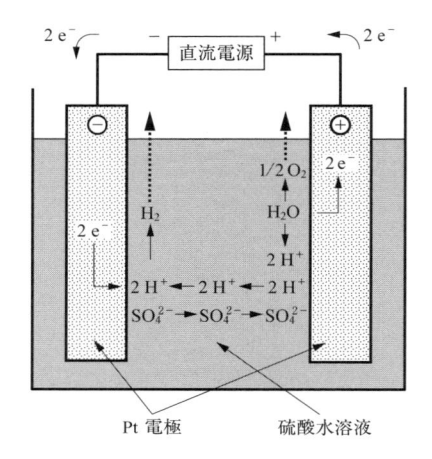

図1・3 硫酸水溶液を用いる水の電気分解

合からは陰極の方に H^+ が移動してくる．そして陰極と電解質溶液の界面では H^+ が電子で還元されて水素ガスが発生する．この電極反応は式(1・4)で示される．

$$2\,H^+ + 2\,e^- \longrightarrow H_2 \tag{1・4}$$

電解質溶液の中では H^+ と SO_4^{2-} が電荷を運び，陽極と電解質溶液の界面では SO_4^{2-} が電極反応に関与することはなく，その代りに水が酸化されて酸素ガスが発生するとともに H^+ と電子が生成する．生成した電子は外部回路へ引き出される．この電極反応は式(1・5)で示される．

$$H_2O \longrightarrow 1/2\,O_2 + 2\,H^+ + 2\,e^- \tag{1・5}$$

結局，全反応は次式で示される水の水素と酸素への分解反応となる．

$$H_2O \longrightarrow H_2 + 1/2\,O_2 \tag{1・6}$$

これまで述べてきた電気化学セルの電極は電位が高い電極は正極とよばれ，電位の低い電極が負極とよばれた．ところでガルバニ電池の一種である水素-酸素燃料電池では負極で式(1・1)で示される水素が酸化される反応が進行し，電解セルの水を電気分解するセルでは正極で式(1・5)で示される水が酸化されて酸素ガスと水素イオンが発生する酸化反応が進行する．酸化反応が進行する電極はアノード(anode)とよばれる．他方，水素-酸素燃料電池の正極では式(1・2)で示されるように酸素ガスと水素イオンが還元反応によって水になる．

また，水の電気分解では式(1・4)で示されるように水素イオンが還元されて水素ガスが発生する．還元反応が進行する電極はカソード(cathode)とよばれる．

上述のように，ガルバニ電池の放電過程では正極がカソードであり，負極がアノードであるのに対して，電解セルでは正極がアノードであり，負極がカソードである．これは正極，負極が電極の静電的な電位の高低によって決められるのに対して，アノードとカソードは電極／電解質溶液界面での電子が移動する反応が酸化反応か還元反応かによって決められるからである．これらの対応関係は表1・1に示してある．

表1・1 正極と負極およびアノードとカソードの関係

電気化学セル	電極電位が低い方の電極	電極電位が高い方の電極
ガルバニ電池[*1]	負極，アノード	正極，カソード
電解セル(電気分解)	負極(陰極)，カソード	正極(陽極)，アノード

[*1] ガルバニ電池では陽極，陰極という言葉は思考上混乱する場合があるので使用しないようにすることが望ましい．

1・3 ファラデーの法則

電気化学セル(電解セルまたはガルバニ電池)において，電極と電解質溶液の界面で電荷移動反応が進行するとき，通過する電気量と反応によって変化する化学物質の質量との間には次のようなファラデーの法則(Faraday's law)*が成り立つ．

(1) 電流がセル中を通過するとき，電極上で反応(生成あるいは消費)する物質の質量 m(g) は，通過する電気量 Q(クーロン $C = A\,s$)に比例する．すなわち，$m \propto Q$

(2) 同じ電気量で反応する物質の質量 m(g) は，その物質の化学当量 (chemical equivalent) M/n に比例する．すなわち，$m \propto M/n$

したがって，この法則は次式で表すことができる．

---

* ファラデーの電気分解の法則(Faraday's law of electrolysis)

$$m = \frac{I \cdot t}{F} \cdot \frac{M}{n} = \frac{Q}{F} \cdot \frac{M}{n} \tag{1・7}$$

ここで，M は物質のモル質量(g mol^{-1})，n は反応に関与する電子の数である．なお，化学当量をファラデー定数(Faraday constant) F で除した M/nF は電気化学当量(electrochemical equivalent)とよばれる．ファラデー定数 F は電子 1 mol の電気量($96\,485\text{ C mol}^{-1}$)である．すなわち，電子1個のもつ電気量($1.6022\times10^{-19}\text{ C}$) e にアボガドロ定数(Avogadro constant；$6.022\times10^{23}\text{ mol}^{-1}$) N_A を掛けたものであり，次式で示される．

$$F = e \cdot N_\text{A} = 96\,485\text{ C mol}^{-1} \tag{1・8}$$

なお，1 ファラデー(Faraday)は $(1/n)$ mol (1 グラム当量という)の物質を電気分解するに要する電気量に相当し，ファラデー定数に 1 mol を掛けたもの($96\,485\ C = A\ s$)に等しい．

【例題 1・1】 水の電気分解により水素と酸素を製造する電解槽がある．250 g の水を 12 時間で分解するには，電解槽に何アンペア(A)の定電流を通過させる必要があるか．ただし，水の分子量は 18.02 である．

[解] 水 1 mol は 18.02 g，1 時間(h)は $60\times60=3\,600$ s であり，水 1 mol を電気分解するには 2 ファラデー(F)の電気量が必要である．以上の値を式 (1・7) に代入して計算する．ただし，定電流であるから，電気量については $Q\text{(C=As)} = I\text{(A)}\times t\text{(s)}$ とすればよい．

$$I = \frac{m \cdot n \cdot F}{t \cdot M} = \frac{250\times2\times96\,485}{12\times3\,600\times18.02} = 62.0\text{ A}$$

ファラデーの電気分解の法則に従って，電極上で反応(生成あるいは消費)する物質の質量を予測するためには，電解中に流れた電気量を測定する必要がある．この目的に使用される装置を電量計(coulometer)という．最近では電子回路からなるデジタル式のものがよく用いられているが，古くから用いられてきた取り扱いやすい電量計には銅電量計や銀電量計がある．たとえば，銅電量計は適当な組成の硫酸銅(II)水溶液と 2 枚の薄い銅板電極からなっており，これを目的の電解セルに直列に接続し，通電した後，式 (1・9) の反応による陰極の

重量増加を測定するものである．

$$Cu^{2+} + 2e^- \longrightarrow Cu \qquad (1・9)$$

この場合，1ファラデーの電気量が電量計を通過すると，銅の原子量は63.546であるから陰極上に銅の1/2グラム原子すなわち31.773gが析出し，陽極では同量の銅が溶解する．

電気分解，電気めっき，電解重合などの電気化学反応において，電極に通じた全電気量のうち，目的の反応に消費された電気量の割合は，その反応に対する電流効率(current efficiency)とよばれ，実用上重要な値である．

$$電流効率 = \frac{目的の反応に消費された電気量}{全通過電気量} \times 100 \ (\%)$$

$$(1・10)$$

たとえば，金属イオンの還元による金属の析出反応の際に，水素発生や溶存酸素の還元など目的以外の反応が起こると，金属の析出反応の電流効率は100％に達しない．一般に，電流効率は電極の材料や形状，電流密度，溶液の組成，時間の経過などによって変化する．

【例題 1・2】 3時間20分にわたって2Aの一定電流を流したところ，陰極上へ析出した銅は7.80gであった．この場合の銅の析出に対する電流効率は何%であるか．ただし，銅の原子量は63.546である．

［解］ まず電流効率を100％としたときの銅の理論析出量を求める．

$$銅の理論析出量 (m) = \frac{Q}{F} \cdot \frac{M}{n} = \frac{2 \times 12\,000}{96\,485} \times \frac{63.546}{2} = 7.91 \text{ g}$$

それゆえ，電流効率は次のように求められる．

$$電流効率 = \frac{実際の析出量}{理論析出量} \times 100\% = \frac{7.80}{7.91} \times 100 = 98.6\%$$

演 習 問 題

1・1 電気化学という言葉の意味を説明せよ．また，電気化学がかかわる分野を列挙せよ．

1・2 電気化学セル(ガルバニ電池と電解セル)における電子とイオンの流れを図に

描いて説明せよ．

1・3 電気化学セル(ガルバニ電池と電解セル)における正極と負極およびアノードとカソードの関係を説明せよ．また，ガルバニ電池と電解セルでそのような違いが生じる理由についても簡単に述べよ．

1・4 アルカリ水溶液を 20 分間電気分解したところ，25 °C，1 気圧で水素 0.108 dm^3 と酸素 0.054 dm^3 が発生した．電解槽中を流れた電気量と平均電流を求めよ．

1・5 $CuSO_4$ 水溶液中に 0.500 A の電流を 5 分間通した．陰極に析出する銅に関連して次の問いに答えよ．ただし，銅の原子量は 63.546 である．

(1) 理論的に(銅析出の電流効率が 100% であると仮定した場合)，陰極に析出する銅の重さはいくらか．

(2) 実際に析出した銅の重さは 0.0478 g であった．銅析出の電流効率はいくらか．

1・6 Ni^{2+} イオンを含むめっき浴を用いて，13 分間，ニッケルめっきを行ったところ，試料の質量増加は 1.350 g であった．この際，めっき槽と直列につないだ銅電量計の陰極側の質量増加は 1.531 g であった．このめっきで一定の電流が流れたとすると，その値は何アンペア(A)であったか．また，このめっきに際しての電流効率はいくらか．ただし，ニッケルと銅の原子量はそれぞれ 58.693，63.546 である．

1・7 水を電気分解する際の理論分解電圧は 1.23 V である．1 t の水を電気分解して水素と酸素を得たい．この際に必要な理論電気量(1 F = 96 485 C)と理論電解エネルギーを計算せよ．ただし，理論電解エネルギー(J)は(理論分解電圧(V))×(理論電気量(C))で与えられ，1 J = 1 V·C である．また，水の分子量は 18.02 である．

1・8 電流を 40 min 通したところ，銀電量計の負極上に銀が 8.95 mg 析出した．平均電流を計算せよ．ただし，銀の原子量は 107.8682 である．

2

電解質溶液の性質

　電気化学セルを構成する主要なものの一つに電解質(electrolyte)がある．電解質は液体，気体，固体のいずれの形態ででも存在するが，電気伝導にあずかるキャリヤーはどの場合でもイオンである．本章では主として液体の電解質溶液(electrolyte solution)(電解液 electrolytic solution ともいう)をとりあげ，その構造と電気伝導性を中心に，電気伝導率(electric conductivity)の測定法，考え方などについて説明する．

2・1　電解質溶液の電気伝導率

　電解質溶液の物性の中で電気伝導率はもっとも重要な性質であり，これは溶液中のカチオンとアニオンおよび溶媒に基づく性質である．

　電解質溶液の電気抵抗(resistance) $R(\Omega)$ は金属線などの電気抵抗と同じように式(2・1)のように定義される．

$$R = \rho \frac{l}{A} \qquad (2 \cdot 1)$$

ここで ρ は抵抗率(resistivity；比抵抗(specific resistivity)ともいう)$(\Omega\,\mathrm{m})$ であり，A は断面積(m^2)，l は長さ(m) である．$1/R$ はコンダクタンス(conductance)とよばれ，$1/\rho \equiv \kappa$ は比電気伝導率[*1](specific electric conductivity) $(\mathrm{S\,m^{-1}})$

[*1]　比電気伝導度(specific electric conductivity)，電気伝導率，導電率，電気伝導度(electric conductivity)，あるいは単に比導電率(specific conductivity)，伝導率(conductivity)などともいわれる．

とよばれる重要な関係である．ここで，Sはジーメンス(siemens)とよばれ，オーム(ohm)(Ω)の逆数[$S=1/\Omega$]である．

$$x = \frac{1}{\rho} = \frac{l}{RA} \qquad (2\cdot2)$$

電解質溶液の電気伝導率の測定は，式(2・2)中の抵抗を測定して決定される．測定は図2・1(a)に示すような交流ブリッジを用いて行われる．また，その際に用いられる電気伝導率測定セルの一例を図2・1(b)に示す．このようなブリッジで直流電源を用いるものはホイートストンブリッジ(Wheatstone bridge)とよばれるが，直流を用いると電気伝導率測定セルの電極上で電極反応が進行し，電極の近くで電解質濃度の不均衡すなわち分極(polarization)が起こる．それで電源に電圧が10 mV程度で1～10 kHzの交流電源を用いると電流の方向が速く変化するのでこのような分極は非常に小さくなり無視することができる．図2・1の交流ブリッジはコールラウシュブリッジ(Kohlrausch bridge)とよばれている．ブリッジ回路の平衡状態での電気伝導率測定セルの抵抗 $R_x(=R_1R_2/R_3)$ は入力インピーダンスの大きいエレクトロメーターや陰極線オシロスコープなどを用いて測定される．

溶液の電気伝導率の測定は測定セルに被測定液を満たし，その抵抗 R_x を測

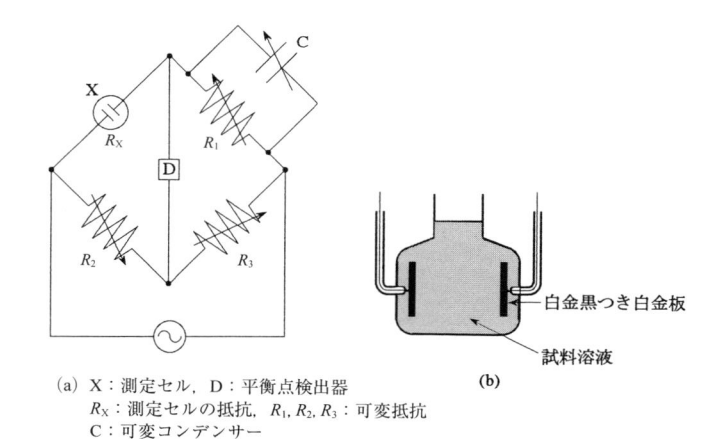

(a) X：測定セル，D：平衡点検出器
 R_x：測定セルの抵抗，R_1, R_2, R_3：可変抵抗
 C：可変コンデンサー

図 2・1 コールラウシュブリッジ(a)と電気伝導率測定セル(b)

表 2·1　KCl の比電気伝導率 κ

濃度 C (mol dm^{-3})	比電気伝導率 κ (S m^{-1})	
	18°C	25°C
0.010	0.1221	0.1409
0.10	1.117	1.286
1.00	9.784	11.13

定して先に示した式(2·2)の関係を用いて計算する．しかし，実際には，あらかじめセルに電気伝導率が既知の溶液を満たし，その抵抗値を測定して，セルに固有のセル定数(cell constant) l/A (m^{-1}) を求めておき，この定数を用いて式 (2·2) から試料溶液の κ を求める．容器定数を決定するのに用いる標準溶液としては，電気伝導率が既知の溶液でありさえすればよいのであるが，表 2·1 に示す KCl 水溶液などがよく用いられる．

2·2　モル電気伝導率

電解質溶液の電気伝導を考える際，電気伝導率は電解質の濃度によって変化する．この場合，表 2·1 に示すように KCl 水溶液の比電気伝導率は KCl の濃度にほぼ比例している．それで，κ (S m^{-1}) を c^* (mol m^{-3}) で割った値をその電解質のモル電気伝導率(moler electric conductivity) Λ (S m^2 mol^{-1}) という．そしてモル電気伝導率は式(2·3)で示される．

$$\Lambda = \frac{\kappa}{c^*} \quad (\text{S m}^2 \text{ mol}^{-1}) \tag{2·3}$$

また，容量モル濃度 c (mol dm^{-3}) を用いるとモル電気伝導率は次式のように定義される．

$$\Lambda = \frac{\kappa}{1000\, c} \quad (\text{S m}^2 \text{ mol}^{-1}) \tag{2·4}$$

このモル電気伝導率は 2 枚の電極間の間隔が 1 m で，この電極間に 1 mol の電解質が含まれている溶液が存在する電気伝導率測定セルで測定される値に相当

する．

【例題 2・1】 25 ℃ で 0.1 mol dm^{-3} の KCl 水溶液(比電気伝導率 $\varkappa =$ 1.286 S m^{-1})を満たした電気伝導率測定セルの抵抗が 187 Ω であった．次いでこのセルに 0.2 mol dm^{-3} の NaOH 水溶液を満たして抵抗を測定したところ 56.5 Ω であった．この NaOH 水溶液の比電気伝導率 $\varkappa$ とモル電気伝導率 Λ の値はいくらか．

[解]　式(2・2)より

$$\text{セル定数} = \frac{l}{A} = R \cdot \varkappa = 187 \times 1.286 = 240 \text{ m}^{-1}$$

このセル定数を用いて，0.2 mol dm^{-3} の NaOH の比電気伝導率 $\varkappa$ を計算すると，

$$\varkappa = 240/56.5 = 4.25 \text{ S m}^{-1}$$

式(2・4)を用いて，モル電気伝導率 Λ を計算すると，

$$\Lambda = \frac{\varkappa}{1000\,c} = \frac{4.25}{1000 \times 0.2} = 0.0213 \text{ S m}^2 \text{ mol}^{-1}$$

電解質溶液の濃度とモル電気伝導率との関係をプロットすると，図 2・2 に示されるような関係が得られる．図中の HNO$_3$ や KCl 水溶液のように，Λ と濃度の平方根との間に直線的な関係が認められる場合，この電解質は強電解質(strong electrolyte)である．他方，酢酸などの弱電解質(weak electrolyte)の水溶液では電解質濃度の上昇とともに Λ の値が急激に低下する．

図 2・2 の点線で示されるように電解質の濃度が 0 になるように外挿して求められる Λ を無限希釈におけるモル電気伝導率(molar electric conductivity at infinite dilution) Λ^∞ という．強電解質の溶液では Λ^∞ は容易に求められるが，弱電解質の溶液では Λ^∞ をこのようにして決定することは難しい．このような強電解質溶液の溶質の濃度の平方根とモル電気伝導率の間の直線関係に対してコールラウシュ(Kohlrausch)は次のような経験式を提出した．

$$\Lambda = \Lambda^\infty - A\sqrt{c} \tag{2・5}$$

ここで A は定数である．

2・2 モル電気伝導率

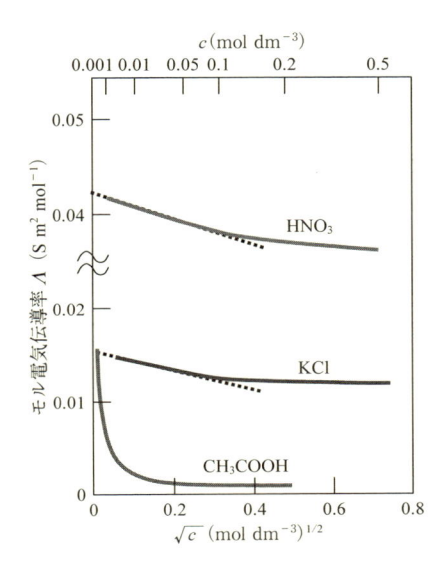

図 2・2 電解質溶液の濃度 c とモル電気伝導率 Λ の関係(25℃)

ところで,電解質溶液の濃度が薄くなるにつれてイオンのまわりは水が多くなり,無限に希釈された溶液中では各イオンのまわりはすべて溶媒のみとなるだろう.このような状態のもとでは,カチオンとアニオンの無限希釈におけるモル電気伝導率(モルイオン電気伝導率(molar ionic conductivity)λ_+^∞ と λ_-^∞(S m² mol⁻¹) と 1 価-1 価型の電解質のモル電気伝導率との間には式(2・6)が成立する.

$$\Lambda^\infty = \lambda_+^\infty + \lambda_-^\infty \tag{2・6}$$

この関係は,初めてみつけた人の名をとってコールラウシュのイオン独立移動の法則(Kohlrausch's law of the independent migration of ions)とよばれている.無限希釈における各種イオンのモル電気伝導率の値は,表 2・2 に示されている.

なお,複雑な型の電解質で ν_+ 個のカチオンと ν_- 個のアニオンに解離する場合には,その電解質の無限希釈におけるモル電気伝導率は次のようになる.

$$\Lambda^\infty = \nu_+\lambda_+^\infty + \nu_-\lambda_-^\infty \tag{2・7}$$

そして,たとえば 25℃における Ca(OH)₂ の無限希釈におけるモル電気伝導

表 2・2 無限希釈におけるイオンのモル電気伝導率 λ_+^∞, λ_-^∞ (S m² mol⁻¹) (25°C)

カチオン	λ_+^∞	アニオン	λ_-^∞
H⁺	349.81×10⁻⁴	OH⁻	198.3 ×10⁻⁴
Li⁺	38.68×10⁻⁴	Cl⁻	76.35×10⁻⁴
Na⁺	50.10×10⁻⁴	Br⁻	78.14×10⁻⁴
K⁺	73.50×10⁻⁴	I⁻	76.84×10⁻⁴
NH₄⁺	73.55×10⁻⁴	ClO₄⁻	67.36×10⁻⁴
(CH₃)₄N⁺	44.92×10⁻⁴	NO₃⁻	71.46×10⁻⁴
(C₂H₅)₄N⁺	32.66×10⁻⁴	HCOO⁻	54.6 ×10⁻⁴
Ag⁺	61.9 ×10⁻⁴	CH₃COO⁻	40.90×10⁻⁴
1/2 Ca²⁺	59.5 ×10⁻⁴	1/2 CO₃²⁻	69.3 ×10⁻⁴
1/2 Cu²⁺	53.6 ×10⁻⁴	1/2 SO₄²⁻	80.02×10⁻⁴
1/2 Fe²⁺	53.5 ×10⁻⁴	1/3 [Fe(CN)₆]³⁻	100.9 ×10⁻⁴
1/3 Fe³⁺	68.4 ×10⁻⁴	1/4 [Fe(CN)₆]⁴⁻	110.5 ×10⁻⁴

(注) 多価イオンについては λ_+^∞/z_+, $\lambda_-^\infty/|z_-|$ の値を示してある．

率は表 2・2 の値を用いて次のように計算される．

$$\Lambda^\infty[\mathrm{Ca(OH)_2}] = \lambda_+^\infty[\mathrm{Ca^{2+}}] + 2\lambda_-^\infty[\mathrm{OH^-}]$$
$$= 2\times 59.5\times 10^{-4} + 2\times 198.3\times 10^{-4}$$
$$= 515.6\times 10^{-4}\ \mathrm{S\ m^2\ mol^{-1}} \qquad (2\cdot 8)$$

2・3 溶液中のイオン解離

これまで述べたところでは，電解質溶液中のイオンの起源については何も考えてはいなかった．ところで，1887年頃のことであるが，アレニウス(Arrhenius)は式(2・9)で示されるように，電解質 BA が水に溶解するとカチオン B⁺ とアニオン A⁻ に解離し，一部はもとのままの BA として存在していると考えた(アレニウスの電離説(theory of electrolytic dissociation))．

$$\mathrm{BA} \rightleftarrows \mathrm{B^+ + A^-} \qquad (2\cdot 9)$$

したがって，電解質溶液中では 1 dm³ 中に BA が 1 mol 溶解していても，BA, B⁺ および A⁻ の分子とイオンの数の総和は 1 mol 以上になっているはずである．このような溶質粒子数とかかわりあいをもつ現象としては，液体の凝固点降下，沸点上昇，蒸気圧降下，浸透圧などの束一的性質がある．

たとえば，液体の凝固点降下は $\Delta T = K_f m_s$ (K_f は凝固点降下定数，m_s は溶質の質量モル濃度)の形で示されるが，これは溶質がショ糖などの非解離性の物質の場合にだけ成立する関係である．溶液中で電解質がイオンに解離する際には粒子数の補正が必要である．もし電解質の1個の粒子が ν 個のイオンに解離するとき，解離度(degree of dissociation)を α とすると，濃度 c の水溶液中では $(1-\alpha)c$ の解離しない粒子と $\nu\alpha c$ のイオンを生ずるので，これらを合計した濃度は $\{\nu\alpha + (1-\alpha)\}c = \{1+(\nu-1)\alpha\}c$ となる．このように分析濃度 c から粒子のみかけ濃度を求める際には，ファントホッフの i 係数(van't Hoff's i factor)とよばれる補正係数を c に掛けておかなければならない．

$$i = 1 + (\nu - 1)\alpha \qquad (2 \cdot 10)$$

このような状態のもとでは，電解質が解離しないと仮定したときに示されるべき降下度を ΔT_0 とすると，凝固点降下 ΔT は係数 i と組み合せて次式のように示される．

$$\Delta T = i\Delta T_0 = \{1 + (\nu - 1)\alpha\}\Delta T_0 \qquad (2 \cdot 11)$$

電解質 BA がイオン解離(ionic dissociation)する際，最初 BA の濃度が c であるとすると平衡状態下での未解離 BA の濃度は $(1-\alpha)c$ であり，B⁺ と A⁻ の濃度はそれぞれ αc である．それで，式(2・9)の濃度項を用いて表した平衡定数(equilibrium constant) K_C は式(2・12)に前述した各濃度を代入して計算される．

$$K_C = \frac{[\text{B}^+][\text{A}^-]}{[\text{BA}]} \qquad (2 \cdot 12)$$

$$K_C = \frac{\alpha c \cdot \alpha c}{(1-\alpha)c} = \frac{\alpha^2 c}{1-\alpha} \qquad (2 \cdot 13)$$

B₂A 型の電解質について，同様の計算をすると次のようになる．

$$\text{B}_2\text{A} \rightleftarrows 2\text{B}^+ + \text{A}^{2-} \qquad (2 \cdot 14)$$

$$K_C = \frac{[\mathrm{B^+}]^2[\mathrm{A^{2-}}]}{[\mathrm{B_2A}]} \tag{2・15}$$

$$K_C = \frac{(2\alpha c)^2(\alpha c)}{(1-\alpha)c} = \frac{4\alpha^3 c^2}{1-\alpha} \tag{2・16}$$

電解質の濃度を薄くしていくと,最終的にはすべての電解質粒子は完全にイオンに解離してしまうであろう.そして,そのモル電気伝導率は無限希釈におけるモル電気伝導率そのものと一致するはずである.そしてアレニウスは未解離の電解質粒子を含んでいる電解質溶液中の溶質のモル電気伝導率 Λ と Λ^∞ の比は電解質の解離度 α を示すと考えた.

$$\alpha = \frac{\Lambda}{\Lambda^\infty} \tag{2・17}$$

1価-1価型の電解質溶液の Λ を測定し,次いで式(2・17)を用いて解離度を計算し,さらに式(2・16)を用いて解離の平衡定数を求めることができる.このようにして実験的に求められた種々の濃度での平衡定数は弱電解質についてはほぼ一定した値が得られる.しかし強電解質についての平衡定数は一定した値が一般に得られていない.平衡定数は一定圧力のもとでは温度のみに依存するはずであるので,このイオン解離の理論はイオンの濃度が薄い弱電解質溶液についてのみほぼ実験的に正しいということができる.なお,現在では強電解質はすべてカチオンとアニオンに解離し,高い濃度の溶液中ではイオン間の相互作用が強くなりモル電気伝導率の値が無限希釈における値よりも低くなると考えられている.

ところで,正と負の電荷をもつカチオンとアニオンがどうして簡単に水溶液中でイオンに解離できるのであろうか.真空中で符号が異なる二つの電荷 Q_1 と Q_2(C)の間の引力はクーロンの法則(Coulomb's law)に従い,SI単位を用いると式(2・18)で示される.

$$F = \frac{Q_1 Q_2}{4\pi\varepsilon_0 r^2} \tag{2・18}$$

ここで,ε_0 は真空の誘電率(8.854×10^{-12} F m^{-1})であり,r は電荷間の距離である.ところで溶液中での Q_1 と Q_2 の間の引力は,その溶媒の比誘電率 ε_r を含む式(2・19)で示される.

$$F = \frac{Q_1 Q_2}{4\pi\varepsilon_0\varepsilon_r r^2} \tag{2・19}$$

このように溶液中でのイオン間の引力は真空中の $1/\varepsilon_r$ となる．25℃の水溶液中では，水の ε_r が78.5であるからイオン間の引力は真空中の1/78.5となり，小さな熱エネルギーでイオン解離することができる．

2・4 イオンの輸率と移動度

ガルバニ電池あるいは電解セル中の電解質溶液中を電流が流れる場合に，その電荷はカチオンとアニオンによって運ばれる．この場合，各イオンによって運ばれる電流の割合を，そのイオンの輸率(transport number または transference number)という．

輸率は各イオンによって運ばれる電流の割合，すなわち各イオンの移動の寄与に基づく電気伝導率の割合を与えるので，式(2・6)から，無限希釈におけるカチオンとアニオンの輸率 t_+^∞, t_-^∞ は次のように表される．

$$t_+^\infty = \frac{\lambda_+^\infty}{\Lambda^\infty}$$
$$t_-^\infty = \frac{\lambda_-^\infty}{\Lambda^\infty} \tag{2・20}$$
$$t_+^\infty + t_-^\infty = 1$$

輸率の測定法としては，次章で述べる電解質濃淡電池の起電力を測定する方法なども含めて種々の方法があるが，そのなかでもっともよく用いられるものにヒットルフ(Hittorf)の方法がある．これは電解質溶液中を電流が流れることによって起こる電極付近の濃度変化から輸率を測定しようとするものである．この原理を HCl の輸率測定を例としてとりあげ，その原理を図2・3(a)に示す．

実際の測定では，測定セルの構造は図2・3(b)に示すように溶液を外部に取り出せるようになっており，セルを三つの部分に分けて考える．この三つの部分に対応して，図2・3(a)ではセルを負極室，中央室，正極室に分けて考える．ここで，このセル中を1ファラデーの電流が流れる場合を考えてみよう．

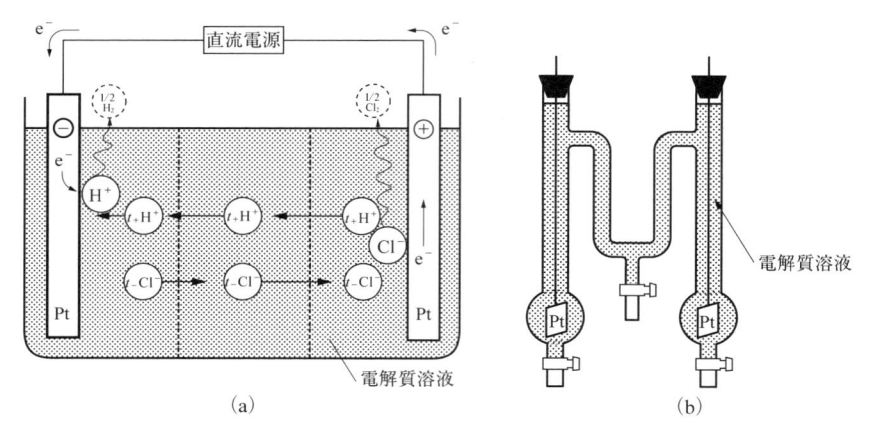

図 2・3 ヒットルフ法による輸率測定の原理(a)と測定セル(b)

1 mol の電子が外部直流電源の負極端子から流れ出ると，測定セルの負極上では H^+ が電子と反応し，H_2 が発生する．

$$H^+ + e^- \longrightarrow 1/2\, H_2 \qquad (2\cdot 21)$$

この際，負極室では 1 mol の H^+ が 1/2 mol の H_2 になるが，同時に負極室と中央室の境界では中央室から t_+ mol の H^+ が負極室へ流れ込み，t_- mol の Cl^- が負極室から中央室へ移る．また中央室と正極室との境界では t_+ mol の H^+ が中央室へ流れ込み，中央室から正極室へ t_- mol の Cl^- が移る．さらに正極室では 1 mol の Cl^- が放電して 1/2 mol の Cl_2 が発生する．

$$Cl^- \longrightarrow 1/2\, Cl_2 + e^- \qquad (2\cdot 22)$$

このようにして負極室での化学種の正味の量的変化は次のようになる．

(H^+ のモル変化) = (電極反応) + (輸送効果)
$$= -1 + t_+ = -t_-\ \text{mol}$$

(Cl^- のモル変化) = (輸送効果)
$$= -t_-\ \text{mol}$$

中央室でのイオンの存在量は，イオンの出入りをみればわかるように，まったく変化していない．

また，正極室での変化は次のようになる．

$$(\text{H}^+ \text{のモル変化}) = (\text{輸送効果})$$
$$= -t_+ \text{ mol}$$
$$(\text{Cl}^- \text{のモル変化}) = (\text{電極反応}) + (\text{輸送効果})$$
$$= -1 + t_- = -t_+ \text{ mol}$$

以上のように,負極室でHClがt_- mol減少し,正極室ではHClはt_+ mol減少する.このようにヒットルフ法では,濃度既知のHCl溶液を測定セルに満たし,次に一定クーロン数の電流を通過させたのち,正極室および負極室から溶液を取り出して各室でのそれぞれのイオン種の物質量(モル数)の変化を測定する.このような場合のイオンの輸率は式(2・23),あるいはこの式に準ずる式を用いて計算できる.

$$t_+ = \frac{z^+ \Delta n_\text{a}}{Q/F} \qquad (2 \cdot 23)$$

ここで,Δn_aは正極室での電解質の正味の変化量(物質量(モル数)),z^+はカチオンの荷電数,Qは測定セルを通過した電気量(C)である.この場合,アニオンの輸率t_-は電解質の負極室での変化量(Δn_c)から同様にして計算することができる.もちろんカチオンとアニオンの輸率には式(2・20)の$t_- = 1 - t_+$の関係がある.一般にヒットルフ法でイオンの輸率を測定する場合には測定セル内で起こる現象をよく理解したうえで式(2・23)のような計算をしなければならない.

測定されたいくつかの輸率の値を表2・3に示す.この値はイオン間の相互作用の影響もあり,濃度によって変化する.

表 2・3 水溶液中のカチオンの輸率 t_+ (25°C)

電解質	濃度 (mol dm^{-3})				
	0	0.01	0.05	0.1	0.2
HCl	0.8210	0.8251	0.8292	0.8314	0.8337
NaCl	0.3964	0.3918	0.3878	0.3853	0.3814
KCl	0.4906	0.4903	0.4899	0.4898	0.4892
KNO$_3$	0.5072	0.5084	0.5093	0.5103	0.5120

【例題 2・2】 不活性電極を使用し，隔膜によって仕切られた三室型電解セルがある．各室には $0.5\ \mathrm{mol\ dm^{-3}}$ $CdCl_2$ がおのおの $2.0\ \mathrm{dm^3}$ ずつ満たされている．このセルに $1.20\ \mathrm{A}$ の電流を 3 時間 40 分通じた後では，正極室と負極室の Cd^{2+} の物質量(モル数)はどのようになっているか．ただし，負極上で放電した Cd^{2+} は Cd としてすべて析出するものとする．また Cd^{2+} の輸率は 0.301 で，隔膜はイオンの輸率に影響を与えないものとする．

[解] 通過した電気量は，

$1.20 \times (60 \times 3 + 40) \times 60\ (\mathrm{C}) = 15\,840\ \mathrm{C}$，$15\,840/96\,485\ (\mathrm{F}) = 0.1642\ \mathrm{F}$

である．

負極室では，$1/2\ Cd^{2+} + e^- \rightarrow 1/2\ Cd$ で表される電極反応によって 1 F あたり $1/2$ mol の Cd^{2+} すなわち $0.1642\ \mathrm{F}$ では $(1/2) \times 0.1642 = 0.0821$ mol の Cd^{2+} が減少する．また，輸送効果によって 1 F あたり $t_+/2$ mol すなわち $0.1642\ \mathrm{F}$ では $(t_+/2) \times 0.1642 = (0.301/2) \times 0.1642 = 0.0247$ mol の Cd^{2+} が増加する．他方，正極室における Cd^{2+} の量は，電極反応によっては変化せず，輸送効果により 0.0247 mol 減少する．

最初に負極室と正極室に存在した Cd^{2+} の量はそれぞれ $0.5 \times 2.0 = 1.00$ (mol) であるから，結局

電解後の負極室中の Cd^{2+} の量は，$1.00 - 0.0821 + 0.0247 = 0.9426$ mol

電解後の正極室中の Cd^{2+} の量は，$1.00 - 0.0247 = 0.9753$ mol

となる．

次に，電場が存在するときのイオンの移動速度について考えてみよう．イオンが電場の下で移動する速度は，電場の強さ $E\ (\mathrm{V\ m^{-1}})$ に比例するから，

$$v_+ = u_+ E \qquad v_- = u_- E \qquad (2\cdot24)$$

で表される．ここで，v_+ と v_- はそれぞれカチオンとアニオンの移動速度 ($\mathrm{m\ s^{-1}}$) である．また，比例係数 u_+ と u_- は単位電場あたりのイオンの移動速度であり，それぞれカチオンとアニオンの移動度(ionic mobility)とよばれる．これは $\mathrm{m^2\ V^{-1}\ s^{-1}}$ の単位をもち，イオンの動きやすさを表す尺度となる．

また，カチオンとアニオンの移動度はモル電気伝導率 Λ との間に次の関係

がある．

$$\Lambda = F(u_+ + u_-) \tag{2・25}$$

この関係は非常に希薄な溶液にも，濃い溶液にも適用できる．無限希釈におけるカチオンとアニオンの移動度をそれぞれ u_+^∞ と u_-^∞ とすると，Λ^∞ は次のようになる．

$$\Lambda^\infty = F(u_+^\infty + u_-^\infty) \tag{2・26}$$

式(2・6)の関係と対応させると，1価-1価型の電解質の場合には，次の関係があることがわかる．

$$\lambda_+^\infty = Fu_+^\infty \qquad \lambda_-^\infty = Fu_-^\infty \tag{2・27}$$

したがって，各イオンの無限希釈における移動度は，表2・2の値を用いて式(2・27)から計算で求められる．そのようにして求めたいくつかの値を表2・4に示す．

表2・4をみると，Li^+，Na^+，K^+ の裸のイオンの大きさは Li^+ がもっとも小さく，Na^+，K^+ の順に大きくなるが，移動度は三者のうちでは K^+ がもっとも高い値で，Na^+，Li^+ の順に小さくなっている．この理由としては次のように考えられる．すなわち，これらのイオンは水和(hydration)しており，その水和している水分子の数は裸のイオンの体積が小さい Li^+ で多く，Na^+，K^+ と裸のイオンの大きさが大きくなるにつれて水和する水分子の数が少なくなっているために，イオンの移動に対する抵抗は $Li^+>Na^+>K^+$ の順になっている．このような水和分子の数は裸イオンの大きさとイオンの電荷数などに影響される．

表 2・4　無限希釈におけるイオンの移動度
u_+^∞, u_-^∞ (m² V⁻¹ s⁻¹) (25°C)

カチオン	u_+^∞	アニオン	u_-^∞
H^+	36.3×10^{-8}	OH^-	20.5×10^{-8}
Li^+	4.01×10^{-8}	Cl^-	7.91×10^{-8}
Na^+	5.19×10^{-8}	Br^-	8.10×10^{-8}
K^+	7.62×10^{-8}	I^-	7.96×10^{-8}
NH_4^+	7.62×10^{-8}	CH_3COO^-	4.24×10^{-8}

2・5　イオン伝導の機構

　水溶液中では電解質はカチオンとアニオンに解離している．このようにして生じた正に帯電しているカチオンは負に帯電しているアニオンをそのまわりに引き寄せ，ほかのカチオンを遠くへ押しやる．このような静電力はイオンの熱運動によってある程度まで相殺されるが，結局はカチオンはアニオンを多く含むイオン雰囲気(ionic atmosphere)によって取り囲まれており，アニオンはカチオンを多く含むイオン雰囲気によって取り囲まれている．

　このような状態下にあるイオンが電位勾配の存在する電解質溶液中で，カチオンはカソード方向に，アニオンはアノード方向に移動する．このような現象を証明する事実としては次のような諸現象がある．すなわち，イオンの移動に伴ってもとの雰囲気が壊れ，新しい雰囲気が生じるが，このような過程には時間的に遅れが生じ，それに伴ってイオンの移動速度が低下する．このような効果を緩和効果(relaxation effect)または非対称効果(asymmetry effect)という．また，移動するイオンはまわりに存在する溶媒分子の粘性による抵抗を受ける．このようなイオンの移動に対する遅延効果を電気泳動効果(electrophoretic effect)という．

　さらに，イオン雰囲気の存在と関連する現象としては，電気伝導率の測定を 10^6 Hz 程度以上の高周波で行うとイオン雰囲気の変化が電場の速い変化についていくことができなくなり，イオンの移動が非対称効果から解放されて速くなるために，電気伝導率が上昇する．このような現象はデバイ–ファルケンハーゲン効果(Debye–Falkenhagen effect)という．また電気伝導率の測定を電場の強さを 10^7 V m^{-1} 程度以上に高くすると，イオンの移動速度が非常に速くなり，そのためにイオン雰囲気は後に取り残され，イオン雰囲気の影響を受けないで移動する．このため，緩和効果や電気泳動効果はなくなり，高電場のもとでは溶液の電気伝導率が高くなる．この現象はウィーン効果(Wien effect)とよばれている．これらの現象はイオン雰囲気の存在を支持する事実である．

　イオンの移動速度のうち，H$^+$ と OH$^-$ の移動度は，表 2・4 に示されているように，ほかのイオンに比べて非常に高い値になっている．これは，H$^+$ と

OH⁻ が異なった機構で電気伝導にあずかるからである．

　水分子を形成している酸素は2個の不対電子をもち，水素の1s軌道の電子と2組のO−H結合を形成することができるが，そのときに四つの外殻軌道 (酸素の2s，2p)は混成し四面体形に分布する．そして水の分子構造は図2・4 (a)に示すように四面体の2隅に水素原子が位置する構造になる．この場合，二つの非共有電子対が結合角をゆがませ結合角∠HOHは104.5°になる．このような水分子と正の電荷をもつプロトンが結合して水和する際には，プロトンは水分子の四面体形である電子の混成軌道中にある二つの空位のうちの一つを占め，図2・4(b)のような構造になる．この場合，電荷の分布の影響で四面体が少しゆがんだ構造になっている．しかし，H_3O^+ の三つのO−H結合はすべて等価であり区別することはできない．このようなヒドロニウムイオンを含む水溶液中でのプロトンの移動の機構を図2・5に示す．すなわち，ヒドロニウムイオン中の1個のプロトンは隣に存在している四面体形構造をした水分子の空の隅の位置へトンネル効果(tunneling)で移行することができるので，ほ

図2・4　水(a)とヒドロニウムイオン(b)の構造

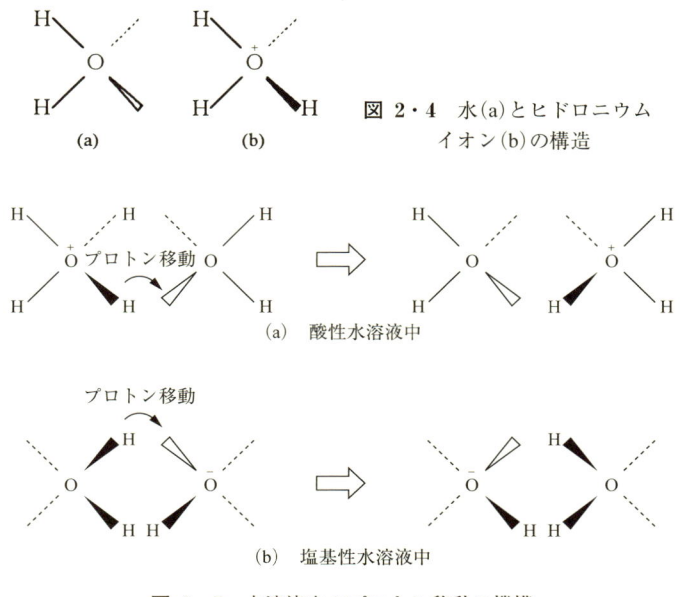

(a)　酸性水溶液中

(b)　塩基性水溶液中

図2・5　水溶液中のプロトン移動の機構

かのイオンに比べて，移動度が高くなる．OH^- の高い移動度についてもこれに準じた機構によって説明できる．

ところで，これまで述べてきた電解質溶液中のイオンの移動は溶液中に電位勾配が存在する際のイオンの電気的泳動についてであった．このほかに，電解質溶液中にイオンの濃度差が存在する場合には，イオンは拡散によって移動する．

拡散に関しては，4章で詳述するように，フィックの拡散第一法則と第二法則(Fick's first law, Fick's second law of diffusion)があり，それぞれ次式のように表される．

$$J_i = -D_i \frac{\partial c_i}{\partial x} \qquad (2\cdot 28)$$

$$\frac{\partial c_i}{\partial t} = D_i \frac{\partial^2 c_i}{\partial x^2} \qquad (2\cdot 29)$$

式(2・28)は，x 方向に成分 i の濃度 c_i の勾配があるとき，単位平面，単位時間あたりの拡散量(拡散流束(diffusion flux)という) J_i が濃度勾配 $\partial c_i/\partial x$ に比例することを示している．比例定数 D_i は拡散係数(diffusion coefficient)とよばれ，この値を正にするために－符号を付けてある．式(2・29)は位置 x における濃度の時間変化を表すいわゆる非定常拡散に対する式である．拡散によるイオンの移動については各イオンの拡散係数が重要な意味をもっている．電解質溶液中のイオンの濃淡はガルバニ電池や電解セルの作動時に電極と電解質溶液の界面に拡散層が生ずる際に，通過する電流量と関連して重要な問題になることがある．

2・6　電解質溶液中のイオンの活量

アレニウスによって提出されたイオン解離の理論はやがて多くの疑問点をもつことが明らかになった．とくに強電解質についてはモル電気伝導率の測定に基づいて計算した解離の平衡定数がその濃度に応じて変化するので，イオン解離の平衡理論が適用できないことは明らかである．またイオンの輸率も電解質の濃度に依存して変化する．このような現象は，溶液内のイオンの相互作用に

2・6 電解質溶液中のイオンの活量

よって各イオンが無限希釈で期待されるような理想的な挙動がとれないことが原因になっている．

溶液中のイオンについての熱力学を考える場合，その基本になる物理量は化学ポテンシャル μ であり，質量モル濃度 m のイオン i のそれは式(2・30)で示される．

$$\mu_i = \mu_i^o + RT \ln a_i \quad (2 \cdot 30)$$

ここで，a_i はイオン i の活量(activity)である．この場合，イオン i の標準状態，すなわち活量が 1 の状態は，溶液中に存在する溶質についての場合に対応させて考えればよく，その溶媒-溶質(あるいはイオン)系がヘンリーの法則(Henry's law)に従うと仮定した理想的な状態下でイオン i の濃度が単位質量モル濃度である状態と規定される．

このような活量は質量モル濃度と式(2・31)で関係づけられている．

$$a = \gamma m \quad (2 \cdot 31)$$

ここで γ は活量係数(activity coefficient)で活量と濃度の違いを示す尺度であり，またイオン間に存在する静電的な引力と反発力の相互作用の尺度でもある．無限希釈度ではイオン間の相互作用がないと考えられるから $m \rightarrow 0$ の極限では $\gamma \rightarrow 1$ となる．

さて電解質溶液中のイオンの活量を考える場合，電解質溶液は中性の電解質がカチオンとアニオンに解離することによりつくられるので，両者は互いに影響を及ぼしあい，個々のイオンの活量を分離して別々に測定することができない．そこで，カチオンの活量を a_+，アニオンの活量を a_- で表し，イオンの平均活量(mean activity)を $a_\pm$ として a_+ と a_- の幾何平均を用いる．すなわち，1価-1価型の電解質については式(2・32)の関係がある．

$$a = a_+ \cdot a_- = a_\pm^2 \quad (2 \cdot 32)$$

さらに複雑な型の電解質については次のように定義される．

$$A_{\nu_+}B_{\nu_-} \longrightarrow \nu_+A^+ + \nu_-B^- \quad (2 \cdot 33)$$

全イオン数は $\nu = \nu_+ + \nu_-$ であるから，次式が導かれる．

$$a = a_+^{\nu_+} a_-^{\nu_-} = a_\pm^{\nu_+ + \nu_-} = a_\pm^\nu \quad (2 \cdot 34)$$

また各イオンとその活量係数の関係は式(2・35)で示され，その平均活量係数

(mean activity coefficient)は式(2・36)のようになる.

$$a_+ = \gamma_+ m_+, \quad a_- = \gamma_- m_- \tag{2・35}$$

$$\gamma_\pm = \frac{a_\pm}{m_\pm} = \left(\frac{a_+^{\nu_+} \cdot a_-^{\nu_-}}{m_+^{\nu_+} \cdot m_-^{\nu_-}}\right)^{1/\nu} = (\gamma_+^{\nu_+} \cdot \gamma_-^{\nu_-})^{1/\nu} \tag{2・36}$$

この場合,$m_+ = \nu_+ m$,$m_- = \nu_- m$ であるから,上式は次のようになる.

$$\gamma_\pm = \frac{a_\pm}{m(\nu_+^{\nu_+} \cdot \nu_-^{\nu_-})^{1/\nu}} \tag{2・37}$$

たとえば,$LaCl_3$ の場合,$\nu_+ = 1$,$\nu_- = 3$ であり

$$\gamma_\pm = \frac{a_\pm}{m(1 \times 3^3)^{1/4}}$$

となる.電解質の活量係数を表2・5に示す.

表 2・5 水溶液中における電解質の平均活量係数 $\gamma_\pm$ (25°C)

電解質	濃度 m (mol kg^{-1})				
	0.001	0.01	0.1	1	4
HCl	0.965	0.904	0.796	0.809	1.762
NaCl	0.966	0.904	0.778	0.658	0.783
NaOH		0.899	0.766	0.679	0.890
CaCl$_2$	0.887	0.724	0.518	0.500	2.934
H$_2$SO$_4$	0.830	0.544	0.265	0.130	0.171
CuSO$_4$	0.74	0.41	0.16	0.047	

電解質溶液の構造やイオンの挙動についての詳細は現在も不明な点が多い.固体状態に近い濃厚溶液についてはX線を用いる構造解析やレーザーラマン分光法などにより研究が進められているが,実際の電池や電解合成,めっきなどに用いる電解質溶液の濃度領域での研究はほとんど行われていない.電解質の濃度が 10^{-3} mol dm^{-3} 程度以下の領域では溶液中のイオンの相互作用に基づいて,デバイ(Debye)とヒュッケル(Hückel)は電解質イオンの活量係数について式(2・38)のような極限式(活量係数に関するデバイ-ヒュッケルの極限法則(Debye-Hückel's limiting law)という)を示した.

$$\log \gamma_\pm = A|z_+ z_-| I^{1/2} \tag{2・38}$$

ここで $\gamma_\pm$ は溶液中のイオンの平均活量係数,z_+,z_- はカチオンとアニオンの

電荷数, I は溶液のイオン強度(ionic strength)で式(2・39)によって定義される関数であり, A は定数である.

$$I = (1/2)\sum m_i z_i^2 \qquad (2・39)$$

なお, m_i, z_i は溶液中のイオン i の質量モル濃度およびその電荷数である.

25 ℃ の水溶液の場合には, 式(2・38)の代りに式(2・40)が適用できる.

$$\log \gamma_\pm = -0.5091 |z_+ z_-| I^{1/2} \qquad (2・40)$$

【例題 2・3】 0.0004 mol dm^{-3} CaCl$_2$ 水溶液の 25 ℃ における $\gamma_\pm$ をデバイ-ヒュッケルの極限法則を用いて計算せよ. ただし, 濃度が低いので c_i は m_i に等しいと考えよ.

［解］ $\gamma_\pm$ は式(2・40)を用いて計算できる. そのためにまずイオン強度を式(2・39)を用いて計算する.

$I = (1/2)\sum m_i z_i^2 = (1/2)\{0.0004 \times 2^2 + 0.0004 \times 2 \times (-1)^2\} = 0.0012$

$\log \gamma_\pm = -0.5091 \times |2 \times (-1)| \times (0.0012)^{1/2} = -0.0353$

$\gamma_\pm = 0.922$

2・7 非水電解質溶液

これまで述べてきた電解質溶液は溶媒に水を用いるものであった. 水は粘度が低く, 比誘電率が高く, 電解質の溶媒としては優れた点が多い. しかし弱点もある. 水溶液系の電解質溶液を用いて電気分解を行うと, 次章で述べるように理論的には 1.23 V の印加電圧で水が電気分解される. この場合では, 電位窓[*2](potential window)が 1.23 V である. それで 1.23 V 以上の分解電圧が必要な電気分解を行うためには, 必要とされる分解電圧よりも広い電位窓をもつ電解質溶液が必要になる. また水溶液は 0 ℃ 以下で凝固する場合が多く, 寒冷地での使用は適していない. このような場合に非水電解質溶液(nonaqueous electrolyte solution)が使用できることがある. その中でも有機溶媒を用いる非水電解質溶液がリチウム電池や有機電解合成などで広く利用されている.

[*2] 溶媒や溶質の分解, 電極の溶解などが起こらない安定な電位範囲

表 2・6 代表的な有機溶媒の性質

溶媒 (略号)	融点 (°C, 1 atm)	沸点 (°C, 1 atm)	比誘電率[a]	粘度[a] (cP)	双極子モーメント (Debye)	ドナー数	アクセプター数
アセトニトリル (AN)	−45.72	81.77	38	0.345	3.94	14.1	18.9
γ-ブチロラクトン (BL)	−42	206	39.1	1.751	4.12	18	17.3
ジエチルカーボネート (DEC)	−43	126.8	2.82	0.748	2.82	16.0	—
ジエチルエーテル (DEE)	−116.2	34.6	4.27	0.224	1.18	19.2	3.9
ジメチルカーボネート (DMC)	0.5	90〜91	—	0.59	3.12	—	—
1,2-ジメトキシエタン (DME)	−58	84.7	7.2	0.455	1.07	24	—
ジメチルスルホキシド (DMSO)	18.42	189	46.45	1.991	3.96	29.8	19.3
1,3-ジオキソラン (DOL)	−95	78	6.79[b]	0.58	—	16.4	—
エチレンカーボネート (EC)	39〜40	248	89.6[c]	1.86[c]	4.8	—	—
エチルメチルカーボネート (EMC)	−55	108	2.9	0.65	1.77	—	—
ギ酸メチル (MF)	−99	31.5	8.5[d]	0.33	6.24	—	—
2-メチルテトラヒドロフラン (MTHF)	—	80	6.24	0.457	5.21	15.1	18.3
プロピレンカーボネート (PC)	−49.2	241.7	64.4	2.53	4.7	14.8	19.3
スルホラン (S)	28.86	287.3	42.5[b]	9.87[b]	1.71	20	8
テトラヒドロフラン (THF)	−108.5	65	7.25[b]	0.46[b]			

a) at 25°C, b) at 30°C, c) at 40°C, d) at 20°C

AN CH₃CN　　BL　　DEC　　EMC　　MF　　DEE　　MTHF　　DMC　　PC　　DME　　S　　DMSO　　THF

DOL　　EC

2·7 非水電解質溶液

有機溶媒を用いる非水電解質溶液に用いられる代表的な溶媒とその性質を表2·6に示す．これらの溶媒は液体の温度範囲が広く，電解質のイオン解離に対して比誘電率が高くて適しているものが多い．また溶液中のイオンの移動を速くするには粘度が低いものがよい．双極子モーメントが高いものは分極しやすく，比誘電率が高くなる傾向がある．さらに，電解質溶液中のカチオンは電子を供与する傾向の高さと関係するドナー数の高い溶媒分子と溶媒和しやすく，逆にアニオンは電子を受容する傾向の高さと関係するアクセプター数の高い溶媒分子と溶媒和しやすい．そして，溶媒和したイオンの大きさはイオンの移動や電極反応と密接に関係するので，溶媒の選択は非水電解質溶液の性質を支配する重要な要素である．

有機溶媒を用いる非水電解質溶液の電位窓の数例を図2·6に示す．電位窓の幅は電解質溶液の種類によって大きく変わる．有機溶媒を用いる非水電解質

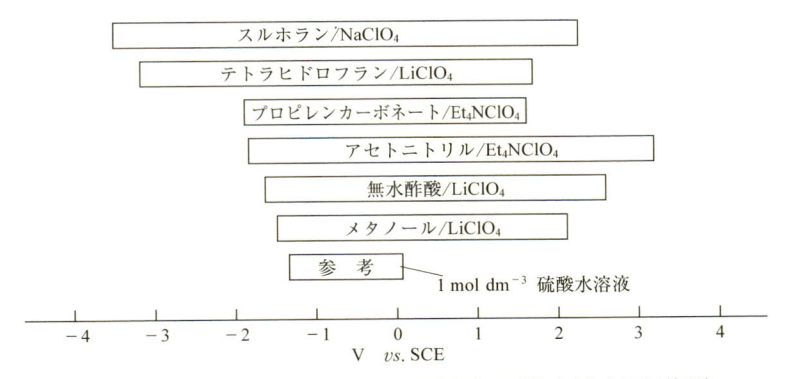

図 2·6 有機溶媒を用いる非水電解質溶液の電位窓（白金電極使用）

表 2·7 有機溶媒を用いる非水電解質溶液の比電気伝導率

溶 媒	電解質 (1 M)	比電気伝導率 χ (S m^{-1})
PC	LiClO$_4$	0.60（室温）
THF	LiClO$_4$	0.33（室温）
EC-PC(1：1)	LiBF$_4$	0.43（20℃）

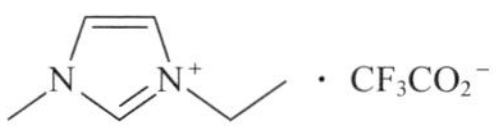

図 2・7 1-エチル-3-イミダゾリウムトリフルオロアセタート

溶液の比電気伝導率は表2・7に示されているように,水溶液系の電解質溶液と比較すると少し低い値であるが,広い分野で利用されいている.

非水電解質溶液には前述した有機溶媒を用いる非水有機電解質溶液のほかに,アルミニウムの電解製錬で工業的に用いられている無機塩を高温で融解させた溶融塩から構成された電解質溶液がある.また,代表的な例としては1-エチル-3-イミダゾリウムトリフルオロアセタート(図2・7)のようなカチオンとアニオンから構成されていて,融点が-15°Cで室温でも液体である"イオン液体(ionic liquid)"と名づけられているものもあり,基礎および実用的な研究が進められている.

演 習 問 題

2・1 電解質溶液の電気伝導率は交流ブリッジ法で,1~10 kHz,10 mV以下の交流電源を用いて測定する.なぜこのような方法を用いなければならないか,理由を述べよ.

2・2 電解質溶液のΛとΛ^∞から解離度$\alpha = \Lambda/\Lambda^\infty$を求めることができるのは弱電解質の溶液に限られている.この理由を説明せよ.

2・3 水溶液中でH^+とOH^-の移動度は他のイオンのそれらと比較して,はるかに高い値である.なぜそのようになるのか,その理由を説明せよ.

2・4 溶液中のイオンの輸率と,ヒットルフの方法によるその測定法について説明せよ.

2・5 25°Cにおける$Ca(OH)_2$の無限希釈におけるモル電気伝導率Λ^∞を計算で求めよ.ただし,無限希釈における$(1/2)Ca^{2+}$イオンとOH^-イオンのモル電気伝導率λ^∞の値はそれぞれ59.5×10^{-4} S m² mol⁻¹,198.3×10^{-4} S m² mol⁻¹である.

2・6 25°Cで0.1 mol dm⁻³ KCl水溶液(比電気伝導率$\varkappa = 1.286$ S m⁻¹)を満たした電気伝導率測定セルの抵抗は1555 Ωであった.また,このセルに0.5 mol dm⁻³ ギ酸水溶液を満たしたときの抵抗は787 Ωであった.これに関連して次の問い

に答えよ．ただし，無限希釈における H^+ イオンと $HCOO^-$ イオンのモル電気伝導率 Λ_+^∞，Λ_-^∞ の値はそれぞれ 349.81×10^{-4} S m^2 mol^{-1}，54.6×10^{-4} S m^2 mol^{-1} である．

（1） このギ酸水溶液の比電気伝導率はいくらか．
（2） このギ酸水溶液のモル電気伝導率はいくらか．
（3） 無限希釈における H^+ イオンと $HCOO^-$ イオンのモル電気伝導率の値を用い，このギ酸水溶液中のギ酸の解離度およびギ酸の解離の平衡定数を求めよ．
（4） このギ酸水溶液中のカチオンの輸率は 0.865 であった．この水溶液中のカチオンとアニオンの移動度を計算せよ．

2・7 ある電解質溶液の無限希釈におけるカチオンとアニオンのモル電気伝導率 λ_+^∞，λ_-^∞ の値はそれぞれ 349.81×10^{-4} S m^2 mol^{-1}，54.6×10^{-4} S m^2 mol^{-1} である．この電解質溶液中のカチオンとアニオンの移動度を計算せよ．

2・8 0.0007 mol dm^{-3} Na$_2$SO$_4$ 水溶液のイオン強度はいくらか．また，25 °C における平均活量係数 $\gamma_\pm$ をデバイ-ヒュッケルの極限法則を用いて計算せよ．ただし，濃度が低いので，容量モル濃度 c_i は重量モル濃度 m_i に等しいと考えよ．

3

電池の起電力と電極電位

　本章では，電池の起電力(electromotive force)について述べた後，電極と電解質溶液との界面に生ずる電位差について述べる．電気化学セル中での電位差は電極と電解質溶液界面の電位差がもっとも重要であり，この電位差が電気化学セル中で生ずる電気化学現象に大きな影響を及ぼす．電極と電解質溶液の界面で進行する反応に関与する反応種の活量と電極電位(electrode potential)の関係を示すネルンスト式(Nernst equation)は重要であり，本章ではこの式との関連で説明することが多い．

3・1 電池の起電力

3・1・1 電池の表示法と起電力

　化学電池は電池内で化学反応が自然に進み，その結果生ずるエネルギーを電力として電池外に取り出すものである．ところで，電池が放電する際に，どのように反応が進むのであろうか．まず，図3・1で示されるダニエル電池(Daniell cell)を考えてみよう．このような電池では負極で式(3・1)の反応が，正極では式(3・2)の反応が進む．

$$Zn \longrightarrow Zn^{2+} + 2e^- \tag{3・1}$$

$$Cu^{2+} + 2e^- \longrightarrow Cu \tag{3・2}$$

そして，電池の全反応は式(3・3)で示される．

$$Zn + Cu^{2+} \longrightarrow Zn^{2+} + Cu \tag{3・3}$$

この反応が進行する際に，電子は外部回路を Zn 極から Cu 極の方向に進む．

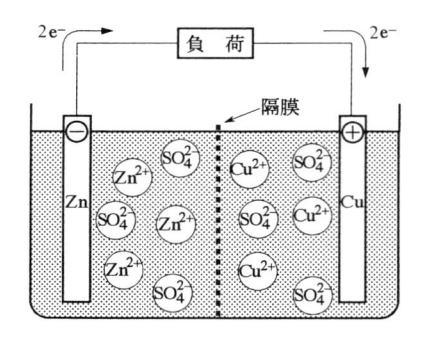

図 3・1 ダニエル電池

言い換えれば，正の電流は外部回路を Cu 極から Zn 極の方向に進み，電池内を Zn 極から Cu 極の方向に流れる．

電池の起電力 E は電池の放電回路を開いたとき，電池を表す式の右側の電極の電位 $E_右$ から左側の電極の電位 $E_左$ を差し引いた電位差で表される．上述した決まりは国際純正・応用化学連合(IUPAC)が定めた国際的な決まりである[*1]ので，図 3・1 に示されるダニエル電池の表示をする式は，

$$\ominus Zn|Zn^{2+}|Cu^{2+}|Cu\oplus$$

と書く．この場合 | は電池を構成している相の界面を示す．

$$E = E_右 - E_左 \qquad (3・4)$$

ところで，電池を表す式を $Cu|Cu^{2+}|Zn^{2+}|Zn$ と書いたとすると，その電池の反応は次のようになる．

$$Cu + Zn^{2+} \longrightarrow Cu^{2+} + Zn \qquad (3・5)$$

この式は式(3・3)の逆反応である．したがって，このような $Cu|Cu^{2+}|Zn^{2+}|Zn$ 電池の起電力は負になるので注意しなければならない．

電池の起電力は電流が流れると低下するので，電流が流れない状態で測定しなければならない．このような目的のために従来は電位差計(potentiometer)が使用されてきた．その際には，図 3・2 で，まずスイッチ K を標準電池側 St に入れて AB 間の抵抗上の接点を移動させ，検流計 G を用いて平衡点を求め

[*1] ガルバニ電池では起電力は正でなければならず，右電極の電位は左電極の電位より高い．

3・1 電池の起電力

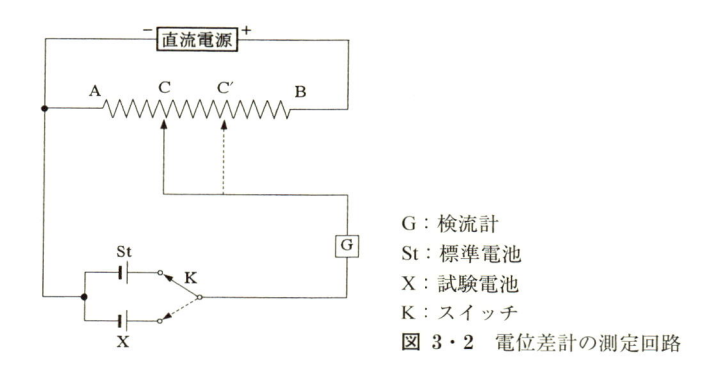

G：検流計
St：標準電池
X：試験電池
K：スイッチ

図 3・2　電位差計の測定回路

る．平衡状態では標準電池の起電力はAC間の抵抗によるIRとつりあっている．次にスイッチKを試験電池側Xに切り換え，AB上の新しい平衡点C′を求める．試験電池の起電力は［標準電池の起電力×(AC′/AC)］から決定される．最近では，電池の起電力は電子式の内部抵抗の大きいエレクトロメーターを用いて測定される場合が多い．

起電力測定に際して，標準電池としてよく用いられるのはウェストン電池（Weston cell）であり，次のように構成されている．

$$\ominus\ Cd(Hg)\,|\,CdSO_4\cdot(8/3)H_2O\,|\,CdSO_4(飽和溶液)\,|\,Hg_2SO_4\,|\,Hg\ \oplus$$

(3・6)

この電池反応は式(3・7)で示され，20℃で1.0183 Vの起電力を示す．

$$Cd(s) + Hg_2SO_4(s) + (8/3)H_2O(l) \rightleftarrows CdSO_4\cdot(8/3)H_2O(s) + 2Hg(l)$$

(3・7)

3・1・2　電池起電力の熱力学的計算

電池反応で電子1個が受け渡され，その起電力が$E(V)$である電池に外部負荷がつながれ，1ファラデー(96 485 C)の電荷が外部負荷回路に流れた場合に外部に取り出される電気エネルギーは，その過程が可逆の場合には96 485 C (As)に$E(V)$を掛けたものすなわち$E\times 96\,485$(Ws)となる．すなわち，この電池反応を正，負両電極の電位がほとんど変化しないようにしながら，平衡条件下で進行させるときに最大の仕事を行うことができ，それは電池反応のギブズエネルギーの減少量$(-\Delta G)$に対応する．それで，電池反応で電子n個が受

け渡される場合には n ファラデーの電荷が外部回路を流れることになる．したがって，このような可逆過程が進行する電池の起電力と系のギブズエネルギーの減少量との間には次式の関係がある．

$$-\Delta G = nFE \qquad (3\cdot 8)$$

電池反応も一般の化学反応と同じように，式 $(3\cdot 9)$ のように表される．

$$a\mathrm{A} + b\mathrm{B} + \cdots \rightleftarrows x\mathrm{X} + y\mathrm{Y} + \cdots \qquad (3\cdot 9)$$

A, B, X, Y, …などの化学種を一般に i で示せば，各化学種 1 mol 当りのギブズエネルギー G_i は式 $(3\cdot 10)$ で示される．

$$G_i = G_i^\circ + RT \ln a_i \qquad (3\cdot 10)$$

ここで G_i° は i の活量 a_i が 1 の場合，すなわち標準状態におけるギブズエネルギーである．

ところで，式 $(3\cdot 9)$ に示される電池反応で，各化学種の活量が 1 の場合，すなわち標準状態におけるギブズエネルギーの変化量を ΔG° で示すと，電池反応に伴うギブズエネルギーの変化量と各化学種の活量との間には次式の関係がある．

$$\Delta G = \Delta G^\circ + RT \ln \frac{a_\mathrm{X}{}^x \cdot a_\mathrm{Y}{}^y \cdots}{a_\mathrm{A}{}^a \cdot a_\mathrm{B}{}^b \cdots} \qquad (3\cdot 11)$$

先の式 $(3\cdot 8)$ にこの式を代入して整理すると式 $(3\cdot 12)$ が得られる．

$$\begin{aligned} E &= \frac{-\Delta G}{nF} = \frac{-\Delta G^\circ}{nF} - \frac{RT}{nF} \ln \frac{a_\mathrm{X}{}^x \cdot a_\mathrm{Y}{}^y \cdots}{a_\mathrm{A}{}^a \cdot a_\mathrm{B}{}^b \cdots} \\ &= E^\circ - \frac{RT}{nF} \ln \frac{a_\mathrm{X}{}^x \cdot a_\mathrm{Y}{}^y \cdots}{a_\mathrm{A}{}^a \cdot a_\mathrm{B}{}^b \cdots} \end{aligned} \qquad (3\cdot 12)$$

この式は電気化学では基本となる式の一つであり，ネルンスト式（Nernst equation）といわれている．

この式に対する常用対数式で $(2.3RT/F)$ は 25 °C で 0.059 V と計算されるので，25 °C では次のようになる．

$$E = E^\circ - \frac{0.059}{n} \log \frac{a_\mathrm{X}{}^x \cdot a_\mathrm{Y}{}^y \cdots}{a_\mathrm{A}{}^a \cdot a_\mathrm{B}{}^b \cdots} \mathrm{V} \quad (25\,°\mathrm{C}) \qquad (3\cdot 13)$$

3・1・3　可逆電池の標準起電力

式 $(3\cdot 12)$ で電池反応に関係する化学種の活量がすべて 1 である場合を標準

3・1 電池の起電力　39

状態という．このような状態では式(3・12)の右辺の第2項は0となるので次の関係が得られる．

$$E° = \frac{-\Delta G°}{nF} \qquad (3\cdot14)$$

この起電力は電池系の標準ギブズエネルギーの減少量と対応しており，電池の標準起電力(standard electromotive force)といい，電池の基本的特性を示す数値である．

また，熱力学では

$$-\Delta G° = RT \ln K \qquad (3\cdot15)$$

という関係がある．ここで K は反応の平衡定数である．したがって，式(3・14)と式(3・15)から標準起電力と電池反応の平衡定数との間には次の関係が成り立つ．

$$E° = \frac{RT}{nF} \ln K \qquad (3\cdot16)$$

【例題 3・1】　ダニエル電池の反応は $Zn + Cu^{2+} \to Zn^{2+} + Cu$ で表される．この電池反応の 25 °C における標準ギブズエネルギーの変化量は熱力学データから $-212.3\,kJ$ であることが知られている．
（1）　この電池の 25 °C における標準起電力を求めよ．
（2）　$Zn|Zn^{2+}(a_\pm=0.6)|Cu^{2+}(a_\pm=0.2)|Cu$ の 25 °C における起電力を求めよ．

［解］
（1）　式(3・14)を用いて

$$E° = \frac{-\Delta G°}{nF} = \frac{212.3 \times 10^3}{2 \times 96\,485} = 1.100\,\text{V}$$

（2）　Zn，Cu の活量は固体であるので1とする．式(3・13)を用いて

$$E = E° - \frac{RT}{nF} \ln \frac{a_{Zn^{2+}}}{a_{Cu^{2+}}} = 1.100 - \frac{0.059}{2} \log \frac{0.6}{0.2} = 1.086\,\text{V}$$

3・1・4　電池の起電力に影響する要因

電池の起電力は電池反応のギブズエネルギーの変化量によって決まるので，それに影響を与える要因は起電力に影響を与える．したがって，電池反応に関

係する物質の活量と温度が起電力に影響を与える直接の要因である．次いで，ギブズエネルギーに影響を与える要因が問題になる．

熱力学では，ギブズエネルギー変化量 ΔG はエンタルピーの変化量 ΔH, エントロピーの変化量 ΔS と次のような関係がある．

$$\Delta G = \Delta H - T\Delta S \tag{3・17}$$

この式に次式で示されるギブズ-ヘルムホルツ式（Gibbs-Helmholtz equation）を代入し

$$\left[\frac{\partial(\Delta G)}{\partial T}\right]_P = -\Delta S \tag{3・18}$$

さらに式(3・8)の関係を用いると，系のエンタルピー変化量と電池起電力ならびに起電力の温度変化との間に次の関係式が得られる．

$$\Delta H = -nFE + nFT\left(\frac{\partial E}{\partial T}\right)_P \tag{3・19}$$

この関係を用いると，いくつかの異なった温度で電池の起電力を測定することにより，その電池系のエンタルピー変化量を求めることができる．

【例題 3・2】 H_2(1 atm)$+2$ AgBr(s) $\to$ 2 Ag$+2$ HBr$(a=1)$ なる反応を行う電池がある．この電池反応に伴う 25 °C での ΔG, ΔS および ΔH を求めよ．ただし，この電池の起電力の温度変化は次式で表されるものとする．

$$E(V) = -0.0866 + 1.56 \times 10^{-3}T - 3.45 \times 10^{-6}T^2$$

［解］ 上式の電池反応にあずかる電子の数は 2 であるから，

$$\begin{aligned}
\Delta G &= -nFE \\
&= -2 \times 96485(-0.0866 + 1.56 \times 10^{-3}T - 3.45 \times 10^{-6}T^2) \\
&= 1.67 \times 10^4 - 3.01 \times 10^2 T + 6.66 \times 10^{-1}T^2 \ (\text{J mol}^{-1})
\end{aligned}$$

$$\begin{aligned}
\Delta S &= -\left[\frac{\partial(\Delta G)}{\partial T}\right]_P \\
&= 3.01 \times 10^2 - 1.33\,T \ (\text{J K}^{-1}\text{mol}^{-1})
\end{aligned}$$

$$\begin{aligned}
\Delta H &= \Delta G + T\Delta S \\
&= (1.67 \times 10^4 - 3.01 \times 10^2\,T + 6.66 \times 10^{-1}\,T^2) \\
&\quad + T(3.01 \times 10^2 - 1.33T) \\
&= 1.67 \times 10^4 - 6.64 \times 10^{-1}T^2 \ (\text{J mol}^{-1})
\end{aligned}$$

これらに $T=298.15$ を代入すると,
$$\Delta G = -1.38 \times 10^4 \text{ J mol}^{-1}$$
$$\Delta S = -9.55 \times 10 \text{ J K}^{-1} \text{ mol}^{-1}$$
$$\Delta H = -4.23 \times 10^4 \text{ J mol}^{-1}$$

3・2 電 極 電 位

3・2・1 電極(半電池)の種類[*2]

電気化学セルで,たとえば Zn|Zn^{2+}|Cu^{2+}|Cu で表される電池には二つの電極,すなわち Zn^{2+}|Zn 電極と Cu^{2+}|Cu 電極が組み合されている.このような電極系は半電池(half cell)ともいわれる.このような電極についていくつか述べよう.

a. 金属-金属イオン電極

この電極系は金属とそのイオンを含む電解質溶液からなるものであり,一般に M^{n+}|M で示される.そして電極反応は次式で示される.

$$M^{n+} + ne^- \rightleftharpoons M \tag{3・20}$$

b. 気 体 電 極

この電極系は不溶性の白金,金,あるいは黒鉛などからできている電極を電解質溶液と気体に接触させてつくられる.たとえば水素電極(hydrogen electrode)は H$^+$|H$_2$|Pt で示され,その電極反応は次のように表される.

$$2H^+ + 2e^- \rightleftharpoons H_2 \tag{3・21}$$

c. 酸化還元電極[*3]

この電極系は不溶性電極(たとえば白金)を,たとえば Fe^{3+} と Fe^{2+} のように酸化状態の異なったイオンを含む溶液に浸漬することによって得られる.この電極は Fe^{3+}, Fe^{2+}|Pt と表され,電極上で次の平衡が成立している.

[*2] 電極 a~d のように金属相と溶液相の 2 相からなる単純な電極系は第一種電極(electrode of the first kind)とよばれ,e や f のように金属相と溶液相の間に難溶性塩あるいは難溶性酸化物の相を挟んだ電極系は第二種電極(electrode of the second kind)とよばれる.

[*3] レドックス電極(redox electrode)ともいう.

$$\mathrm{Fe^{3+} + e^- \rightleftharpoons Fe^{2+}} \qquad (3・22)$$

d. アマルガム電極

　この電極系は，金属-金属イオン電極の金属電極の代りに金属を水銀との合金，すなわちアマルガムとして用いた電極系である．たとえば，ナトリウム水溶液とナトリウムアマルガム電極からできている電極系は $\mathrm{Na^+|Na(-Hg)}$ と表される．ナトリウム金属は水溶液と接すると爆発するがアマルガム電極は安定であり，場合によっては非常に有利な面をもっている．

e. 金属-難溶性塩電極

　この電極系では，金属がその金属の難溶性塩と接触しており，さらにこの難溶性塩がその塩を構成するアニオンを含む溶液と接触している．代表例はカロメル電極(calomel electrode) $\mathrm{Hg|Hg_2Cl_2|Cl^-}$ や銀-塩化銀電極 $\mathrm{Ag|AgCl|Cl^-}$ であり，いずれも後述する参照電極(reference electrode)としてよく用いられる．これらの電極の反応は次のように示される．

$$\mathrm{Hg_2Cl_2 + 2\,e^- \rightleftharpoons 2\,Hg + 2\,Cl^-} \qquad (3・23)$$
$$\mathrm{AgCl + e^- \rightleftharpoons Ag + Cl^-} \qquad (3・24)$$

f. 金属-難溶性酸化物電極

　この電極系は，金属-難溶性塩電極の難溶性塩の代りに，難溶性酸化物を用いたものである．代表例は酸化水銀電極(mercuric oxide electrode) $\mathrm{Hg|HgO|OH^-}$ であり，アルカリ水溶液に対する参照電極としてよく用いられる．

3・2・2　標準水素電極と電極電位

　前述した電極の電位は単独では測定できず，ほかの電極と組み合せて一つの電池を構成させ，その電池の起電力を測定することによって知ることができる．この場合に，基準として用いられる電極は $\mathrm{H^+|H_2|Pt}$ で示される水素電極である．それは図3・3に示されるような構造になっている．この水素電極の反応は式(3・25)で示されるので，この式にネルンスト式を適用すると，その電極電位は式(3・26)で計算される．

$$\mathrm{H^+ + e^- \rightleftharpoons (1/2)H_2} \qquad (3・25)$$

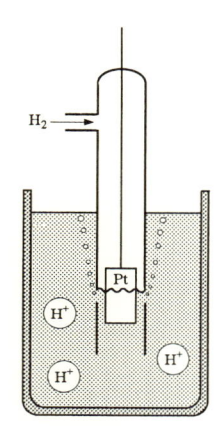

図 3・3 水素電極の構造

$$E = E° - \frac{RT}{F} \ln \frac{(P_{H_2})^{1/2}}{a_{H^+}} \qquad (3・26)$$

このような場合，電極電位を決定する反応に関与する化学種の活量がすべて1の場合を標準状態といい，そのときの電極電位を標準電極電位 $E°$ (standard electrode potential または normal electrode potential) という．そして，このような状態にある水素電極は式(3・27)で示され標準水素電極(standard hydrogen electrode, SHE, または normal hydrogen electrode, NHE)とよばれる．

$$H^+(a_{H^+} = 1)|H_2(1 \text{ atm})|Pt \qquad (3・27)$$

標準水素電極は電極電位の基準であり，この電極の電位をすべての温度において0Vと規定する．そして，この標準水素電極と対象とする電極を組み合せた電池の起電力を測定して，対象とする電極の電位を決定する．

以上で述べた内容は，国際純正・応用化学連合(IUPAC)による表現を用いると，"電極の電位とは，左側に標準水素電極をもち右側に対象とする電極をもった電池の起電力である"ということになる．

ところで，電池では左側の電極から電子が外部回路へ送り出されて右側の電極へ流れ込むので，左側にSHE，右側に対象とする電極がおかれると，右側の電極では電子が取り込まれる反応，すなわち還元反応が進む．それで，金属‒金属イオン電極を例にとると，単極の反応は先の式(3・20)で示される．こ

の場合，電極電位はネルンスト式を適用して計算することができる．

$$E = E^\circ - \frac{RT}{nF}\ln\frac{a_M}{a_{M^{n+}}} = E^\circ - \frac{RT}{nF}\ln\frac{1}{a_{M^{n+}}}$$
$$= E^\circ - \frac{0.059}{n}\log\frac{1}{a_{M^{n+}}} \quad (25\,°\mathrm{C}) \tag{3・28}$$

3・2・3 標準電極電位

電極電位は電極反応に関与する化学種の活量と濃度によって決まり，前述したようにネルンスト式を用いて計算することができる．たとえば，金属–金属イオン電極については式(3・28)で計算できる．この場合，前述したように標準状態，すなわち化学種の活量がすべて 1 である状態のもとでの電極電位は標準電極電位といわれる．このような標準電極電位の各種電極についての値を表 3・1 に示す．

【例題 3・3】 次の電池の 25 °C における各単極の電位，ならびに電池の起電力を計算せよ．

$$\mathrm{Zn}\,|\,\mathrm{Zn}^{2+}(a_\pm = 0.8)\,|\,\mathrm{H}^+(a_\pm = 0.2)\,|\,\mathrm{H}_2(0.4\,\mathrm{atm})\,|\,\mathrm{Pt}$$

なお，Zn^{2+} を含む水溶液と H^+ を含む水溶液は多くの場合，後述する塩橋で結ばれ液間起電力は無視される．

［解］ 各単極の電位はネルンスト式と表 3・1 の標準電極電位の値を用いて，次のように求められる．

左の電極電位を決定する反応：$\mathrm{Zn}^{2+} + 2\,\mathrm{e}^- \rightleftharpoons \mathrm{Zn}$

$$E_左 = E^\circ(\mathrm{Zn}^{2+}\,|\,\mathrm{Zn}) - \frac{RT}{2F}\ln\frac{1}{a_{\mathrm{Zn}^{2+}}} = -0.763 - \frac{0.059}{2}\log\frac{1}{0.8}$$
$$= -0.766\,\mathrm{V}\ vs.\ \mathrm{SHE}$$

右の電極電位を決定する反応：$2\,\mathrm{H}^+ + 2\,\mathrm{e}^- \rightleftharpoons \mathrm{H}_2$

$$E_右 = E^\circ(\mathrm{H}^+\,|\,\mathrm{H}_2) - \frac{RT}{2F}\ln\frac{P_{\mathrm{H}_2}}{(a_{\mathrm{H}^+})^2} = 0.000 - \frac{0.059}{2}\log\frac{0.4}{(0.2)^2}$$
$$= -0.030\,\mathrm{V}\ vs.\ \mathrm{SHE}$$

電池の起電力は，$E = E_右 - E_左 = -0.030 - (-0.766) = 0.736\,\mathrm{V}$

ここで，標準電極電位を決定する主な要因について考えてみよう．単極の電

表 3・1 標準電極電位(25°C)

電極	電極反応	$E°$ (V vs. SHE)
$Li^+｜Li$	$Li^+ + e^- \rightleftarrows Li$	−3.045
$K^+｜K$	$K^+ + e^- \rightleftarrows K$	−2.925
$Na^+｜Na$	$Na^+ + e^- \rightleftarrows Na$	−2.714
$Mg^{2+}｜Mg$	$Mg^{2+} + 2e^- \rightleftarrows Mg$	−2.356
$Al^{3+}｜Al$	$Al^{3+} + 3e^- \rightleftarrows Al$	−1.676
$OH^-｜H_2｜Pt$	$2H_2O + 2e^- \rightleftarrows H_2 + 2OH^-$	−0.828
$Zn^{2+}｜Zn$	$Zn^{2+} + 2e^- \rightleftarrows Zn$	−0.763
$Fe^{2+}｜Fe$	$Fe^{2+} + 2e^- \rightleftarrows Fe$	−0.440
$Cd^{2+}｜Cd$	$Cd^{2+} + 2e^- \rightleftarrows Cd$	−0.403
$Ni^{2+}｜Ni$	$Ni^{2+} + 2e^- \rightleftarrows Ni$	−0.257
$Sn^{2+}｜Sn$	$Sn^{2+} + 2e^- \rightleftarrows Sn$	−0.138
$Pb^{2+}｜Pb$	$Pb^{2+} + 2e^- \rightleftarrows Pb$	−0.126
$Fe^{3+}｜Fe$	$Fe^{3+} + 3e^- \rightleftarrows Fe$	−0.036
$H^+｜H_2｜Pt$	$2H^+ + 2e^- \rightleftarrows H_2$	0.000
$Cu^{2+}, Cu^+｜Pt$	$Cu^{2+} + e^- \rightleftarrows Cu^+$	+0.153
$Sn^{4+}, Sn^{2+}｜Pt$	$Sn^{4+} + 2e^- \rightleftarrows Sn^{2+}$	+0.154
$Cu^{2+}｜Cu$	$Cu^{2+} + 2e^- \rightleftarrows Cu$	+0.340
$Fe(CN)_6^{3-}, Fe(CN)_6^{4-}｜Pt$	$Fe(CN)_6^{3-} + e^- \rightleftarrows Fe(CN)_6^{4-}$	+0.361
$Pt｜O_2｜OH^-$	$O_2 + 2H_2O + 4e^- \rightleftarrows 4OH^-$	+0.401
$Pt｜I_2｜I^-$	$I_2 + 2e^- \rightleftarrows 2I^-$	+0.536
$Fe^{3+}, Fe^{2+}｜Pt$	$Fe^{3+} + e^- \rightleftarrows Fe^{2+}$	+0.771
$Ag^+｜Ag$	$Ag^+ + e^- \rightleftarrows Ag$	+0.799
$Pd^{2+}｜Pd$	$Pd^{2+} + 2e^- \rightleftarrows Pd$	+0.915
$Pt｜Br_2｜Br^-$	$Br_2 + 2e^- \rightleftarrows 2Br^-$	+1.065
$Pt｜O_2｜H_2O$	$O_2 + 4H^+ + 4e^- \rightleftarrows 2H_2O$	+1.229
$Pt｜Cl_2｜Cl^-$	$Cl_2 + 2e^- \rightleftarrows 2Cl^-$	+1.358
$Ce^{4+}, Ce^{3+}｜Pt$	$Ce^{4+} + e^- \rightleftarrows Ce^{3+}$	+1.72
$Co^{3+}, Co^{2+}｜Pt$	$Co^{3+} + e^- \rightleftarrows Co^{2+}$	+1.92
$Pt｜F_2｜F^-$	$F_2 + 2e^- \rightleftarrows 2F^-$	+2.87

位，たとえば電極 $M^+｜M$ の標準電極電位は式(3・29)の反応の標準状態でのギブズエネルギーの減少量 $-\Delta G°(=FE°)$ によって決まる．

$$M^+ + e^- \longrightarrow M \qquad (3・29)$$

そこで，この反応の $\Delta G°$ の主な内容について考えよう．熱力学では式(3・30)の関係がある．

$$\Delta G° = \Delta H° - T\Delta S° \tag{3・30}$$

ここで，$\Delta H°$ は標準エンタルピー変化，$\Delta S°$ は標準エントロピー変化である．温度が室温付近では $T\Delta S°$ の項は $\Delta H°$ に比べて非常に小さいので $\Delta G°$ は $\Delta H°$ に近い値であると考えられる．この場合の $\Delta H°$ は，次のような過程の標準エンタルピー変化から成り立っていると考えられる．

$$M^+(溶媒和) \xrightarrow{\text{I}} M^+(蒸気) \xrightarrow[e^-]{\text{II}} M(蒸気) \xrightarrow{\text{III}} M(固体) \tag{3・31}$$

この全過程は三つの素過程から成り立っている．Ⅰ：水和している安定な M^+ が水和エンタルピー W_{M^+} に打ち勝つだけのエネルギーを吸収して気体状の M^+ となる過程．Ⅱ：気体状の M^+ が電極から電子を受け取り，M のイオン化電位(ionization potential) I_M と電子の電荷の積に等しいエネルギーを放出して原子状(気体)の M となる過程．Ⅲ：気体状の M 原子が昇華エンタルピー S_M を放出して固体の M となる過程．したがって，式(3・29)の反応の $\Delta H°$ の近似値は次式で与えられるであろう．

$$\Delta H°(M^+|M) \approx -W_{M^+} - I_M \cdot e - S_M \tag{3・32}$$

3・2・4 電極電位の熱力学的計算

ここで少し重複するが電極電位についての熱力学的計算についてさらに述べる．

電気化学セル，たとえばガルバニ電池の起電力は電池構成を表す式(3・4)の右電極の電位から，左電極の電位を差し引いた値である．

$$E = E_右 - E_左 \tag{3・4}$$

ところで右側の電極が $M^{n+}(a_{M^{n+}}|M)$ で，左側の電極が標準水素電極の場合，両電極室の液間電位差がゼロであると仮定すると，この電池の起電力は次式のようになる．

$$\begin{aligned} E &= E°(M^{n+}|M) - \frac{RT}{nF}\ln\frac{1}{a_{M^{n+}}} - E°(H^+|H_2) \\ &= E°(M^{n+}|M) - \frac{RT}{nF}\ln\frac{1}{a_{M^{n+}}} \end{aligned} \tag{3・33}$$

ここで標準水素電極の電位は 0 V である．したがって，このガルバニ電池の起

電力は左電極の電位を示す．

一般的に式(3・34)で表される酸化還元反応に対する単極の電位は，式(3・35)で与えられる．

$$O + ne^- \rightleftarrows R \tag{3・34}$$

$$E = E° - \frac{RT}{nF} \ln \frac{a_R}{a_O} \tag{3・35}$$

ここで，Oは酸化体，Rは還元体を表す．このようなネルンスト式を用いて，表3・1の標準電極電位と電極反応に関与する化学種の活量から，単極の電位を求めることができる．なお，電池起電力の単位はVであるが，電極電位は一般に標準水素電極を基準とした相対値であるので，その単位はV $vs.$ SHEとなることに注意しなければならない．

【例題 3・4】 次の電池の25℃における各単極の電位と電池の起電力を計算せよ．

$$Zn|Zn^{2+}(a = 0.2)|Ni^{2+}(a = 0.8)|Ni$$

ただし，標準電極電位については $E°(Zn^{2+}|Zn) = -0.763$ (V $vs.$ SHE)，$E°(Ni^{2+}|Ni) = -0.250$ (V $vs.$ SHE) である（表3・1参照）．

[解] 各単極の電位はネルンスト式と標準電極電位の値を用いて，次のように求められる．

左の電極の電位を決定する反応: $Zn^{2+} + 2e^- \rightleftarrows Zn$

$$E_左 = E°(Zn^{2+}|Zn) - \frac{RT}{2F} \ln \frac{1}{a_{Zn^{2+}}}$$

$$= -0.763 - \frac{0.059}{2} \log \frac{1}{0.2}$$

$$= -0.784 \text{ V } vs. \text{ SHE}$$

右の電極の電位を決定する反応: $Ni^{2+} + 2e^- \rightleftarrows Ni$

$$E_右 = E°(Ni^{2+}|Ni) - \frac{RT}{2F} \ln \frac{1}{a_{Ni^{2+}}}$$

$$= -0.257 - \frac{0.059}{2} \log \frac{1}{0.8}$$

$$= -0.260 \text{ V } vs. \text{ SHE}$$

電池の起電力は，$E = E_右 - E_左 = -0.260 - (-0.784) = 0.524$ V

3・2・5 参 照 電 極

電極の電位を決定するのに用いる基準とすべき電極系は本来は標準水素電極(SHE)であり，その基本的な構造はすでに図3・3に示した．電極反応も式(3・21)で示した．しかし，この電極は水素ガスを必要とし，水素イオン濃度を常に一定にしなければならないなどの面倒さがある．そこで，標準水素電極に対してあらかじめ電位が知られている便利な構造の電極系を用いて，対象とする電極と電池を組んで電位をはかることができれば都合がよい．このような目的に使用される電極を参照電極(reference electrode)という．

参照電極のうち，電位の安定性，使いやすさ，さらに後述するような塩橋作用によって水溶液系の電解質溶液とカロメル電極のKCl水溶液との間で実験上で液界電位差がほとんどなくなることなどの理由で，もっともよく用いられるのは3・2・1項で述べた第二種電極に属する飽和カロメル電極であり，その電極反応は式(3・23)に示した通りである．この電極の構造は図3・4(a)と図3・4(a′)に示されている．また，銀-塩化銀電極の構造は図3・4(b)に示すような簡単なものであり，環境汚染と関係する水銀化合物を用いないので測定に使用されることが多い．硫酸第一水銀電極と酸化水銀電極はカロメル電極に類似

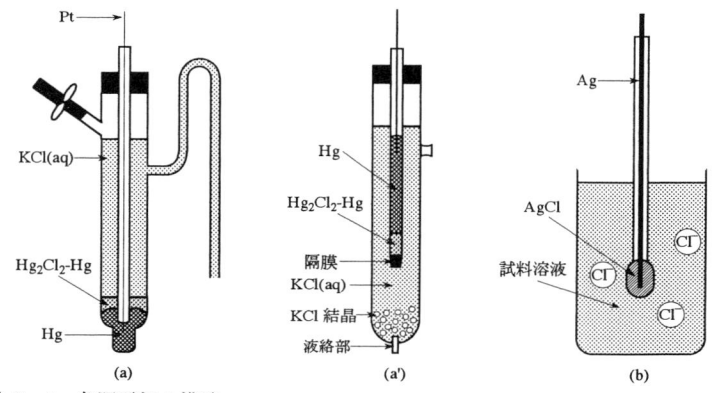

図 3・4　参照電極の構造
（a）飽和カロメル電極　（a′）飽和カロメル電極　（b）銀-塩化銀電極

表 3・2 主な参照電極の電位(25℃)

参照電極	構成	電位 (V vs. SHE)
標準水素電極[*1]	$Pt|H_2(P_{H_2}=1\ atm)|H^+(a_{H^+}=1)$	0.000
N カロメル電極	$Hg|Hg_2Cl_2|KCl(1\ mol\ dm^{-3})$	0.2807
飽和カロメル電極[*2]	$Hg|Hg_2Cl_2|KCl(飽和)$	0.2415
N 銀-塩化銀電極	$Ag|AgCl|KCl(1\ mol\ dm^{-3})$	0.236
飽和銀-塩化銀電極[*3]	$Ag|AgCl|KCl(飽和)$	0.197
硫酸第一水銀電極	$Hg|Hg_2SO_4|H_2SO_4(0.5\ mol\ dm^{-3})$	0.682
酸化水銀電極	$Hg|HgO|NaOH(0.1\ mol\ dm^{-3})$	0.165

[*1] standard hydrogen electrode (SHE)
[*2] saturated calomel electrode (SCE)
[*3] saturated silver chloride electrode (SSCE)

した構造であり,対象とするセルの電解質溶液がそれぞれ硫酸水溶液,アルカリ水溶液の場合にしばしば用いられる.各種参照電極の電位を表3・2に示す.

3・3 膜 電 位

組成の異なる電解質溶液相ⅠとⅡを微細孔をもつ膜を介して接触させると,二つの相の間に電位差が生じる.これを膜電位(membrane potential)という.膜電位は3・4・5項で述べる液間電位(liquid junction potential)の特別な場合と考えることもできる.孔径が十分に大きい多孔性膜における膜電位は液間電位(差)に等しいが,孔径が小さく密になるにつれて膜中のイオンの輸率が変化して,膜電位と液間電位との差が顕著になる.たとえば,濃度の異なる1:1電解質 M^+A^- の溶液相ⅠとⅡが膜を介して接しているとき,膜中のカチオンとアニオンの輸率 t_+' と t_-' が一定であれば,膜電位 E_m は次式で与えられる.

$$E_m = -\frac{RT}{F}\left\{t_+'\ln\frac{(a_+)_\mathrm{I}}{(a_+)_\mathrm{II}} - t_-'\ln\frac{(a_-)_\mathrm{I}}{(a_-)_\mathrm{II}}\right\} \qquad (3\cdot36)$$

ここで,$(a_+)_\mathrm{I}$, $(a_-)_\mathrm{I}$, $(a_+)_\mathrm{II}$, $(a_-)_\mathrm{II}$ はそれぞれ溶液相ⅠとⅡの中におけるカチオン M^+ とアニオン A^- の活量である.とくに,膜がカチオンだけを選択

的に透過する場合には，$t_+'=1$，$t_-'=0$ であるから，式(3・36)は次のようになる．

$$E_\mathrm{m} = -\frac{RT}{F}\ln\frac{(a_+)_\mathrm{I}}{(a_+)_\mathrm{II}} \qquad (3\cdot37)$$

同様に，アニオン選択透過性の膜ならば，$t_+'=0$，$t_-'=1$ を式(3・36)に代入すればよい．このように，完全なイオン選択性をもつ膜の膜電位は，透過性イオンについてネルンスト型の平衡電位となる．この特性を利用したのが10章で述べるイオンセンサー(ion sensor)[*4]である．

これに対して，イオン選択性膜を介して異種の電解質を含む溶液を接触させたとき，たとえば，電解質 M^+A^- の溶液 I と電解質 N^+A^- の溶液 II を完全にカチオン選択性の膜で隔てたとき，アニオン A^- は膜を透過しないので，カチオン M^+ と N^+ は両溶液相中に均等に分布することはできず，その結果，平衡状態で両相の間には電位差が生じる．これはドナン膜電位(Donnan membrane potential)とよばれる．そして，この電位差 E_D は次式で与えられる．

$$E_\mathrm{D} = \frac{RT}{F}\ln\left\{\frac{(a_{M^+})_\mathrm{II}}{(a_{M^+})_\mathrm{I}}\right\}_\mathrm{eq} = \frac{RT}{F}\ln\left\{\frac{(a_{N^+})_\mathrm{II}}{(a_{N^+})_\mathrm{I}}\right\}_\mathrm{eq} \qquad (3\cdot38)$$

3・4 濃 淡 電 池

3・4・1 濃淡による電位の発生

電池を形成する二つの電極系は通常それぞれ異なった構成のものである．しかし，同種の電極系で形成される場合でも，その電極電位を決定する反応に関与する化学種の活量が異なっていれば，起電力が発生する．このような活量の違いは電極を構成する化学種でもよく，また電解質の化学種であってもかまわない．このようにしてつくられた電池は濃淡電池(concentration cell)とよばれる．このような電池はあまり重要ではないと考えられるかもしれない．しかし最近では濃淡電池の原理は化学センサー，生物物理化学的現象，腐食防止などの面で実用とも密接に関連している．

[*4] イオン電極，イオン選択性電極(ion-selective electrode)ともいう．

3・4・2 電極濃淡電池

　この電池は二つの電極を構成する化学種の種類は同じであるが，その活量が両極では異なっているものである．この例として気体電極をもつ電極濃淡電池の一つとして，二つの水素極で構成された電池がある．

$$\text{Pt},\ \text{H}_2(p_1)\,|\,\text{HCl 水溶液}(a_\pm)\,|\,\text{H}_2(p_2),\ \text{Pt} \tag{3・39}$$

この電池の電極反応は次のようになる．

$$\begin{array}{ll}
\text{左の電極} & \text{H}_2(p_1) \rightleftarrows 2\text{H}^+ + 2\text{e}^- \\
\text{右の電極} & 2\text{H}^+ + 2\text{e}^- \rightleftarrows \text{H}_2(p_2) \\
\hline
\text{電池の全反応} & \text{H}_2(p_1) \rightleftarrows \text{H}_2(p_2)
\end{array} \tag{3・40}$$

この反応に対する電池の起電力は次のようにネルンスト式を適用して計算できる．

$$E = \frac{RT}{2F} \ln \frac{p_1}{p_2} \tag{3・41}$$

この電池では H_2 は圧力の高い方から低い方へ移動する．

3・4・3　液絡のある電解質濃淡電池

　電極系を構成する電解質溶液の濃淡に基づく濃淡電池（電解質濃淡電池）である．例として次のような電池を考えることができる．

$$\text{C},\ \text{Cl}_2(1\ \text{atm})\,|\,\text{HCl}(a_\pm)_\text{I}\,|\,\text{HCl}(a_\pm)_\text{II}\,|\,\text{Cl}_2(1\ \text{atm}),\ \text{C} \tag{3・42}$$

この場合，異なった濃度の二つの HCl 溶液は二相界面で混合しないが，この界面を通してイオンは移動できる．この電池の電極反応は次のようになる．

$$\begin{array}{ll}
\text{左の電極} & \text{Cl}^-[(a_\pm)_\text{I}] \rightleftarrows (1/2)\text{Cl}_2(1\ \text{atm}) + \text{e}^- \\
\text{右の電極} & (1/2)\text{Cl}_2(1\ \text{atm}) + \text{e}^- \rightleftarrows \text{Cl}^-[(a_\pm)_\text{II}] \\
\hline
\text{電池の全電極反応} & \text{Cl}^-[(a_\pm)_\text{I}] \rightleftarrows \text{Cl}^-[(a_\pm)_\text{II}]
\end{array} \tag{3・43}$$

また，両 HCl 水溶液界面でのイオンの移動反応は次のようになる．

$$\begin{array}{ll}
\text{H}^+ \text{の移動} & t_+\text{H}^+[(a_\pm)_\text{I}] \rightleftarrows t_+\text{H}^+[(a_\pm)_\text{II}] \\
\text{Cl}^- \text{の移動} & t_-\text{Cl}^-[(a_\pm)_\text{II}] \rightleftarrows t_-\text{Cl}^-[(a_\pm)_\text{I}] \\
\hline
\text{両液間のイオンの移動} & t_+\text{H}^+[(a_\pm)_\text{I}] + t_-[\text{Cl}^-(a_\pm)_\text{II}] \\
& \rightleftarrows t_+\text{H}^+[(a_\pm)_\text{II}] + t_-\text{Cl}^-[(a_\pm)_\text{I}]
\end{array} \tag{3・44}$$

全体としての反応は，全電極反応を表す式(3・43)と両溶液界面でのイオンの移動を表す式(3・44)を合せたものとなる．

$$\text{Cl}^-[(a_\pm)_\text{I}] + t_+\text{H}^+[(a_\pm)_\text{I}] + t_-\text{Cl}^-[(a_\pm)_\text{II}]$$
$$\rightleftarrows \text{Cl}^-[(a_\pm)_\text{II}] + t_+\text{H}^+[(a_\pm)_\text{II}] + t_-\text{Cl}^-[(a_\pm)_\text{I}] \quad (3・45)$$

$t_+ = 1 - t_-$ という関係を用いて，この式を整理すると次のようになる．

$$t_+\{\text{Cl}^-[(a_\pm)_\text{I}] + \text{H}^+[(a_\pm)_\text{I}]\} \rightleftarrows t_+\{\text{Cl}^-[(a_\pm)_\text{II}] + \text{H}^+[(a_\pm)_\text{II}]\} \quad (3・46)$$

したがって，この電池の起電力はネルンスト式を適用して次式で計算できる．

$$E = \frac{2t_+RT}{F}\ln\frac{(a_\pm)_\text{I}}{(a_\pm)_\text{II}} \quad (3・47)$$

このように，この濃淡電池ではイオンの輸率も起電力に関係している．$\text{Cl}_2|\text{Cl}^-$ 電極はアニオンに対して可逆な電極であるが，$\text{H}^+|\text{H}_2$ のようにカチオンに対して可逆な電池では起電力は式(3・48)のようになる．

$$E = -\frac{2t_-RT}{F}\ln\frac{(a_\pm)_\text{I}}{(a_\pm)_\text{II}} \quad (3・48)$$

3・4・4 液絡のない電解質濃淡電池

前項と違って，図3・5で示されるような液絡のない電解質濃淡電池を考えてみよう．この電池は次のような構成になっている．

$$\text{Pt, H}_2(1\text{ atm})|\text{HCl}[(a_\pm)_\text{I}]|\text{AgCl}|\text{Ag-Ag}|\text{AgCl}|\text{HCl}[(a_\pm)_\text{II}]|\text{H}_2(1\text{ atm}), \text{Pt} \quad (3・49)$$

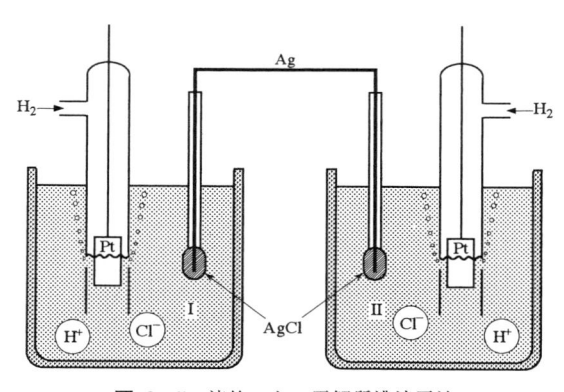

図 3・5 液絡のない電解質濃淡電池

電池 Pt, $H_2(1\,\text{atm})|HCl[(a_\pm)_I]|AgCl|Ag$ の電極反応は次式で表される．

左の電極　　$(1/2)H_2(1\,\text{atm}) \rightleftharpoons H^+ + e^-$

右の電極　　$AgCl(s) + e^- \rightleftharpoons Ag + Cl^-$

全体の反応　$(1/2)H_2(1\,\text{atm}) + AgCl(s) \rightleftharpoons HCl[(a_\pm)_I] + Ag$
$$\tag{3・50}$$

式(3・49)で表される電池全体としては式(3・50)で示される形式の電池を二つ組み合せたものであるから，電池全体の反応は次のようになる．

左の電池　　$(1/2)H_2(1\,\text{atm}) + AgCl(s) \rightleftharpoons HCl[(a_\pm)_I] + Ag$

右の電池　　$HCl[(a_\pm)_{II}] + Ag \rightleftharpoons (1/2)H_2(1\,\text{atm}) + AgCl(s)$

全体としての電池反応　$HCl[(a_\pm)_{II}] \rightleftharpoons HCl[(a_\pm)_I]$
$$\tag{3・51}$$

全体としての電池反応は平均イオン活量 II の HCl 溶液から，平均イオン活量 I の HCl 溶液へ HCl が移動するだけである．

電池の起電力はこれまでと同じようにネルンスト式によって計算される．

$$E = \frac{2RT}{F}\ln\frac{(a_\pm)_{II}}{(a_\pm)_I} \tag{3・52}$$

3・4・5　液間電位

電気化学で比較的重要な電位差の発生する場所として，組成の異なる二つの液相の界面がある．このようなところで発生する電位差は液間電位(liquid junction potential)とよばれる．ここでは前述したイオン伝導体における濃淡電池で生ずる液間電位について考えよう．この場合の液間電位 E_l の値を求めるために，ここで，先の 3・4・3 項の $HCl(a_\pm)_I|HCl(a_\pm)_{II}$ の二つの HCl 水溶液界面での液間電位について考えてみよう．両液間のイオンの移動は式(3・44)すなわち式(3・53)で示される．これにネルンスト式を適用すると，式(3・54)が得られる．

$$(t_+ - t_-)(a_\pm)_I \longrightarrow (t_+ - t_-)(a_\pm)_{II} \tag{3・53}$$

$$E_l = (t_+ - t_-)\frac{RT}{F}\ln\frac{(a_\pm)_I}{(a_\pm)_{II}} \tag{3・54}$$

この式から液間電位はカチオンとアニオンの輸率の差および溶液間の濃度の差

54   3 電池の起電力と電極電位

が小さいほど小さい値になることがわかる．

電極の電位を測定する際には液間起電力を除かなければならない．このような場合には，通常 2 液間に塩橋(salt bridge)を入れる．これは通常ガラス製の逆 U 字管に塩類の溶液を満たしたものであり，その両端はそれぞれの溶液に浸されている．管内部溶液が外部の溶液とまざらないように半融ガラス板を融着したり，管内の溶液をゼラチンや寒天で固めたもの[*5]も使用されている．塩橋に用いる溶液を塩化カリウムや硝酸アンモニウム水溶液のようにカチオンとアニオンの輸率がほぼ0.5ずつになるような溶液にすると，熱力学的な解析は不十分であるが，実用上は液間電位がほとんど無視できる状態が達成されるので，電気化学的実験を行う際に便利である．

演 習 問 題

3・1 標準電極電位について説明せよ．

3・2 ガルバニ電池の可逆起電力について説明し，その測定法を述べよ．

3・3 参照電極について説明し，それが電気化学測定で果たす役割について述べよ．

3・4 次の電池の各電極反応と全反応を書け．さらに 25 °C における標準起電力と電池反応の $\Delta G°$ を計算せよ(表 3・1 参照)．

(1)　Pt，$H_2 | H^+ | Cu^{2+} | Cu$

(2)　$Zn | Zn^{2+} | Fe^{3+}$, $Fe^{2+} | Pt$

3・5 次の電池の 25 °C における各単極の電位，ならびに各電池の起電力を計算せよ(表 3・1 参照)．

(1)　$Fe | Fe^{2+}(a = 0.8) | Br^-(a = 0.1) | Br_2 | Pt$

(2)　$Zn | Zn^{2+}(a = 0.7) | Ni^{2+}(a = 1.6) | Ni$

3・6 25 °C では，$2.3 RT/F$ が 0.059 V と計算されることを示せ．

3・7 $\frac{1}{2} H_2(g) + AgCl(s) \longrightarrow Ag(s) + HCl(aq)$ となる反応を行う電池がある．この電池の標準起電力 $E°$ は温度(°C)の関数として次の実験式で示される．

$$E° = 0.2239 - 645.52 \times 10^{-6}(t-25) - 3.284 \times 10^{-6}(t-25)^2$$

[*5] ゲル状でイオンは移動速度が遅いが通過できるようになっている．

$+ 9.948 \times 10^{-9}(t-25)^3$ (V)

反応に伴う 25 ℃ および 60 ℃ での $\Delta G°$,$\Delta S°$ および $\Delta H°$ を求めよ.

3・8 ウェストン電池(Cd(Hg)|CdSO$_4$・8/3H$_2$O(s),Hg$_2$SO$_4$(s)|Hg)の起電力は 25 ℃ で 1.01832 V である.また,この電池の起電力の温度係数$(\partial E/\partial T)_P$ は -5.00×10^{-5} V K^{-1} である.この電池反応の 25 ℃ におけるギブズエネルギー変化(ΔG),エントロピー変化(ΔS)およびエンタルピー変化(ΔH)を求めよ.

3・9 二つの水素電極を 25 ℃ の硫酸水溶液中に挿入した.左側の電極の水素圧は 0.80 atm,右側の電極の水圧は 0.20 atm である.この電極濃淡電池の起電力はいくらか.必要ならば,常用対数 log2 = 0.3010 の値を用いよ.

3・10 一般的に式(1)で表される酸化還元反応に対する単極の電位は,式(2)で与えられる.これを,電池構成が Pt|H$_2$(1 atm)|H$^+$(a=1)|O|R で表される電池を用いて,証明せよ.

$$O + ne^- \rightleftarrows R \tag{1}$$

$$E = E° - \frac{RT}{nF} \ln \frac{a_R}{a_O} \tag{2}$$

ここで,O は酸化体,R は還元体を表す.

4

電極反応の速度

前章では電流が流れていない平衡状態におけることがらを学んだが,本章では,電極と電解質溶液の界面の構造について触れた後,非平衡状態で進行する電気化学反応(electrochemical reaction)について学ぶことにしよう.主として,電極と電解質溶液の界面で起こる電極反応(electrode reaction)の速度すなわち電流密度(current density)と電極電位との関係について述べる.

4・1 電極と電解質溶液の界面の構造

電極反応について述べる前に,反応が進行する場である電極と電解質溶液の界面の構造についてふれておく必要がある.典型的な例として,溶媒が水でカチオン M^+ とアニオン A^- が含まれている電解質溶液に浸漬された金属電極の場合を考えてみよう.一般に,金属上の電荷によって電解質溶液中の反対符号のイオンが界面に引き寄せられ,電極と電解質溶液中にそれぞれ電荷層が形成される.これは電気二重層(electrical double layer)とよばれる.

このような電気二重層について提案された概念を図4・1に示す.(a)は単純な平行板コンデンサー模型で,ヘルムホルツ(Helmholtz)によって提案された.(b)はグーイ(Gouy)とチャップマン(Chapman)による拡散二重層模型である.(c)は電極とイオンの最近接面との間にヘルムホルツ二重層模型を,さらに溶液側にグーイ-チャップマンの拡散模型を組み合せたシュテルン(Stern)による模型である.

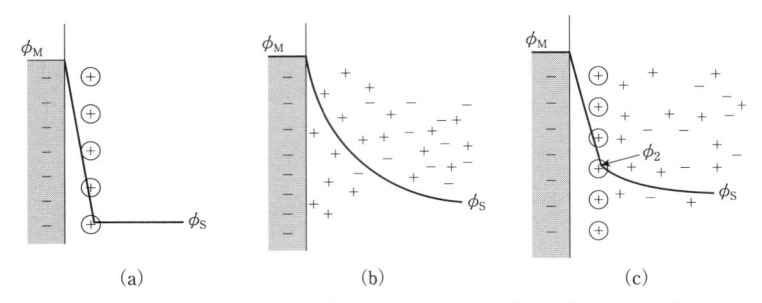

ϕ_M, ϕ_2 および ϕ_S はそれぞれ電極相，外部ヘルムホルツ面，溶液本体の内部電位[*1] を示す．

図 4・1 電気二重層模型
（a）ヘルムホルツの模型　　（b）グーイ-チャップマンの模型
（c）シュテルンの模型

　溶媒が水で，カチオンが金属イオンで，アニオンのサイズが大きい場合には，サイズの大きなアニオンが直接電極に接触する場合がある．このような場合の，電極と電解質溶液の界面の構造を図4・2に示す．電極表面には，配向した水の単分子層が存在し，金属イオンはサイズが小さいために表面の電荷密度が高くいくつかの水分子が溶媒和して存在するので，水和した金属イオンの先端はこの水分子の単分子層の溶液側までしか近寄れない．この最近接カチオンの中心を結ぶ面は外部ヘルムホルツ面（outer Helmholtz plane）あるいは2の面とよばれる．他方，サイズの大きなアニオンはその表面電荷密度が小さいために，水の単分子層の中に割込み電極に直接接触して吸着することができる．このような吸着現象は特異吸着（specific adsorption）とよばれ，電極反応にさまざまな影響を及ぼす．この特異吸着しているアニオンの中心を結ぶ面は内部ヘルムホルツ面（inner Helmholtz plane）あるいは1の面とよばれる．この場合，電気二重層部分では電極内部の負の電荷と，電極の近くの溶液中のカチオンのもつ正の電荷からアニオンのもつ負の電荷を差し引いた値がちょうどつりあった状態になっている．
　もし，式(4・1)のような電荷移動反応が進行すると，

　[*1]　内部電位（inner potential）とは真空中の無限遠方を基準にした導電体相内部の電位（静電ポテンシャル）をいう．ϕ で表す．

4・1 電極と電解質溶液の界面の構造　　59

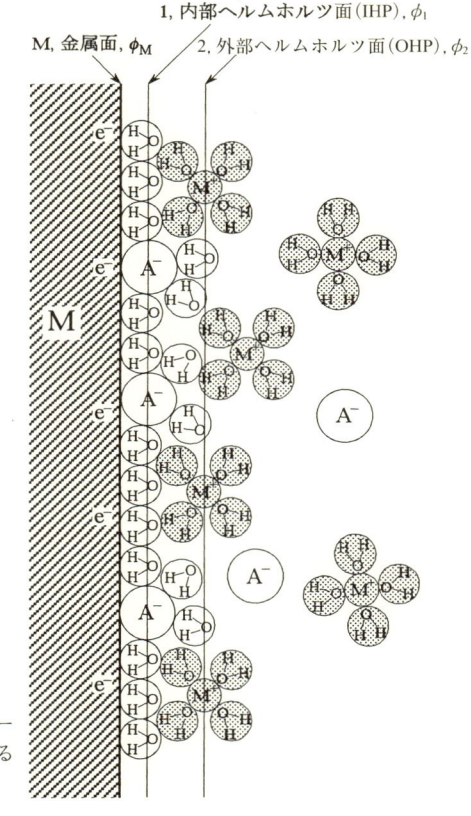

1, 内部ヘルムホルツ面(IHP), ϕ_1
M, 金属面, ϕ_M
2, 外部ヘルムホルツ面(OHP), ϕ_2

図 4・2　デバナサン-ボックリス-ミュラー (Devanathan-Bockris-Müller)による電気二重層模型

$$M^+ + e^- \longrightarrow M \quad (4 \cdot 1)$$

外部ヘルムホルツ面から溶液内部にかけて，M^+ の濃度が低下した領域が出現し，この領域では M^+ は主として拡散によって溶液内部から電極／電解質溶液界面へ供給される．この領域は拡散層(diffusion layer)とよばれる．そして，この拡散層の溶液内部側から金属電極の間に電気二重層が形成される．

　上述した電気二重層は電極反応が進行する舞台である．そして，式(4・1)で示される電荷移動反応の推進力は，金属イオンがもっとも近づくことができる外部ヘルムホルツ面と金属電極との間の電位差であり，この推進力によって電子は M^+ へと移行する．この推進力すなわち電位差は，前述したアニオンの特

異吸着量や溶媒和した M^+ の大きさが変れば外部ヘルムホルツ面の位置が移動したりするので，これらの変化によって大きな影響を受ける．

電解質溶液中のイオンが電極に吸着するような現象が問題となる場合には，電極の表面の電荷がちょうど 0 になる電極電位が重要なパラメーターとなる．この電位は零電荷電位(potential of zero charge)といわれ，平衡電位[*2](equilibrium potential)とともに重視されている．

4・2 電極反応の素過程と反応速度

4・2・1 電極反応の素過程

電極反応は電解質溶液と接する電極の表面で起こり，もっとも単純な場合でも，(1) 電解質溶液内部から電極表面への反応物の移動，(2) 反応物と電極の間での電子移動，および (3) 電極表面から電解質溶液内部への生成物の移動，の三つの過程からなっている．このような電荷移動過程(charge transfer process)や物質移動過程(mass transfer process)のほか，主に電気抵抗が関与する IR 損[*3](IR loss)などが電極反応の速度に大きな影響をおよぼす．電極反応の速度はもっとも遅い過程の速度によって決まり，その過程は律速過程(rate-determining process)とよばれる．また，電極反応がいくつかの連続した素反応(elementary reaction)から成り立っている場合には，もっとも遅いものを律速段階(rate-determining step)という．後節ではこれらの諸過程の性質について述べる．

4・2・2 電極反応の速度と電流密度

まず，化学反応の場合と対比することから始めよう．一般に，化学反応速度論では，多くの化学反応の一定温度のもとにおける反応速度は，一つ，二つあるいは三つの反応物の濃度のそれぞれ小さな整数乗に比例することが知られて

[*2] 平衡電極電位(equilibrium electrode potential)，可逆電極電位(reversible electrode potential)などともいい，ネルンスト式で与えられる．

[*3] IR 降下(IR drop)，オーム損(ohmic loss)，オーム降下(ohmic drop)などともよばれる．

いる.そこで,その反応速度は次のように示される.
$$v = k°c_A{}^a \tag{4·2}$$
または
$$v = k°c_A{}^a c_B{}^b \tag{4·3}$$
$$v = k°c_A{}^a c_B{}^b c_C{}^c \tag{4·4}$$
たとえば,式(4·4)で表される反応は,Aについてa次,全体として$(a+b+c)$次の反応とよばれる.

これらの反応速度式における比例定数$k°$は速度定数(rate constant)とよばれ,温度のほかに,各反応に特有な値である活性化エネルギー(activation energy)E_aや頻度因子(frequency factor)Aとも次のような関係(アレニウス式(Arrhenius equation)という)をもっている.
$$k° = A\exp(-E_a/RT) \tag{4·5}$$
したがって,化学反応の速度定数はこれらの因子に基づいて変化する.これに対して電極反応では,後節で述べるように,速度定数に静電エネルギーの項が入ってくる.

つぎに,次式で表されるような電極反応のうちでもっとも単純な反応を考えてみよう.
$$\mathrm{R} \underset{v_c}{\overset{v_a}{\rightleftarrows}} \mathrm{O} + n\mathrm{e}^- \tag{4·6}$$
ここで,Rは還元体(反応物),Oは酸化体(生成物)であり,nは反応に関与する電子の数である.

いま,単位面積の電極表面で時間dt内に変化するO,Rおよびe^-の物質量(モル数)をそれぞれdn_O,dn_Rおよびdn_eとすると,この電極反応の速度vは次式で与えられる.
$$v = |dn_R/dt| = dn_O/dt = (1/n)dn_e/dt \tag{4·7}$$
ところで,dn_e mol の電子の移動に伴って流れる電気量dqはFdn_eに等しく,また単位時間当りに移動する電荷dq/dtは電流密度iに等しいと定義されるので,
$$i = dq/dt = nFv \tag{4·8}$$

この式は，電流密度が電極反応の速度に比例することを示している．なお，電流密度 i は単位面積当りの電流であり，これに電極面積を乗ずれば電極全体についての電流 I となる．

式(4・6)において，v_a および v_c をそれぞれ酸化反応(正方向の反応)と還元反応(逆方向の反応)の速度とすると，その差が正味の反応速度となる．すなわち，全反応速度 v は次式で与えられる．

$$v = v_a - v_c \qquad (4・9)$$

ただし，v_a および v_c はいずれも正の符号をもつ量であると定義する．そこで，酸化方向に対して流れる電流を部分アノード電流密度(partial anodic current density) i_a とし，還元方向に対して流れる電流を部分カソード電流密度(partial cathodic current density) i_c とすると，式(4・8)との関係から全電流密度 i は次式で表される．

$$i = i_a - i_c \qquad (4・10)$$

なお，i_c の符号を負とすることもあるが，その場合には電流密度 i はその符号を考慮して，

$$i = i_a + i_c \qquad (4・11)$$

と書くことができる．

もし電極反応が動的平衡にあると，部分アノード電流密度と部分カソード電流密度の大きさは相等しく，したがって全電流密度 i は 0 となる．すなわち，

$$i_a = i_c = i_0 \qquad (4・12)$$

このような，動的平衡状態での外部に認められない電流密度 i_0 は交換電流密度(exchange current density)とよばれ，電極反応を解析するうえでもっとも重要なパラメーターの一つである．

4・3 電荷移動過程

4・3・1 単純な電荷移動過程の速度式

電荷移動過程は電極／電解質溶液界面で電極と電解質溶液中に存在する反応種の間で電子が移動する過程であり，電極反応の特徴を表すもっとも注目され

4・3 電荷移動過程

る過程である.まず,前節の式(4・6)で表される単純な反応例を考えてみよう.酸化反応について,これが R に関して一次の反応であれば,反応速度 v_a と速度定数 k_a は電極電位(電極と外部ヘルムホルツ面との電位差) E すなわち過電圧(overpotential, overvoltage) η の指数関数項を含む次のような式で表される.

$$v_a = k_a c_R^S \tag{4・13}$$

および

$$k_a = A\exp[-\{E_a + f(nF\eta)\}/RT] = k_a^0 \exp[-f(nF\eta)/RT] \tag{4・14}$$

ここで,c_R^S は電極表面における R の濃度であり,k_a^0 は電位に依存しない速度定数である.また,過電圧 η は実際の電極電位 E とネルンスト式から求められる平衡電位 E_{eq} との差である.すなわち,

$$\eta = E - E_{eq} \tag{4・15}$$

過電圧には電荷移動に関係する活性化過電圧(activation overpotential),物質移動過程に関係する濃度過電圧(concentration overpotential)などがある.

式(4・14)と式(4・5)を比較すると明らかなように,電荷移動反応の場合には電極電位 E すなわち過電圧 η が変化することによって反応速度が変化する.

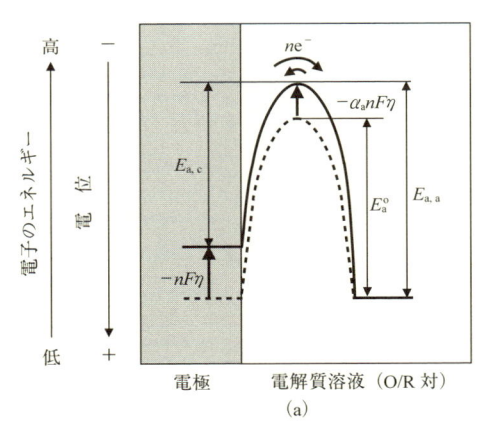

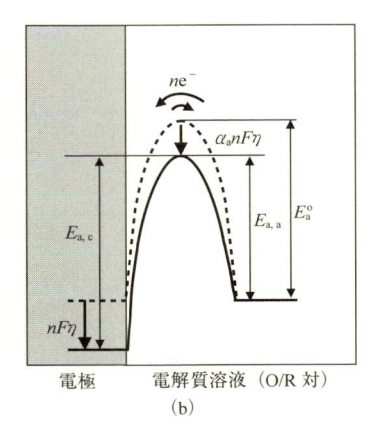

点線は電極電位が平衡電位にある状態を示す.
図 4・3 分極によって活性化エネルギーが変化する様子
(a) カソード分極 (b) アノード分極

これについて図4・3を用いて説明しよう．この図では，理解しやすいように，縦軸に電極電位と電子のエネルギー（ギブズエネルギー）をとり，横軸には電極と反応物の間で電子をやりとりするときに電子が越えなければならない山を描いてある．なお，電極電位と電子のエネルギーの間には式(3・8)のような関係がある．

まず，簡単のために，電極と電解質溶液（酸化体O/還元体R対）が平衡状態にあり，両方の電子のエネルギーは等しいと考えよう．このときの電極電位は平衡電位に等しい（$\eta = E - E_{eq} = 0$）．そして，わずかではあるが同じ数の電子が両方向からエネルギーの山を越え，式(4・12)で表される電流が流れている．このときのエネルギーの山の高さすなわち活性化エネルギーはE_a°で示されている．

つぎに，図4・3(a)のように，電極電位を平衡電位から負の側にいくらか移動させた（$\eta = E - E_{eq} < 0$）ときを考えてみよう．これをカソード分極（cathodic polarization）という．このときのエネルギー障壁は，平衡状態のときに比べて，還元反応に対しては低くなり，酸化反応に対しては高くなることがわかる．これらの活性化エネルギーは次のように表される．

$$E_{a,a} = E_a^\circ - \alpha_a n F \eta \tag{4・16}$$

$$E_{a,c} = E_a^\circ + (1-\alpha_a) n F \eta = E_a^\circ + \alpha_c n F \eta \tag{4・17}$$

ここで，加えられた静電エネルギー（$-nF\eta$）のすべてが還元反応の進行に寄与するのではなくて，その一部だけ（$-\alpha_c nF\eta$）が寄与することに注目されたい．同様に，酸化反応の進行への寄与も加えられた静電エネルギー（$nF\eta$）の一部だけ（$\alpha_a nF\eta$）である．このように反応の進行に寄与する割合を示すα_aとα_cはそ

---

*4 （次ページ脚注）1電子移動過程に対しては，これに類似した概念として対称因子（symmentry factor）βが定義されることがある．βはポテンシャルエネルギーの山の対称性によって決まる係数で，単純な電極反応の場合には$\alpha_a = \beta$, $\alpha_c = 1 - \beta$, $\alpha_a + \alpha_c = 1$の関係となる．ここでは，式(4・17)の中に示されているように，$\alpha_a + \alpha_c = 1$の関係が適用される電極反応場合を考えているが，酸化・還元両方の反応に対する活性化状態が異なるような複雑な電極反応の場合にはこの関係は成立しない．そして，いくつかの素反応が直線的に連なっている一般の逐次反応では，$\alpha_a + \alpha_c = n/\nu$と表される．ただし，$\nu$は全電極反応が1回起こるために必要な素反応の回数であり，化学量数（stoichiometric number）とよばれる．

れぞれアノード酸化反応およびカソード還元反応の移動係数(transfer coefficient)とよばれる*4.

さらに,図4・3(b)のように,電極電位を平衡電位から正の側にいくらか移動させた($\eta = E - E_{eq} > 0$)ときを考えてみよう.これをアノード分極(anodic polarization)という.このときのエネルギー障壁は,平衡状態のときに比べて,還元反応に対しては高くなり,酸化反応には対しては低くなることがわかる.これらの活性化エネルギーも式(4・16)と式(4・17)で表される.ただし,アノード分極では$\eta > 0$であり,カソード分極では$\eta < 0$である.

以上の議論に基づいて,部分アノード電流密度i_aと部分カソード電流密度i_cはそれぞれ式(4・18)および式(4・19)で表される.

$$i_a = nFk_a^0 c_R^s \exp\{\alpha_a nF\eta/RT\} \quad (4 \cdot 18)$$
$$i_c = nFk_c^0 c_O^s \exp\{-\alpha_c nF\eta/RT\} \quad (4 \cdot 19)$$

ここで,k_a^0とk_c^0はそれぞれ$\eta = E - E_{eq} = 0$における酸化反応と還元反応の速度定数である.またc_O^sとc_R^sはそれぞれRとOの電極表面での濃度である.したがって,正味の全電流密度iは次のようになる.

$$i = i_a - i_c$$
$$= nFk_a^0 c_R^s \exp\{\alpha_a nF\eta/RT\} - nFk_c^0 c_O^s \exp\{-\alpha_c nF\eta/RT\}$$
$$(4 \cdot 20)$$

この関係は図4・4に示すようになる.

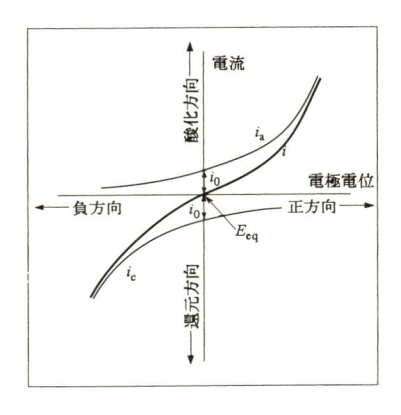

図 4・4 正味の電流密度iと酸化方向の電流密度i_aならびに還元方向の電流密度i_cとの関係

平衡状態のとき，すなわち $\eta = E - E_{eq} = 0$ では，式(4・12)，式(4・18)および式(4・19)から，交換電流密度 i_0 は次のようになる．

$$i_0 = nFk_a^0 c_R^{eq} = nFk_c^0 c_O^{eq} \tag{4・21}$$

ここで，c_R^{eq} と c_O^{eq} はそれぞれ平衡状態におけるRとOの電極表面濃度であり，平衡時の正味の電流密度はゼロであるから，それらの値は溶液内部における濃度(c_R^b と c_O^b)に等しい．すなわち $c_R^{eq} = c_R^b$，$c_O^{eq} = c_O^b$ である．

式(4・20)と式(4・21)の関係を用いると，電荷移動過程のみならず，物質移動過程の影響も加味した次式が得られる．

$$i/i_0 = (c_R^s/c_R^b)\exp\{\alpha_a nF\eta/RT\} - (c_O^s/c_O^b)\exp\{-\alpha_c nF\eta/RT\} \tag{4・22}$$

物質移動過程が十分速くて，電荷移動過程が律速である場合には，$c_R^s = c_R^b$ および $c_O^s = c_O^b$ が成立するので，式(4・22)は次のように書きかえられる．

$$i = i_0[\exp(\alpha_a nF\eta/RT) - \exp(-\alpha_c nF\eta/RT)] \tag{4・23}$$

この式は電極反応速度を表す基本式であり，バトラー–フォルマー式(Butler-Volmer equation)とよばれる．この式から，電荷移動過程が律速である場合の過電圧(電極電位)と電流密度の間の重要な関係を導くことができる[*5]．

過電圧 η が大きい($|\eta| \gtrsim \sim 70\,\text{mV}$)ときには，式(4・23)の右辺の第1項または第2項のいずれかを省略することができる．すなわち，アノード過電圧が大きい($\eta \gg RT/\alpha_a nF$)とき，

$$i = i_0 \exp\{\alpha_a nF\eta/RT\} \tag{4・24}$$

この式の両辺の対数をとり，整理すると，

$$\eta = -(RT/\alpha_a nF)\ln i_0 + (RT/\alpha_a nF)\ln i \tag{4・25}$$

また，カソード過電圧が大きい($\eta \ll -RT/\alpha_c nF$)とき，

$$|i| = i_0 \exp\{-\alpha_c nF\eta/RT\} \tag{4・26}$$

同様に，この式の両辺の対数をとり，整理すると，

[*5] $\exp(x) = 1 + x + \dfrac{x^2}{2!} + \dfrac{x^3}{3!} + \cdots$

$\exp(-x) = 1 - x + \dfrac{x^2}{2!} - \dfrac{x^3}{3!} + \cdots$

4・3 電荷移動過程

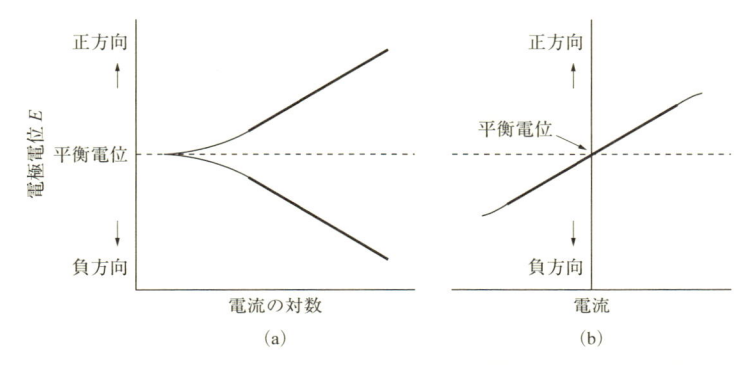

図 4・5 過電圧が大きい場合と小さい場合の電極電位 E と電流の関係
(a) $|\eta| \gtrsim \sim 70$ mV　　(b) $|\eta| \lesssim \sim 5$ mV

$$\eta = (RT/\alpha_c nF)\ln i_0 - (RT/\alpha_c nF)\ln|i| \qquad (4\cdot27)$$

式(4・25)と式(4・27)は,一般的に次式のような形で表すことができる.

$$\eta = a \pm b\log|i| \qquad (4\cdot28)$$

ここで,a と b はいずれも定数であり,この式はターフェル式(Tafel equation)とよばれる.この場合には,図4・5(a)に示すように,電流の対数 $\log i$ と過電圧 η または電極電位 E との間に直線関係(ターフェル直線)が成り立つ.$\log|i| - \eta$(または E)プロットにおける直線の勾配 b をターフェル勾配(Tafel slope)というが,これも電極反応を解析するうえで非常に重要なパラメーターの一つである.

他方,過電圧 η が小さい($|\eta| \lesssim \sim 5$ mV)ときには,式(4・23)の右辺の指数項を展開することができる.すなわち,$-RT/\alpha_c nF \ll \eta \ll RT/\alpha_a nF$ のとき,指数項を展開して第2項までとると,次式が得られる.

$$\eta = (RT/nFi_0)i \qquad (4\cdot29)$$

この場合には,図4・5(b)に示すように,電流密度と過電圧との間に比例関係が成り立つ.なお,RT/nFi_0 の値は分極抵抗(polarization resistance)あるいは電荷移動抵抗(charge transfer resistance)とよばれる.

【例題 4・1】 ある金属 M のアノード溶解反応に対するターフェル勾配 b は $+0.060$ V decade^{-1} である.M^{2+} イオンの活量 $a_{M^{2+}}$ が 1 の溶液中における金属 M の電位が -0.285 V vs. SHE のときの電流密度を求めよ.ただし,この反

応の交換電流密度 i_0 は 1.2×10^{-4} A m^{-2} であると仮定する．また，標準電極電位については $E°(\text{M}^{2+}|\text{M}) = -0.440$ V *vs.* SHE とする．

[解] まず，式(3・35)を用いて平衡電位 E_{eq} を計算する．

$$E_{eq} = E° - (RT/nF)\ln(a_M/a_{M^{n+}}) = E° - (RT/nF)\ln(1/a_{M^{n+}})$$
$$= -0.440 + (RT/nF)\ln 1 = -0.440 \text{ V } vs. \text{ SHE}$$

式(4・15)を用いると過電圧 η は次のように計算される．

$$\eta = E - E_{eq} = (-0.285) - (-0.440) = 0.155 \text{ V}$$

また，式(4・25)の中の自然対数を常用対数に変換すると

$$\eta = -(2.3RT/\alpha_a nF)\log i_0 + (2.3RT/\alpha_a nF)\log i$$

この式を式(4・28)で表したターフェル式と比較することにより，ターフェル式の係数 a とターフェル勾配 b は次の式で与えられることがわかる．

$$a = -(2.3RT/\alpha_a nF)\log i_0, \quad b = 2.3RT/\alpha_a nF$$

そこで，題意により $b=0.060$ V decade^{-1}，$i_0=1.2\times10^{-4}$ A m^{-2} であるから

$$a = -b\log i_0 = -0.060\log(1.2\times10^{-4}) = 0.235$$

したがって，問題の反応に対するターフェル式は次のように表される．

$$\eta = 0.235 + 0.060\log i$$

先に求めた過電圧の値 $\eta=0.155$ V をこの式に代入すると

$$0.155 = 0.235 + 0.060\log i$$

ゆえに，求めるアノード電流密度は $i = 10^{-1.33} = 0.0468$ A m^{-2}

4・3・2 複雑な電荷移動過程の速度式

これまで述べてきた電荷移動反応は式(4・1)や式(4・6)で示されるような単純な単一過程である．しかし，電極上で進行する反応は電荷移動を伴う素反応がいくつか合成された複雑な場合が多い．そのようなときにも式(4・23)で示されるバトラー-フォルマー式はみかけ上適用されるが，移動係数 α_a および α_c はもはや 0〜1 の範囲に限らず，1 以上の値をとる場合もある．

また，先に述べたように，一般の電極反応では一次反応のみではなく，次のように表されることも多い．

$$a\text{A} + b\text{B} + c\text{C} + \cdots + n\text{e}^- \longrightarrow l\text{L} + m\text{M} + n\text{N} + \cdots \quad (4\cdot30)$$

このような場合の反応速度式は，式(4・4)などに示したように，各化学種の濃度の指数項を含む．実験的には，たとえば，A以外のB, C, …の反応種の濃度を高くしてAの濃度を低くした条件で，Aの濃度を変化させたときの電流密度の変化からAの電気化学反応次数(electrochemical reaction order) a を決定することができる．

$$(\partial \log |i|/\partial \log c_A)_{c_B, c_C, \cdots, E} = a \qquad (4\cdot31)$$

次いで，反応種B以下についても同様な手順で電気化学反応次数を決めることができる．

4・4 物質移動過程

4・4・1 物質移動過程の速度式

前節で述べたように，電極反応を考える場合には，電極／電解質溶液界面における電荷移動過程のほかに，電解質溶液内の物質移動過程も考慮する必要がある．とくに，過電圧が大きいときや反応物の濃度が低いときには，物質移動過程が重要になる．物質移動は濃度勾配による拡散(diffusion)，電位勾配によるイオンの泳動(migration)および溶液の対流(convection)によって起こる．これらのうち，泳動の影響は大過剰の不活性電解質(inert electrolyte；無関係電解質(indifferent electrolyte))を加えることによって除去できる．また，対流の影響も避けられることが多い．しかし，拡散は電極反応を進行させるうえで欠くことのできないものであり，以下では拡散による物質移動が重要になる場合について述べる．

拡散の基本式は，フィックの拡散第一法則と第二法則(Fick's first law, Fick's second law of diffusion)であり，それぞれ次のように表される．

$$J_i = -D_i(\partial c_i/\partial x) \qquad (4\cdot32)$$
$$(\partial c_i/\partial t) = D_i(\partial^2 c_i/\partial x^2) \qquad (4\cdot33)$$

式(4・32)は，x 方向に成分 i の濃度 c_i の勾配があるとき，単位平面，単位時間あたりの拡散量(拡散流束(diffusion flux)という) J_i が濃度勾配 $\partial c_i/\partial x$ に比例することを示している．比例定数 D_i は拡散係数(diffusion coefficient)とよ

ばれ,この値を正にとるために-符号をつけてある.式(4・33)は位置 x における濃度の時間変化を表す,いわゆる非定常拡散に対する式である.これらの式を与えられた境界条件,初期条件のもとで解いて,濃度分布およびその時間変化を求めることができる.

また,電極/溶液界面すなわち電極表面からの距離 $x=0$ ではつねに次式が成立する.

$$i/nF = J_i = -D_i(\partial c_i/\partial x)_{x=0} \tag{4・34}$$

非定常拡散の式を解くことなどは他書に譲り,以下では,定常状態すなわち拡散層(diffusion layer)の厚さが一定となり,拡散と電極反応が定常的に進行している状態を主として取り扱うことにする.ここでも簡単のために式(4・6)で表される単純な電極反応をとりあげよう.定常状態における還元反応の反応物 O の拡散速度 J_O すなわち電流密度 $|i_c|$ は,次式(フィックの拡散第一法則)で表される.

$$i_a = nFJ_R = nFD_R(c_R^b - c_R^s)/\delta \tag{4・35}$$

ここで,D_R は反応物 R の拡散係数であり,c_R^b と c_R^s はそれぞれ溶液内部と電極表面における R の濃度である.また,δ は濃度勾配が存在する領域の距離で,拡散層の厚さを示す.

なお,静止溶液中のような場合には,電極と電解質溶液の界面で電流が流れはじめると,時間の経過とともに反応種の濃度が電極/電解質溶液界面で低下し,拡散層の厚さは次式に従って増大してゆく.

$$\delta = (\pi Dt)^{1/2} \tag{4・36}$$

しかし,拡散層の厚さは無制限に増大するのではなく,溶液内部の対流や分子の熱運動の影響を受けるため,室温付近の温度では 0.05 cm 程度が厚さの限界であるといわれている.そして,定常状態ではこれは一定であるとみなされる.とくに,溶液がかくはんされている場合には,拡散層の厚さはある値以上に大きくはならない.

ところで,酸化反応の生成物 O についても式(4・35)と同様な式が成立する.そして,定常状態においては,これらの拡散速度は電極反応の速度に等しい.すなわち,D_O を生成物 R の拡散係数とすると

4・4 物質移動過程

$$nFD_R(c_R^b - c_R^s)/\delta = i_a = nFD_O(c_O^s - c_O^b)/\delta \tag{4・37}$$

還元反応に対しても，同様に，次式が得られる．

$$nFD_O(c_O^b - c_O^s)/\delta = i_a = nFD_R(c_R^s - c_R^b)/\delta \tag{4・38}$$

ここで，アノード過電圧が十分に大きく，拡散過程が律速である場合には，式(4・37)の c_R^s が 0 となるので，可能な最大電流密度は次式で表される．

$$i_{a,\text{lim}} = nFD_R c_R^b/\delta \tag{4・39}$$

他方，カソード過電圧が大きく，拡散過程が律速である場合には，式(4・38)の c_O^s が 0 となるので，可能な最大電流密度は次式で表される．

$$i_{c,\text{lim}} = nFD_O c_O^b/\delta \tag{4・40}$$

これらの電流密度 i_{lim}（$i_{a,\text{lim}}$，$i_{c,\text{lim}}$）は限界電流密度（limiting current density）とよばれる．また，拡散過程が律速であることから，限界拡散電流密度（limiting diffusion current density）とよばれることもある．

先の電荷移動過程と物質移動過程の両方を考慮した式(4・22)において，たとえばアノード過電圧が大きい（$\eta \gg RT/\alpha_a nF$）ときには，右辺第 2 項を無視することができ，次式が得られる．

$$i/i_0 = (c_R^s/c_R^b)\exp\{\alpha_a nF\eta/RT\} \tag{4・41}$$

両辺の対数をとり，整理すると，

$$\eta = -(RT/\alpha_a nF)\ln i_0 + (RT/\alpha_a nF)\ln i - (RT/\alpha_a nF)\ln(c_R^s/c_R^b) \tag{4・42}$$

となる．この式を電荷移動過程が律速のときの式(4・25)と比較すると，右辺第 3 項が加わっていることがわかる．第 1 項と第 2 項は活性化過電圧によるものであるが，第 3 項は物質移動に起因したものであり，この第 3 項は濃度過電圧 η_{conc} とよばれる．すなわち，

$$\eta_{\text{conc}} = -(RT/\alpha_a nF)\ln(c_R^s/c_R^b) \tag{4・43}$$

ターフェル直線と濃度過電圧を図 4・6 に示す．

【例題 4・2】 濃度 0.1 mol dm^{-3} のある有機化合物を静止溶液中でアノード酸化すると，拡散過程が律速となり限界電流が観測される．その限界電流密度 $i_{a,\text{lim}}$ を計算で求めよ．ただし，その有機化合物の反応電子数 n は 2，拡散係数 D_R は $5 \times 10^{-9} \text{ m}^2 \text{ s}^{-1}$，拡散層の厚さ δ は $5 \times 10^{-4} \text{ m}$ であると仮定する．

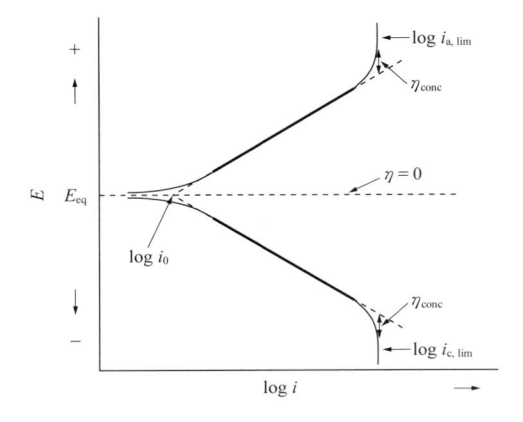

図 4・6 電流密度の対数 log i-電極電位 E 線図上で認められる限界電流密度 i_lim と濃度過電圧 η_conc

[解] 式(4・39)を用いるとよい.ただし,1 F＝96485 C mol^{-1}＝96485 A s mol^{-1} であり,1 mol dm^{-3}＝1×10^3 mol m^{-3} である.

$$i_\text{a,lim} = nFD_\text{R}c_\text{R}^\text{b}/\delta$$
$$= \frac{2 \times 96485 \times 5 \times 10^{-9} \times 0.1 \times 10^3}{5 \times 10^{-4}}$$
$$= 193 \text{ A m}^{-2}$$

4・5 IR 損の影響

　電極反応の速度は電荷移動過程や物質移動過程が律速になるばかりでなく,電解質溶液,電極/電解質溶液界面,電極の内部や表面あるいは隔膜などの電気抵抗が大きいために生ずる IR 損によって遅くなることもある.もちろん,電解電流が I アンペアで系の抵抗が R オームの場合,IR 損による分極は IR ボルトになる.IR 損が大きい場合には,IR 損に起因する分極が電池の反応や電気分解に大きな影響を与える.この場合には,電流-電位曲線上にオームの法則に従う直線が現れる.そのため電極の面積を大きくする,電極間隔を狭くする,電解質溶液の電気伝導率を向上させる,電解質溶液をかくはんする,系を流動系にする,電極上に導電性のよくない生成物が生じないようにする,などの工夫をすることにより IR 損を低減させねばならない.

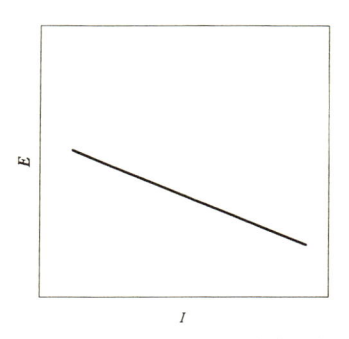

図 4・7 オームの法則に従う分極 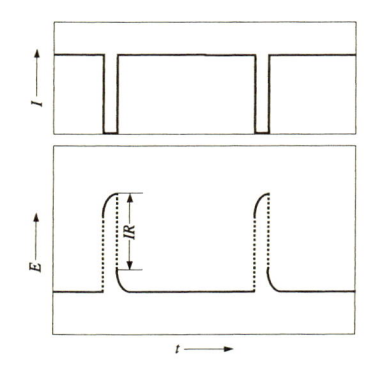   **図 4・8** 電流遮断法による IR 測定

　電気化学系の電気抵抗は，単純な場合には，図4・7に示すような電流-電位曲線の直線の勾配からオームの法則を用いて算出できる．また，2章で述べた電解質溶液の電気伝導率測定に用いるコールラウシュブリッジや交流インピーダンス測定装置などを用いる交流法によって実測することができる．また，直流法ではあるが，図4・8に示すような1μs程度の短い時間内の電流遮断時に現れる急激な電位変化や矩形波パルス電流を流したときの電位変化をコンピューターのディスプレイ表示面で測定することも可能である．しかし，電気化学系の電気抵抗は用いる測定法によってとらえられる現象が一致しないことがあるため，異なった値になることも多く，その中でどれが正しい値を示しているかを考察することも重要である．

4・6　電極反応速度の測定法

　電気化学測定法は後章で述べるが，ここでは電極反応速度を測定するのに用いられる電解セル(電気化学セル，電解槽ともいう)について少し述べておこう．通常用いられる電解セルの一例を図4・9に示す．測定対象の電極反応が起こる電極を試験電極(test electrode；作用電極(working electrode))というが，この電極の面積はもう一方の電極である対極(counter electrode；補助電極(auxiliary electrode))よりも通常は小さくしてある．これは電極反応に伴う分

74   4 電極反応の速度

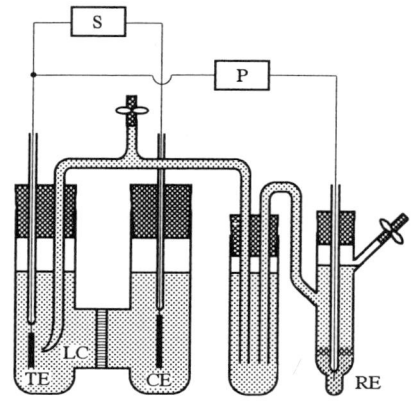

TE：試験電極，CE：対極，RE：参照電極，
LC：ルギン毛管，S：電源，P：電位差計
図 4・9　電極反応の研究に用いられる電解
　　　　　セルと測定系の例

極が主として試験電極上で生じるようにするためである．そして，試験電極の電位は参照電極(reference electrode)を基準にして測定される．この際，参照電極への液体連絡をしているガラス管はその先端が毛管(ルギン毛管(Luggin capillary)という)になっていて，試験電極の表面に近いところに位置させ，電解質溶液中の IR 損に基づく電位降下を取り除くようにしてある．このような測定法は三極式とよばれるものである．このほかに，電解セル中の対極に表面積の非常に大きなものを用いてその分極を無視できるくらい小さくし，これに参照電極としての役割を兼ねさせ，この対極と試験電極を用いる二極式の測定法も採用することができる．

4・7　電極触媒作用

　電極反応の速度は，使用した電極の種類や性状によって変わることがしばしばある．その際でも，通常，電極自身は反応の前後において変化しない．このように，電極は単に導電体(電池では集電体)としてだけでなく，電極触媒(electrocatalyst)としても働く．その作用を電極触媒作用あるいはエレクトロキャタリシス(electrocatalysis)という．図 4・10 には，水電解などを想定して，カソード(陰極)に 2 種類の電極を用いた場合の電流と電位の関係を示して

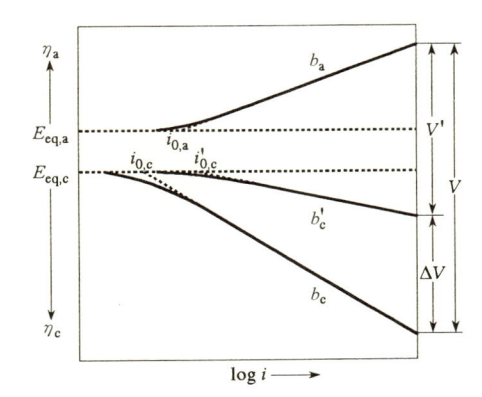

図 4・10 陰極過電圧 η_c および槽電圧 V に及ぼす交換電流密度 i_0 とターフェル勾配 b の影響 E_{eq} は平衡電位，ΔV は電圧の節約分を示す．

ある．これから明らかなように，交換電流密度 i_0 が大きくてターフェル勾配 b が小さい電極ほど一定電流密度における過電圧は小さい．言い換えれば，一定過電圧における電流密度すなわち反応速度は大きい．そのような電極を使用すると，電解に要する電圧が低くてすみ，したがって電気エネルギーがより多く節約できることになる．

代表的な金属電極上での水素電極反応の $\log i_0$ と b の値を表 4・1 に示す．

表 4・1 代表的な金属電極上での水素電極反応の $\log i_0$ と b の値
(酸性水溶液中，室温)

	$\log i_0$ (i_0 : A cm^{-2})	b (V decade^{-1})		$\log i_0$ (i_0 : A cm^{-2})	b (V decade^{-1})
Pd	−2.4	0.03, 0.12	Ti	−6.9	0.12〜0.16
Rh	−2.5	0.03, 0.12	Nb	−7.3	0.11〜0.12
Pt	−3.3	0.03	Cu	−7.4	0.10〜0.12
Ir	−3.3	0.12	Ta	−7.8	0.12
Ru	−3.3	0.12	Sb	−8.7	0.10〜0.12
Co	−4.9	0.10〜0.15	Sn	−9.2	0.12
Ni	−5.2	0.10〜0.12	Bi	−10.4	0.12
Au	−5.7	0.10〜0.12	Zn	−10.5	0.12
Fe	−5.8	0.12	Mn	−10.9	0.12
Ag	−6.4	0.06, 0.12	Hg	−11.9	0.12
W	−6.4	0.06〜0.12	Cd	−12.0	0.12
Mo	−6.5	0.08〜0.11	Pb	−12.6	0.12

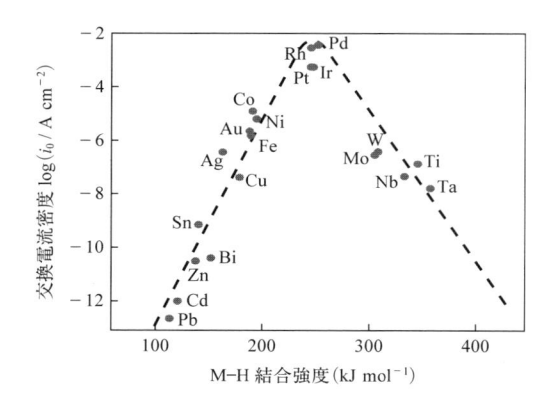

図 4・11 水素電極反応の $\log i_0$ と M-H 結合強度の関係

Pd 電極の i_0 は Pb 電極の i_0 に比べて 100 億倍も大きいことがわかる．電極触媒作用の本質については不明な点が多いが，たとえば，水素発生反応の吸着中間体である原子状水素 H と電極表面の金属原子 M との結合の強さがどのように影響するかを考えてみよう．比較的強くて安定な M-H 結合をつくる金属電極であれば，H は電極表面に吸着しやすく，H を生成する第 1 段目の反応は起こりやすいであろう．しかし，M-H 結合があまり強すぎると，H が H_2 となって電極表面から離れてゆく第 2 段目の反応が起こりにくくなるであろう．したがって，適度な強さの M-H 結合をつくる金属を電極材料に用いればよいと考えられる．実際，M-H 結合強度に対して水素電極反応の $\log i_0$ をプロットすると，図 4・11 に示すような山型の関係を示すことが報告されている．なお，最近では，電極表面を化学修飾するなどして，積極的に改質し，過電圧の低下すなわち消費電力の低減をはかる努力がなされている．

演 習 問 題

4・1 電解電流が電極反応の速度に対応することを示せ．

4・2 電極反応の律速段階が電荷移動，物質移動，あるいはオームの法則に従う電気抵抗律速のいずれかである場合に，どの過程が律速となっているかを決定するにはどのような測定をすればよいかを説明せよ．

4・3 電極反応で電荷移動過程が律速の場合に，ターフェル式が成立することを説明せよ．

4・4 バトラー–フォルマー式から過電圧が非常に大きいときと非常に小さいときの過電圧(または電極電位)と電流の関係を表す式を誘導せよ．

4・5 過電圧が非常に大きいときと非常に小さいときの過電圧と電流の関係を図示せよ．

4・6 交換電流密度について説明し，その測定法を述べよ．

4・7 水素発生反応を例にとって，電極の触媒作用(エレクトロキャタリシス)を説明せよ．また，電極触媒の活性を評価する基準について述べよ．

4・8 次の言葉の意味を簡単に説明せよ．
（1） 電気二重層　　（2） 交換電流密度　　（3） ターフェル式
（4） 限界電流密度　　（5） 電極触媒作用

5

エネルギーの変換と貯蔵

　電池(cell, battery)はそれ自身が内蔵する物質の電気化学的変化によって，物質のもっている化学エネルギーを電気エネルギーに変換する独立したエネルギー変換デバイスである．大小さまざまな電池が海底から宇宙までの広い範囲で使用されている．われわれの身の回りでもいろいろなものの中に用いられており，いまでは生活の必需品となっている．電池はエネルギー変換効率が非常に高いので，生活の利便さやその質の向上をはかるために必要なだけでなく，地球環境問題や省資源・省エネルギーなどとの関係で，太陽エネルギーをはじめとする自然のクリーンなエネルギーや夜間の余剰電力などを貯蔵する手段としても，きわめて重要である．また最近では急速な充放電が可能なキャパシタもエネルギー貯蔵デバイスとして注目され実用されている．本章では，実用電池に加えてキャパシタもとりあげ，それらのしくみと働きについて学ぶ．

5・1　実用電池の基礎

5・1・1　電池の定義と分類

　太陽電池(solar battery)や原子力電池(nuclear battery)[*1]のような物理電池および生物の機能を利用する生物電池も広い意味では電池に含まれるが，通常，

[*1] 原子力電池(atomic battery)，放射線電池(radioactive battery)，ラジオアイソトープ電池(radio isotope battery)，RI電池(RI battery)などともいう．この電池の原理は，放射線を一度物質に吸収させて熱とし，熱電変換の諸方式によって電気を起こすことである．

電池といえば化学反応を利用する化学電池をさす．化学電池は，反応物である活物質(active material)[*2]が電極で酸化還元反応する際に生じるエネルギー，すなわち化学反応に伴うギブズエネルギーの減少分を，直接，電気エネルギーに変換し，電流として外部へ取り出す装置であり，後述する一次電池(primary battery)，二次電池(secondary battery)[*3]および燃料電池(fuel cell)がこれに該当する．いずれの場合にも，負極活物質には還元力の強いものを選び，正極活物質には酸化力の強いものを選んで，これらを自発的に反応させ，それに伴って生ずる電子を外部回路へ流して電気エネルギーを得るしくみになっている．1章で述べたように，電池の放電過程を考える場合，正極(positive electrode)がカソード，負極(negative electrode)はアノードとして働く．本章では，電池の電極を正極，負極で表示する．

5・1・2 電池の構成，反応および起電力

化学電池の基本的な構成は図5・1に示す通りであり，正負両極(活物質)，電解質およびセパレーターから構成されている．セパレーターはカチオン，アニオンのみを通過させ，それ以外の正負両極の反応物，生成物あるいは電解質

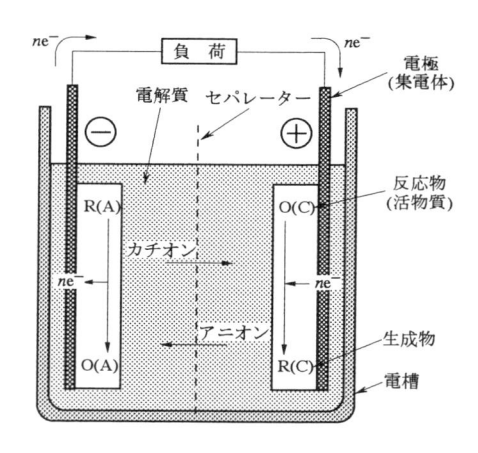

図 5・1 化学電池の基本構成

[*2] 電池の分野では起電反応に直接かかわる物質すなわち起電反応の源となる物質(反応物)を活物質という．
[*3] 蓄電池(storage battery, accumulator)ともいう．

の混合を防止したり,両極の短絡を防止したりする目的で通常使用されるが,それが必要でない場合もある.

電池を表示する場合,3章で述べたように,国際規約では放電時に酸化反応が起こる電極(負極)を左側に書き,還元反応が起こる電極(正極)を右側に書くことになっているので,いま,還元体,酸化体をそれぞれR,Oとし,また負極,正極にそれぞれA,Cを付けると,化学電池は次式で一般的に表示される.

$$R(A) | 電解質 | O(C) \tag{5・1}$$

ここで,R(A),O(C)はそれぞれ負極活物質,正極活物質である.負極では

$$R(A) \longrightarrow O(A) + ne^- \tag{5・2}$$

の酸化反応が起こり,正極では

$$O(C) + ne^- \longrightarrow R(C) \tag{5・3}$$

の還元反応が起こる.ここで,O(A),R(C)はそれぞれ負極での酸化生成物,正極での還元生成物であり,反応の係数は簡単のためすべて1としてある.電池反応は両極での反応を加えることによって得られ,次のようになる.

$$R(A) + O(C) \longrightarrow O(A) + R(C) \tag{5・4}$$

この電池反応が自発的に起こる条件はその反応に伴うギブズエネルギーの変化 ΔG_{cell} が負であることであり,物質の活量を a で表し,標準ギブズエネルギー変化を $\Delta G_{cell}°$ とすると,次式で与えられる.

$$\Delta G_{cell} = \Delta G_{cell}° + RT \ln \frac{a_{O(A)} \cdot a_{R(C)}}{a_{R(A)} \cdot a_{O(C)}} < 0 \tag{5・5}$$

もし電池が熱力学的に可逆的に作動するなら,その過程は最大の効率で進行し,外部回路に対してなされる電気的仕事は最大となる.一定の温度と圧力の下でなされる電気的仕事量 nFE_{cell}(E_{cell} は電池の起電力)はギブズエネルギーの減少量 $-\Delta G_{cell}$ に等しい.すなわち,式(3・8)の関係($-\Delta G_{cell} = nFE_{cell}$)がある.前述した電池の式(5・1)で負極が左,正極が右に配置されることは後述する E_{cell} が正の値であることや,それに基づく起電力やギブズエネルギーの変化量との関係とうまく対応している.そこで,電池の起電力は次に示すネルンスト式で与えられる.

$$E_{\text{cell}} = E_{\text{cell}}° - \frac{RT}{nF} \ln \frac{a_{O(A)} \cdot a_{R(C)}}{a_{R(A)} \cdot a_{O(C)}} > 0 \qquad (5\cdot6)$$

ここで，$E_{\text{cell}}°$ は電池反応に関与するすべての成分が標準状態すなわち活量1の状態にあるときの起電力の値であり，電池の標準起電力(standard electromotive force)とよばれる．先の3章で述べたように，負極の電位 E_A と正極の電位 E_C はそれぞれ式(5・2)，式(5・3)に対応するネルンスト式で表される．

$$E_A = E_A° - \frac{RT}{nF} \ln \frac{a_{R(A)}}{a_{O(A)}} \qquad (5\cdot7)$$

$$E_C = E_C° - \frac{RT}{nF} \ln \frac{a_{R(C)}}{a_{O(C)}} \qquad (5\cdot8)$$

これらの電極電位と電池起電力 E_{cell} との間には次式の関係がある．

$$E_{\text{cell}} = E_C - E_A \qquad (5\cdot9)$$

したがって，電池起電力を大きくするには，負極活物質として還元力が強く卑な電位を示すものを選び，正極活物質としては酸化力が強く貴な電位を示すものを選ぶ必要がある．

上記のように電池反応が可逆的に進行する場合，ギブズエネルギーの変化は最大となり，電池起電力は最大となるが，実際に電池を放電させて電流を取り出す際には，常に，熱発生のような不可逆的な現象を伴う．その分だけ，放電中の電池起電力はギブズエネルギーの減少量から計算される理論起電力(theoretical electromotive force)より常に小さくなる．そのような電圧降下の主な内訳は，正負両極と電解質の界面における電荷移動の遅れや電極近傍での物質移動の遅れなどに起因する過電圧(overvoltage)[*4]と電極，電解質，セパレーターなどのオーム抵抗に起因するオーム損である．したがって，負極での過電圧を η_A，正極での過電圧を η_C，オーム損を IR とすれば，実際に電流を取り出すときの電池の起電力 $E_{\text{cell}}(I)$ は

$$E_{\text{cell}}(I) = E_{\text{cell}} - \eta_A - |\eta_C| - IR \qquad (5\cdot10)$$

で表される．このように，電流を取り出すとき，電流Iが流れるときの IR の

[*4] 分極(polarization)ということもある．

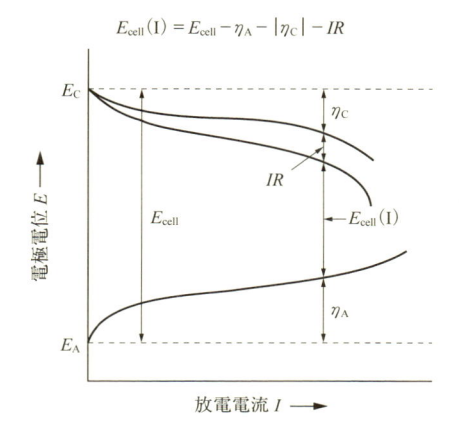

図 5・2 電池電圧，電極電位と放電電流の関係

電圧降下による抵抗 R を電池の内部抵抗(internal resistance)とよぶ．電池の電圧は放電につれて変化する．放電中の電圧が高くかつ安定しているためには，電極反応の過電圧を小さくするとともに電池の内部抵抗を小さくする必要がある．図 5・2 は電池電圧，電極電位と放電電流の関係を模式的に示したものである．

なお，燃料電池の理論エネルギー変換効率(theoretical energy conversion efficiency) ε_{cell} は熱エネルギー(エンタルピー変化 ΔH_{cell})基準で

$$\varepsilon_{cell} = \frac{-\Delta G_{cell}}{-\Delta H_{cell}} \tag{5・11}$$

で表され，室温ではほとんど 1 に近い値であるが温度の上昇とともに低下する．また，実際のエネルギー変換効率(energy conversion efficiency)はこれに電圧効率(voltage efficiency)と電流効率(current efficiency)を掛けた値となる．

5・1・3 電池の容量，エネルギー密度および出力密度

電池から得られる理論電気量すなわち理論容量(theoretical capacity) Q (クーロン $C = A \cdot s$)は 1 章で述べたファラデーの法則に基づいて計算される．すなわち

$$Q = \frac{Fm}{M/n} \tag{5・12}$$

ここで，F はファラデー定数($96\,485$ C mol^{-1}＝26.8 Ah mol^{-1})，m は電池活物質の質量(g)，M は電池活物質のモル質量(g mol^{-1})，n は反応に関与する電子の数である．単位質量および単位体積当りの電気量すなわち放電容量(discharge capacity)は Ah kg^{-1}，Ah dm^{-3} のような単位で表され，これらの値を大きくするには，ファラデーの法則から明らかなように，化学当量(M/n)が小さいもの，すなわち反応電子数が多くてモル質量が小さいものを活物質として選ぶ必要がある．また，活物質は電池内で有効に放電に関与しなければならないので，放電にあたっては反応に関与する活物質の利用率の高いものを選ぶべきである．

電池から取り出されるエネルギーは起電力と電気量の積で与えられる．質量および体積基準でのエネルギー密度(energy density)はそれぞれ Wh kg^{-1}，Wh dm^{-3} のような単位で表され，必要な電気量をいかに軽く，小さな電池でまかなえるかを示す尺度である．どのような用途の電池においてもこの値が大きいことが望ましい．理論エネルギー密度(theoretical energy density)は電池反応式に対応する活物質だけについて計算したものであるが，実際にはセパレーター，電解質，容器などを考慮に入れる必要があり，さらに反応速度，活物質の利用率，自己放電(self-discharge)[*5] などを考慮して正極活物質あるいは負極活物質のいずれかを理論量より過剰に充塡することが多いので，現実のエネルギー密度は理論エネルギー密度より相当小さな値となる．また，出力は電流と電圧の積で与えられるが，用途によっては W kg^{-1}，W dm^{-3} のような単位で表される出力密度(power density)が高いことも要求される．すなわち，大きな電流あるいは出力を取り出しても電圧があまり下がらないことが望ましい．

5・1・4 実用電池に求められる条件

電池の定義からも明らかなように，ギブズエネルギーの減少を伴うすべての化学反応は，原理的には電池に組み立てることができる．しかし，それが実用電池となるためには，一般に次のような条件を満足していなければならない．

[*5] 自己放電とは外部に電流を取り出さなくても活物質が自然に消耗してしまう現象をいう．一般に，自己放電の主な原因は活物質と電解質溶液との反応である．

(1) エネルギー密度が高いこと．
(2) 出力密度が高いこと．
(3) 温度特性がよいこと．
(4) 自己放電が少なく，保存性がよいこと．
(5) 作動寿命が長いこと．
(6) エネルギー変換効率が高いこと．
(7) 取扱いが容易であること．
(8) 安全性，信頼性が高いこと．
(9) 無公害で，リサイクルも容易であること．
(10) 経済性が優れていること．

以上のすべての条件を完全に満たす電池は実際には望み得ないので，使用目的に応じて，たとえば取り出せる電流は小さくても長期間にわたり安定な電圧を保持するもの，軽量，小型のわりに多くの電気エネルギーを取り出せるもの，一時的にでも大電流を取り出せるもの，充放電サイクル回数が大きい値であるもの，保存性が非常によいもの，コストが高くても信頼性が非常に高いものなど，重点的な条件を満足する比較的限られた電池が製造されている．

5・2 一 次 電 池

一次電池(primary battery)は，一度放電してその容量を失うと廃棄して新しいものと取り替えなければならない電池，すなわち充放電の繰返しができない電池である．一次電池の形状には円筒形，ボタン形，コイン形，角形などがある．主な実用一次電池の種類，構成，公称電圧などを表5・1に示す．これらの中で主要なものについて以下に述べる．

5・2・1 マンガン乾電池

マンガン乾電池(manganese dry battery)は正極活物質として二酸化マンガン[*6]

[*6] 現在では，天然産の $\gamma\text{-}MnO_2$ に代り，電解二酸化マンガンとよばれる電解法で製造した $\gamma\text{-}MnO_2$ が多用されている．

表 5・1 主な実用一次電池の概要

名称	構成 負極活物質	構成 電解質	構成 正極活物質	公称電圧 (V)	特徴および主な用途
マンガン乾電池	Zn	$NH_4Cl + ZnCl_2$ または $ZnCl_2$	MnO_2	1.5	もっとも安価、軽負荷間欠放電、保存性能良好、懐中電灯、時計、玩具、電卓、リモコン、ガスや石油機器の自動点火
アルカリマンガン乾電池	Zn	KOH または NaOH (ZnO)	MnO_2	1.5	マンガン乾電池より高容量、重負荷放電、デジタルカメラ、CDラジカセ、ヘッドホンステレオ、玩具
酸化銀電池	Zn	KOH または NaOH (ZnO)	Ag_2O	1.55	高エネルギー密度、作動電圧安定、温度特性、保存性能良好、クオーツ時計、露出計などの精密電子機器
亜鉛空気電池	Zn	KOH または NaOH (ZnO)	空気 (O_2)	1.4	酸化銀電池などより高容量、補聴器、ポケットベル
フッ化黒鉛リチウム電池	Li	$LiBF_4$ (BL*1)	$(CF)_n$	3.0	高エネルギー密度、高電圧、保存性能良好、カメラ、ゲーム、コンピューターのバックアップ用
二酸化マンガンリチウム電池	Li	$LiClO_4$, $LiBF_4$ または $LiCF_3SO_3$ (PC*2 + DME*3)	MnO_2	3.0	高エネルギー密度、高電圧、保存性能良好、時計、カメラ、ゲーム、コンピューターのバックアップ用

*1 γ-ブチロラクトン、*2 プロピレンカーボネート、*3 1,2-ジメトキシエタン

を用いる乾電池(dry battery)[*7]である．負極活物質には亜鉛を用い，電解質には $ZnCl_2$ を主成分とする($NH_4Cl+ZnCl_2$)混合水溶液を用いる[*8]．したがって，電池構成は $Zn|(NH_4Cl+ZnCl_2)|MnO_2(C)$ のように表される．また，電池反応は次の通りである．

負極反応：$4\,Zn + ZnCl_2 + 8\,H_2O \longrightarrow ZnCl_2\cdot 4\,Zn(OH)_2 + 8\,H^+ + 8\,e^-$
$$(5\cdot 13)$$

正極反応：$MnO_2 + H^+ + e^- \longrightarrow MnOOH$ $\quad(5\cdot 14)$

電池反応：$4\,Zn + ZnCl_2 + 8\,H_2O + 8\,MnO_2$
$$\longrightarrow ZnCl_2\cdot 4\,Zn(OH)_2 + 8MnOOH \quad(5\cdot 15)$$

これらから明らかなように，この電池は放電の進行につれて電解質溶液中の水が消費されるため，耐漏液性に優れている．円筒形マンガン乾電池の構造を

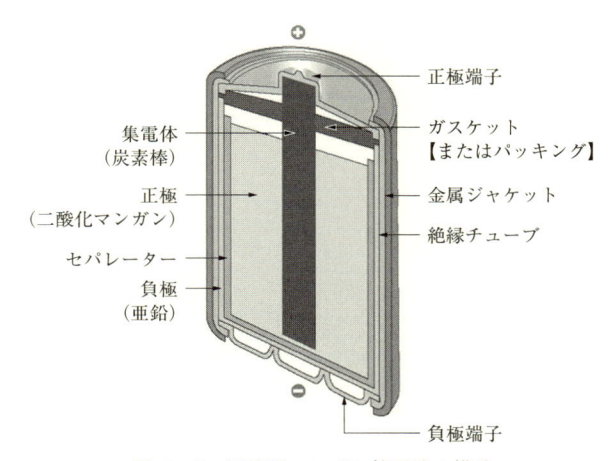

図 5・3　円筒形マンガン乾電池の構造

[*7] 乾電池(dry battery)とは，電池を構成する電解質溶液をゲル状にするなどの方法で液漏れを防ぎ，かつ放電に伴う水素ガスの発生を極力防止して容器を密閉した形式の実用一次電池をいう．

[*8] マンガン乾電池には，このように電解質溶液が $ZnCl_2$ を主成分である塩化亜鉛型電池(zinc chloride battery)のほかに，古い歴史をもつルクランシェ型電池(Leclanché cell)もあるが，後者は NH_4Cl を主成分とし，耐漏液性と放電特性の点で塩化亜鉛型電池に劣るため，現在ではほとんど製造されていない．

図5・3に示す．マンガン乾電池では，正極合剤[*9]が集電体の炭素棒を囲んで大部分の容積を占め，正極合剤と外側の負極亜鉛缶の間に薄いクラフト紙に粘剤が塗布されたセパレーターを介在させてある．これをペーパーラインド方式という．

マンガン乾電池は取り扱いやすく，かつ安価であるので簡易電源として古くからよく使われている．とくに，掛け時計・置き時計のように小さな電力で長時間使う機器やリモコン，ガス・石油機器の自動点火など大きな電力で短い時間で時々使うものに適している．

5・2・2 アルカリマンガン乾電池

アルカリマンガン乾電池(alkaline manganese dry battery)[*10]はマンガン乾電池と同様に正極活物質として二酸化マンガンを用いるが，マンガン乾電池との最も大きな違いは電解質として ZnO を飽和させた強アルカリ性の濃厚 KOH 水溶液を用いる点である．したがって，電池構成は $Zn|KOH(ZnO)|MnO_2(C)$ のように表される．また，電池反応は次の通りである．

負極反応：$Zn + 2\,OH^- \longrightarrow ZnO + H_2O + 2\,e^-$ \hfill (5・16)

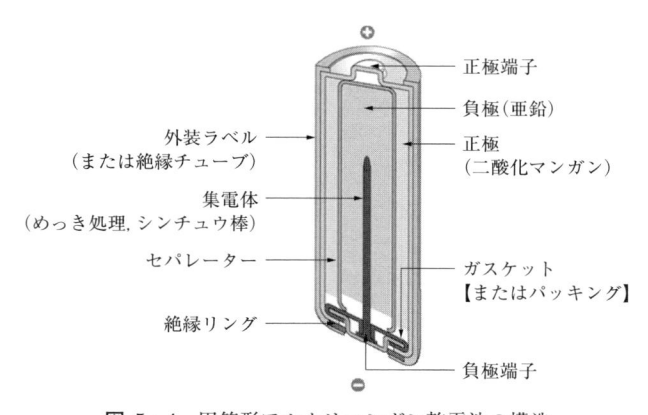

図5・4 円筒形アルカリマンガン乾電池の構造

（図中ラベル：正極端子／負極(亜鉛)／正極(二酸化マンガン)／ガスケット【またはパッキング】／負極端子／外装ラベル(または絶縁チューブ)／集電体(めっき処理, シンチュウ棒)／セパレーター／絶縁リング）

[*9] 二酸化マンガン粉末をアセチレンブラックなどの導電剤と混合し，塩化亜鉛水溶液などの電解質溶液で練り固めたもの．

[*10] アルカリ乾電池(alkaline dry battery)，アルカリマンガン電池(alkaline manganese battery)などともいう．

正極反応：$MnO_2 + 2H_2O + 2e^- \longrightarrow Mn(OH)_2 + 2OH^-$　　　(5・17)

電池反応：$Zn + MnO_2 + H_2O \longrightarrow ZnO + Mn(OH)_2$　　　(5・18)

円筒形アルカリマンガン乾電池の構造を図 5・4 に示す．アルカリマンガン乾電池は表面積の大きい亜鉛粉末を用い，電解質として濃アルカリ水溶液を用いることによって大電流放電や温度特性を向上させ，高容量化がはかられている．しかし，同時に，亜鉛負極の自己放電が起こりやすくなるとともに放電生成物の ZnO が蓄積して負極亜鉛が不動態化しやすくなるので，種々の対策が施されている[*11]．そして，ゲル化した負極亜鉛を用いるため，マンガン乾電池とは正極と負極の配置を逆にしたインサイドアウト型構造とよばれる構造が採用されている．すなわち，中心部は微粒子亜鉛の負極であり，電解質溶液を含浸させたセパレーターを隔てて，正極合剤[*12]が外側にある．アルカリマンガン乾電池が高い放電容量を示すのは，このように正極と負極の活物質の充填量が多くなり，内部抵抗が低くて活物質の利用率が高くなるような構造によるところが大きい．マンガン乾電池に比べて電圧平坦性や負荷特性なども優れている．

アルカリマンガン乾電池は大きな電力が必要な機器，たとえばデジタルカメラ，CD ラジカセ，ヘッドホンステレオ，モーターを使う玩具など比較的長い時間使う用途に適している．アルカリマンガン乾電池はマンガン乾電池の数倍あるいはそれ以上長く使えるため，現在では市販乾電池の大半を占めている．また，アルカリマンガン乾電池はボタン形でも製造されており，後述する高価な酸化銀電池(silver oxide battery)に代わって携帯ゲーム機や歩数計など幅広く使われている．

[*11] 自己放電を抑制するために，あらかじめ最終放電生成物である ZnO を飽和させた 8〜11 mol dm^{-3} KOH 水溶液を用いるとともに，水素過電圧の高い In, Bi, Al, Ga などを加えた耐食性のよい亜鉛合金を用いる無アマルガム化亜鉛負極が採用されている．また，負極亜鉛の不動態化に対しては，ポリアクリル酸，ポリアクリル酸ナトリウムなどでゲル化した電解質溶液に亜鉛粉末を分散させ表面積を広くすることにより負極亜鉛としての機能が持続するように工夫されている．

[*12] 二酸化マンガン粉末をアセチレンブラックなどの導電剤と混合し，水酸化カリウム水溶液などの電解質溶液で練り固めたもの．

5・2・3 酸化銀電池

酸化銀電池は正極活物質として酸化銀を用い，負極活物質として亜鉛，電解質溶液としてアルカリ水溶液を用いた電池である．したがって，電池構成は $Zn|KOH(ZnO)|Ag_2O$ のように表される．また，電池反応は次の通りである．

負極反応：$Zn + 2\,OH^- \longrightarrow ZnO + H_2O + 2\,e^-$ (5・19)

正極反応：$Ag_2O + H_2O + 2\,e^- \longrightarrow 2\,Ag + 2\,OH^-$ (5・20)

電池反応：$Zn + Ag_2O \longrightarrow ZnO + 2\,Ag$ (5・21)

酸化銀電池の最大の特長は放電電圧が約 1.55 V と高くて，非常に安定していることである．放電生成物に導電性のよい銀があり，電池寿命に至る直前までほぼ最初の電圧を保つため，高価ではあるが，環境保全などの点から酸化水銀を用いる水銀電池(mercury battery)[*13]に代ってクオーツ時計，露出計などの精密電子機器用の電源としてボタン形でよく使われる．

酸化銀のような金属酸化物を正極活物質とするボタン形アルカリ電池(button-type alkaline battery)の代表的な構造を図 5・5 に示す．酸化銀電池では，正極剤[*14]を金属製台座中に加圧成形してペレット状とした正極体が正極缶に

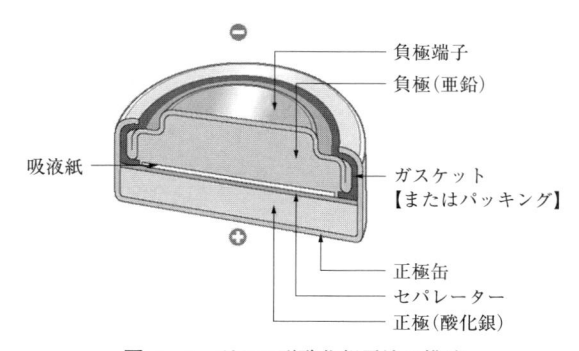

図 5・5 ボタン形酸化銀電池の構造

[*13] 水銀電池(酸化水銀電池ともいう)の構成は $Zn|KOH(ZnO)|HgO$ のように表される．放電電圧がきわめて安定であるうえに，放電容量が大きく貯蔵特性も優れた電池であるが，環境保全などの点から現在は製造が中止されている．

[*14] 正極活物質である酸化銀粉末と導電剤である黒鉛などを混合したもの．

挿入されている．これを，セパレーターや吸収体*15 を介して，負極と対峙させた構造になっている．

5・2・4 空 気 電 池

空気電池(air battery)は空気中の酸素を正極活物質として利用する．そのため，正極は触媒層の体積だけでよく，他の一次電池に比べて多量の負極活物質を充塡できるので，高いエネルギー密度が得られる．たとえば，同じ大きさのボタン形電池で比較すると，亜鉛空気電池(zinc-air battery)*16 の体積基準でのエネルギー密度はアルカリマンガン乾電池の約5.5倍，酸化銀電池の約3倍である．

もっとも代表的な空気電池は亜鉛空気電池であり，負極活物質に亜鉛，電解質溶液にアルカリ水溶液が用いられ*17，正極材料としてカーボンが用いられる．したがって，この電池の構成は $Zn|KOH(ZnO)|O_2(C)$ のように表される．また，電池反応は次の通りである．

負極反応：$Zn + 2\,OH^- \longrightarrow ZnO + H_2O + 2\,e^-$ 　　　　　(5・22)

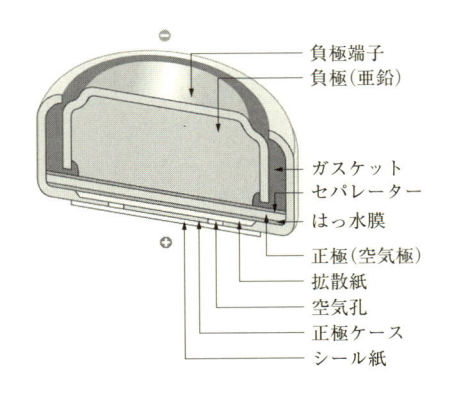

図 5・6　ボタン形亜鉛空気電池の構造

---

*15　負極には亜鉛粉末をゲル化剤とともに電解質溶液で練合したペースト状のものを用いたり，ゲル化剤を使わずに亜鉛粉末と電解質溶液を別々に用いたりする．吸収体は電池内の電解質溶液を保持する機能がある．
*16　空気亜鉛電池(air-zinc battery)ともいう．
*17　電解質溶液に弱酸性水溶液を用いた $Zn|ZnCl_2(または NH_4Cl)|O_2(C)$ で表される亜鉛空気電池もある．

正極反応：$1/2\,O_2 + H_2O + 2\,e^- \longrightarrow 2\,OH^-$ (5・23)

電池反応：$Zn + 1/2\,O_2 \longrightarrow ZnO$ (5・24)

亜鉛空気電池は経済的な電池であり，ボタン形電池やコイン形電池が開発され，水銀電池に代って，補聴器やポケットベルによく使われている．図5・6にボタン形空気亜鉛電池の構造を示す．使用時に外底部のシール紙をはがし，空気孔を開けた状態にすると発電がはじまる．

5・2・5 リチウム一次電池

リチウム一次電池(lithium primary battery)はわが国で最初に開発された電池であり負極活物質としてリチウムを用いる一次電池である．リチウムを電池の負極に用いる研究はわが国で1960年代に開始され，1970年代初頭に世界ではじめて実用リチウム一次電池が開発された．後にリチウム二次電池の開発へとつながっており，リチウム一次電池開発の意義は大きい．リチウムはイオン化傾向が高く，しかも軽い金属であるため，それを用いたリチウム一次電池は3 V前後の高い電圧を示すとともに約300 mWh g^{-1}と非常に高いエネルギー密度を有する．なお，リチウムは水と反応するので，電解質としては有機系非水電解質溶液，無機系非水電解質溶液あるいは固体電解質が使用される．

リチウム一次電池は使用する正極活物質や電解質によっていくつかの種類に分けられる[*18]が，もっとも代表的なものは二酸化マンガンリチウム一次電池(manganese dioxide-lithium battery)であり，負極活物質に金属リチウム，電解質溶液に過塩素酸リチウム($LiClO_4$)，四フッ化ホウ酸リチウム($LiBF_4$)あるいは三フッ化スルホン酸リチウム($LiCF_3SO_3$)を溶解したプロピレンカーボネート(PC)と1,2-ジメトキシエタン(DME)の混合溶液，正極活物質に二酸化マンガンが用いられる．したがって，電池構成はたとえば$Li\,|\,LiClO_4(PC-DME)\,|\,MnO_2$のように表される．また，電池反応は次の通りである．

[*18] 主なリチウム一次電池には，二酸化マンガンリチウム電池のほかに，フッ化黒鉛リチウム電池(構成：$Li\,|\,LiBF_4(BL)\,|\,(CF)_n$，公称電圧：3.0 V)，塩化チオニルリチウム電池(構成：$Li\,|\,LiAlCl_4(SOCl_2)\,|\,SOCl_2$，公称電圧：3.6 V)，酸化銅リチウム電池(構成：$Li\,|\,LiCF_3SO_3(PC+DME)\,|\,(CuO$，公称電圧：1.5 V)などがある．ここで，BLはγ-ブチロラクトン，$(CF)_n$はフッ化黒鉛，PCはプロピレンカーボネート，DMEは1,2-ジメトキシエタンを示す．

負極反応：Li $\longrightarrow$ Li$^+$ + e$^-$ (5・25)

正極反応：Mn(IV)O$_2$ + Li$^+$ + e$^-$ $\longrightarrow$ Mn(III)O$_2$(Li$^+$) (5・26)

電池反応：Li + Mn(IV)O$_2$ $\longrightarrow$ Mn(III)O$_2$(Li$^+$) (5・27)

このように，放電時には，負極で生成したLi$^+$が正極活物質であるMnO$_2$の結晶格子内の空隙へ挿入される．

コイン形リチウム一次電池の構造を図5・7に示す．この電池は有機溶媒からなる非水系電解質溶液を用いているため，低温特性や自己放電特性にも優れている．

二酸化マンガンリチウム一次電池は，フッ化黒鉛リチウム一次電池ととも

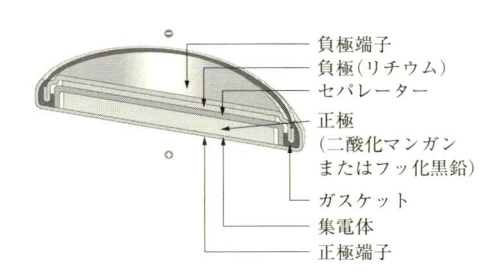

図5・7 コイン形リチウム一次電池の構造

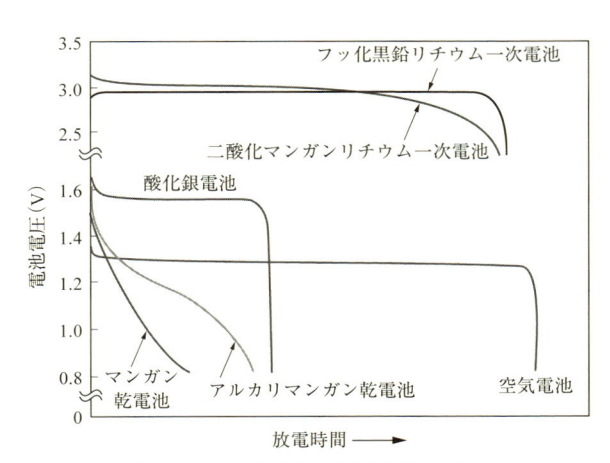

図5・8 主な実用一次電池の放電曲線（ボタン形あるいはボタン形に換算）

に，1970年代の早期に日本で開発された世界最初のリチウム一次電池であり，現在，カメラ，ガス・水道メーター，腕時計，電卓，電子ウキ，パソコンなどのメモリーバックアップ，車のキーレスエントリー，ポケット式ライトなどに幅広く使われている．

図5・8には主な実用一次電池を定負荷で放電させたときの性能を比較してある．リチウム一次電池の電圧が高く，性能的にみても優れていることがわかるであろう．

5・3 二 次 電 池

二次電池(secondary battery)は充放電の繰返しができる電池，すなわち一度放電したものに外部電源から逆方向の直流を流して充電すると，再び容量を回復するので，繰り返して使用できる電池である．主な実用二次電池の種類，構成，公称電圧などを表5・2に示す．

5・3・1 鉛 蓄 電 池

鉛蓄電池(lead storage battery)[19]は非常に長い歴史を有する二次電池であり，1858年頃にフランスのPlantéが現在実用されている原理に基づく鉛電池が充放電可能なことを見出している．負極活物質，正極活物質および電解質にはそれぞれ鉛，二酸化鉛，硫酸水溶液[20]が用いられている．したがって，この電池の構成は $Pb|H_2SO_4|PbO_2$ で表される．また，充放電反応は次の通りである．

$$負極反応：Pb + SO_4^{2-} \underset{充電}{\overset{放電}{\rightleftarrows}} PbSO_4 + 2\,e^- \qquad (5・28)$$

$$正極反応：PbO_2 + 4\,H^+ + SO_4^{2-} + 2\,e^- \underset{充電}{\overset{放電}{\rightleftarrows}} PbSO_4 + 2\,H_2O \qquad (5・29)$$

$$電池反応：Pb + PbO_2 + 2\,H_2SO_4 \underset{充電}{\overset{放電}{\rightleftarrows}} 2\,PbSO_4 + 2\,H_2O \qquad (5・30)$$

---

[19] 鉛蓄電池は英語で lead-acid battery ともいう．
[20] 比重1.20～1.30の硫酸水溶液．

5・3 二次電池

表 5・2 主な実用二次電池の概要

名称	構成			公称電圧 (V)	特徴および主な用途
	負極活物質	電解質	正極活物質		
鉛蓄電池	Pb	H_2SO_4	PbO_2	2.0	信頼性, 経済性を有し, 広範囲に普及, 自動車用, 産業用, 非常用, オーディオ機器
ニッケル-カドミウム電池	Cd	KOH	NiOOH	1.2	鉛蓄電池より高価, 長寿命, 耐過充電過放電性能に優れる, コードレス機器, 非常用灯具, ジューパー, 電動工具, 玩具
ニッケル水素電池	MH[*1]	KOH	NiOOH	1.2	ニッケル-カドミウム電池より高容量, 耐過充電過放電性能に優れる, ハイブリッド車, 電動工具, ビデオカメラ, オーディオ機器
リチウムイオン電池	C	$LiPF_6(EC^{*2}+PC^{*3}+DMC^{*4}$ または $DEC^{*5})$ または $LiBF_4(PC^{*3}+EC^{*2}+BL^{*6})$	$LiCoO_2$ または $LiMn_2O_4$	3.6 または 3.7	高エネルギー密度, 高電圧, 長寿命, 高価(Co系)または安価(Mn系), 携帯電話, ノートパソコン, ビデオカメラ

*1 金属水素化物, *2 エチレンカーボネート, *3 プロピレンカーボネート, *4 ジメチルカーボネート, *5 ジエチルカーボネート, *6 γ-ブチロラクトン

96   5 エネルギーの変換と貯蔵

　開放型鉛蓄電池の構造を図5・9に示す．正極板と負極板[*21]とはセパレーター[*22]を介して交互に対向させて配置し，極板の上部で鉛合金導体に溶接して極板群を構成する．

　なお，密閉型鉛蓄電池で完全に密閉化してメンテナンスフリーとするには，負極吸収式や触媒式などいくつかの方法がある．負極吸収式とは，負極の容量を正極より大きくし過充電時に正極から発生する酸素ガスを負極で吸収させる

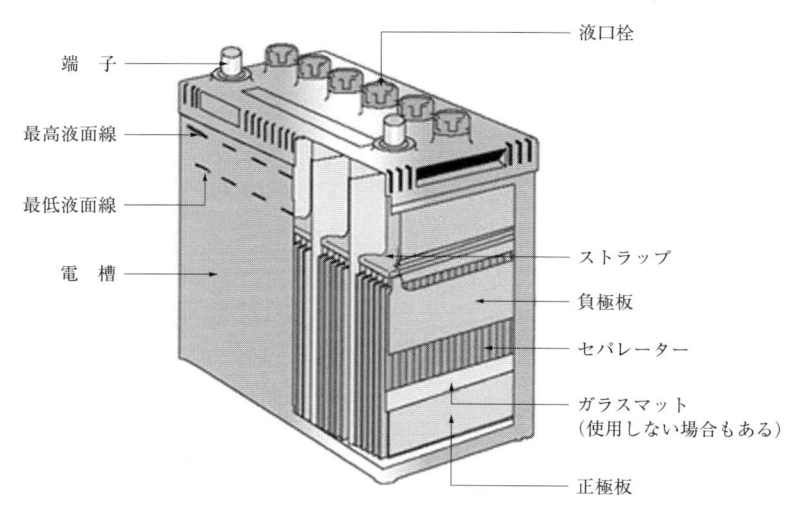

図 5・9　開放型鉛蓄電池の構造

---

*21　鉛蓄電池の極板にはペースト式とクラッド式の2種類がある．正極板には両方ともよく用いられるが，負極板は構造上の問題が少ないため，ペースト式のみである．ペースト式正極板は鉛または鉛合金でつくられた格子状の電極(格子体(grid)という)に二酸化鉛の粉と希硫酸でできたペーストを充填したものであり，小型軽量で大きな容量が得られ，高率放電特性もよい．クラッド式正極板はガラス繊維などからなる多孔性のチューブの中心に鉛合金製の芯を配列し，間げきに活物質を充填したものを一列に何本も並べて板状としたものであり，ペースト式より長寿命で信頼性が高い．なお，活物質を保持し，かつ電流を取り出す導電体として用いられる格子は，主に，機械的強度と耐食性を向上させるために Pb-Sb 合金または Pb-Ca 合金(シール鉛蓄電池では Pb-Sn-Ca 系合金)からつくられており，鋳造，エキスパンド，打ち抜きなどによって格子の形状にされる．
*22　セパレーターには，微孔ゴム製，焼結塩化ビニル製，強化繊維製，微孔ポリオレフィン製，合成繊維を抄紙したものなどがある．

ものであり，その反応は次式で示される．

$$Pb + 1/2\, O_2 + H_2SO_4 \longrightarrow PbSO_4 + H_2O \qquad (5\cdot 31)$$

この負極で生成する $PbSO_4$ は充電によって Pb に還元されるので，充電時に負極から水素ガスは発生しない．他方，触媒式とは，発生する水素ガスと酸素ガスを Pd 触媒や Pt 触媒の作用で再結合させ，水として電池内に戻すものである．

鉛蓄電池の活物質のみの理論エネルギー密度は約 167 Wh kg^{-1} であるが，実用電池でのエネルギー密度は，$C/5$ すなわち 5 時間率放電[*23] の場合で，せいぜい 40 Wh kg^{-1} 程度である．充放電曲線の一例を図 5・10 に示す．

鉛蓄電池は長い歴史に培われた信頼性，経済性があり，さらには優れたリサイクル性も有するため，広範囲に普及している．主に自動車用や二輪車用などのほかに，電気自動車やフォークリフト，さらには無停電電源装置(uninterrupted power supply, UPS)，病院や公共施設の非常用電源などとして幅広く使われている．また，小形シール電池とよばれる小形で密閉化された電池はオー

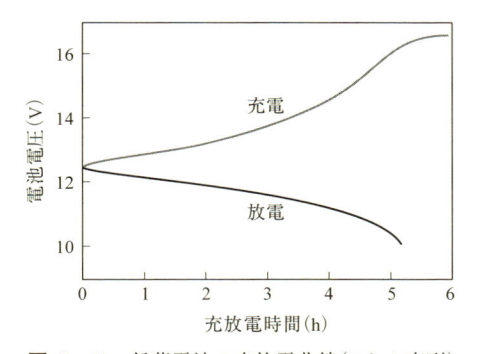

図 5・10　鉛蓄電池の充放電曲線(6 セル直列)

[*23] 一般に，nC 放電とは，定格容量 C をもった電池を $(1/n)$ 時間で使い尽くす電流値で放電することをいう．n と C の単位はそれぞれ h^{-1}，Ah であるから，放電率(rate of discharge) nC の単位は A(アンペア)となる．たとえば，$3C$(20 分で放電終了)のような大きな電流で放電させるのを高率放電(high rate discharge)といい，$0.1C$(10 時間で放電終了)のような小さな電流で放電させるのを低率放電(low rate discharge)という．

ディオ機器などに使用されている.

5・3・2 ニッケル-カドミウム電池[*24]

電解質に KOH を主とするアルカリを用いた二次電池はアルカリ蓄電池 (alkaline storage battery) とよばれ,代表的なものに歴史の古いニカド電池 (nickel-cadmium battery) と 1990 年頃に日本で実用化されたニッケル水素電池 (nickel-metal hydride battery)[*25] がある.

ニッケル-カドミウム電池は負極活物質にカドミウムを用い,正極活物質にオキシ水酸化ニッケルを用いるものである.したがって,この電池の構成は Cd|KOH|NiOOH のように表される.また,充放電反応は次の通りである.

$$\text{負極反応}: \text{Cd} + 2\,\text{OH}^- \underset{\text{充電}}{\overset{\text{放電}}{\rightleftarrows}} \text{Cd(OH)}_2 + 2\,\text{e}^- \qquad (5 \cdot 32)$$

$$\text{正極反応}: \text{NiOOH} + \text{H}_2\text{O} + \text{e}^- \underset{\text{充電}}{\overset{\text{放電}}{\rightleftarrows}} \text{Ni(OH)}_2 + \text{OH}^- \qquad (5 \cdot 33)$$

$$\text{電池反応}: \text{Cd} + 2\,\text{NiOOH} + 2\,\text{H}_2\text{O} \underset{\text{充電}}{\overset{\text{放電}}{\rightleftarrows}} \text{Cd(OH)}_2 + 2\,\text{Ni(OH)}_2 \qquad (5 \cdot 34)$$

この電池の 25 °C における理論起電力は約 1.32 V であり,実際の作動電圧は約 1.2 V である.−20〜60 °C くらいの広い温度範囲で作動する.

ニッケル-カドミウム電池の密閉化の原理は,正極に比べて数十% 大きい容量をもつ負極を用いる正極規制方式を採用することにより,正極活物質の量よりも負極活物質の量を多くして充電末期や過充電時に正極のみでガス発生が起こるようにし,この酸素ガスが負極上で消費できるようにすることである.酸素消費反応は次のように表される.

$$\text{Cd} + 1/2\,\text{O}_2 + \text{H}_2\text{O} \longrightarrow \text{Cd(OH)}_2 \qquad (5 \cdot 35)$$

アルカリ蓄電池のうちでは密閉型電池が大部分を占めており,その形状には,円筒形,角形,ボタン形などがある.円筒形アルカリ蓄電池の構造を図

[*24] ニカド電池ともいわれる.
[*25] 負極活物質として水素ガスを用いる宇宙用のニッケル水素電池 (nickel-hydrogen battery) と区別するために,ニッケル-金属水素化物電池 (nickel-metal hydride battery, Ni-MH battery) とよぶことも多い.

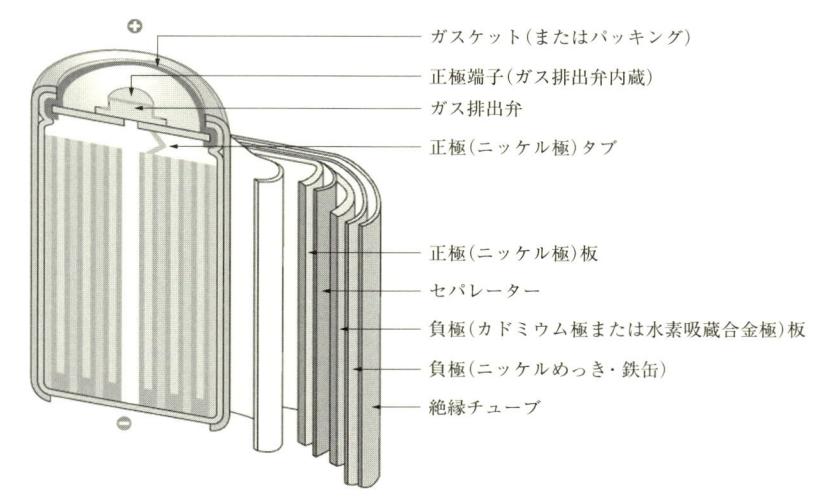

図5・11 円筒形アルカリ蓄電池の構造

5・11に示す．円筒形電池は薄板状の正極と負極[*26]を，セパレーター[*27]を介して，渦巻状に巻き取って円筒形の外装缶に密封した構造であり，角形電池は薄板状の正極と負極を，セパレーターを介して，積層して角形の外装缶に密封した構造である．他方，ボタン形電池は，一般に，円板状の正極と負極の間にセパレーターを介してスプリングで加圧し，金属製外装缶に収納した構造である．いずれの場合も，万一電池の内圧が異常に高くなってもガスを外部に放出できる安全弁を備えている[*28]．電解質溶液には比重 $1.2 \sim 1.3 (20\,°C)$ 程度の KOH 水溶液に，正極の特性向上のために $15 \sim 50\,\mathrm{g\,dm^{-3}}$ LiOH を添加したものが用いられる．

ニッケル-カドミウム電池は鉛蓄電池より高価であるが，長寿命で耐過充電

[*26] 実用のニカド電池では円筒形や角形が多く，普通，これらの電極板としては多孔性のニッケル焼結板あるいは発泡ニッケルが用いられる．正極ではニッケル基板に Ni(OH)$_2$ を含浸させ，負極では同じように Cd(OH)$_2$ を含浸させるかまたは Cd(OH)$_2$ に結着剤を加えたペーストを塗布する．

[*27] セパレーターとしては耐アルカリ性を有するナイロン，ポリプロピレン，ポリアミドなどの不織布が用いられる．

[*28] 円筒形や角形の場合には復帰式の安全弁を正極キャップ内に備えている．他方，ボタン形の場合には寸法の制約があるため非復帰式の安全弁が用いられる．

過放電性能に優れており，またアルカリ乾電池と互換性[*29]があるので，コードレス電話，電動歯ブラシ，シェーバーのほか，電動工具のような大きな電力を必要とする機器や非常灯などにも広く使われている．

5・3・3　ニッケル水素電池

ニッケル水素電池も1990年に世界ではじめて日本で開発され，その後広く実用されている二次電池である．ニッケル水素電池は負極活物質に金属水素化物(metal hydride, MH)[*30]を用い，正極活物質にはオキシ水酸化ニッケルを用いる二次電池である．したがって，この電池の構成は MH|KOH|NiOOH のように表示される．また，充放電反応は次の通りである．

$$\text{負極反応：MH} + \text{OH}^- \underset{\text{充電}}{\overset{\text{放電}}{\rightleftarrows}} \text{M} + \text{H}_2\text{O} + \text{e}^- \tag{5・36}$$

$$\text{正極反応：NiOOH} + \text{H}_2\text{O} + \text{e}^- \underset{\text{充電}}{\overset{\text{放電}}{\rightleftarrows}} \text{Ni(OH)}_2 + \text{OH}^- \tag{5・37}$$

$$\text{電池反応：MH} + \text{NiOOH} \underset{\text{充電}}{\overset{\text{放電}}{\rightleftarrows}} \text{M} + \text{Ni(OH)}_2 \tag{5・38}$$

充放電反応の模式図を図5・12に示す．ニッケル水素電池では電池反応がきわめて単純であり，見かけ上電池反応に水が関与しないので電解質濃度が一定に保たれることも特長の一つである．ニッケル水素電池の理論起電力，実際の作動電圧および作動温度範囲はニッケル-カドミウム電池とほとんど同じである．

ニッケル水素電池は原理的に過充電，過放電に強く，密閉化がきわめて容易である．この電池でも正極の容量を負極の容量より小さくする正極規制方式を採用するのが普通であり，過充電の際に発生する酸素の消費反応は次のように表される．

$$2\text{MH} + 1/2\,\text{O}_2 \longrightarrow 2\text{M} + \text{H}_2\text{O} \tag{5・39}$$

[*29] ここでは同じ形のものであることを指す．
[*30] 金属水素化物(MH)とは水素吸蔵合金(M)が水素を吸蔵したものであり，LaNi_5H_6 がその代表例である．実用電池ではコストや性能の点からLaの代りにミッシュメタル(Misch metal, Mm)(セリウム族希土類元素の混合物をいう)を用い，Niの一部をCo, Mn, Alなどで置換したような多成分系合金が一般に使用される．最近ではMg成分を含む高容量・高耐食性超格子合金も使用されている．

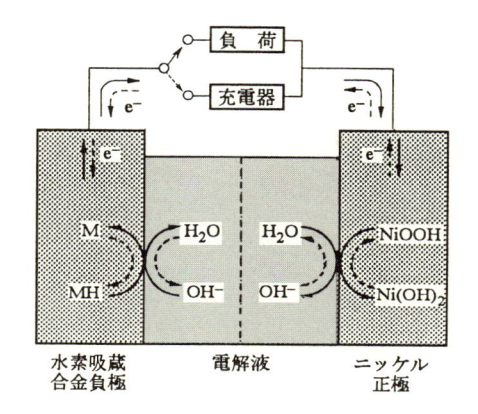

図 5・12 ニッケル-水素電池の充放電反応の模式図

　実用ニッケル水素電池の構造，構成材料および製法は，ニッケル-カドミウム電池とほとんど同じである．

　ニッケル-カドミウム電池とニッケル水素電池の充放電特性の一例を図 5・13 に示す．ニッケル水素電池は同じ大きさの電池ではニッケル-カドミウム電池に比べて 2 倍以上高い電気エネルギーが取り出せる高容量電池であり，過充電・過放電に強く，高率充放電能が可能である．ニッケル-カドミウム電

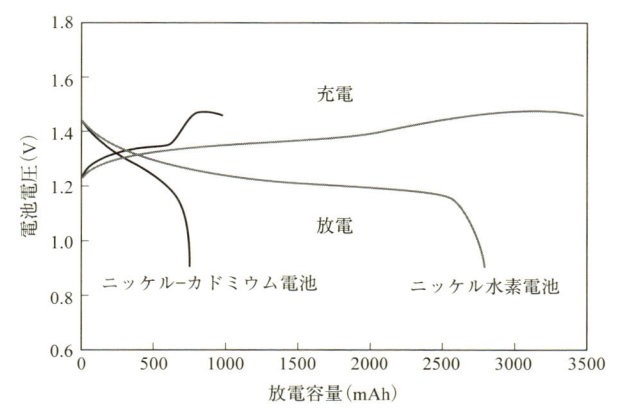

図 5・13 ニッケル水素電池とニッケル-カドミウム電池の充放電特性の比較（単三形）

池と作動電圧が同じ 1.2 V であって互換性がある，鉛やカドミウムのような重金属を用いずクリーンであるなど，多くの特長を有している．そのため，小型ではヘッドホンステレオ，シェーバー，ノートパソコンなど，中型ではハイブリッド自動車，電動アシスト自転車などに使用されている．最近では自己放電特性が大幅に改善されて，アルカリ乾電池代替分野への用途も広がっている．

5・3・4　リチウム二次電池

リチウム二次電池(lithium secondary battery)は負極活物質としてリチウムあるいはリチウムが挿脱入できる黒鉛やリチウムと合金を形成することができるケイ素やスズのリチウム合金を用い，電解質溶液中にリチウムイオンが含有されている系をもつ二次電池である．なお，現在では正極に $LiCoO_2$ などが使用され放電時にリチウムが電解質溶液側から挿入され，充電時にリチウムが電解質溶液中へと脱離する．

その典型的な例としては 1991 年にはじめて日本で実用化され，現在広く使用されているリチウムイオン電池(lithium ion battery)がある．現在，もっとも一般的に用いられている二次電池は電池式(5・40)で示される．

$$Li_x\text{-黒鉛}|\text{有機溶媒を用いる }Li^+\text{ 含有非水電解質溶液}|$$
$$\text{リチウムイオン挿入型金属酸化物} \quad (5・40)$$

この電池の基本構成と充放電機構の図式を図 5・14 に示す．ここでは負極側で黒鉛のような炭素素材が電気化学反応によりリチウムイオンを可逆的に出し入れし，他方正極側ではリチウムイオン挿入型金属酸化物にリチウムイオンが可逆的に出入りする．両電極間の有機溶媒を用いる非水電解質溶液としては 2 章の表 2・6 に示されている溶媒の中で Li^+ と溶媒和しやすいエチレンカーボネート(EC)と低粘度のジメチルカーボネート(DMC)あるいはジエチルカーボネート(DEC)や比誘電率の高いプロピレンカーボネート(PC)などとの混合溶媒に電解質塩の $LiPF_6$ や $LiBF_4$ などを溶解させたものが用いられる．リチウムイオン電池の充放電反応は以下の反応式で示される．ここで炭素原子 6 個に対しリチウム原子 1 個までしかリチウムは黒鉛に挿入することができない．

5・3 二 次 電 池　103

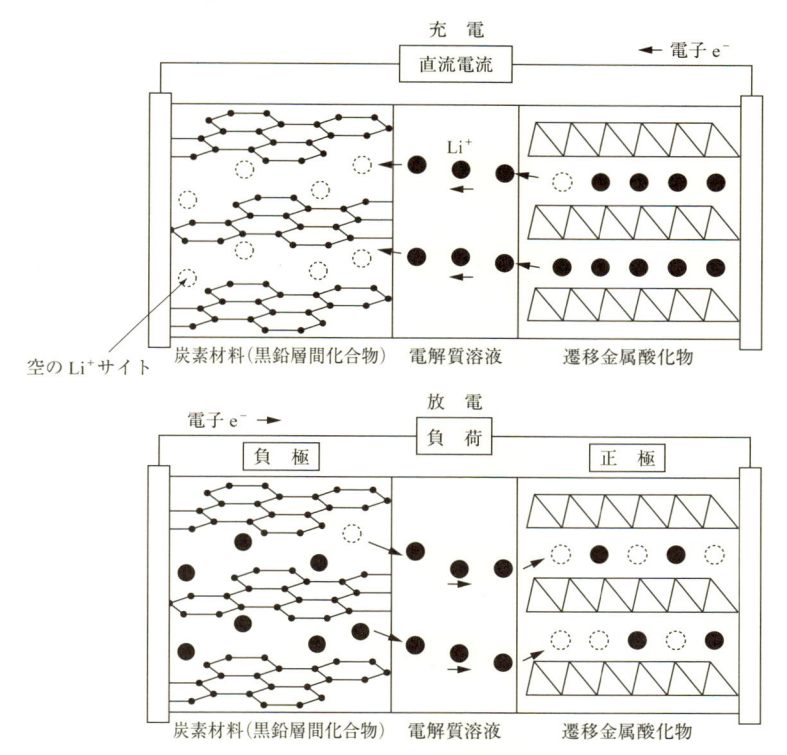

図 5・14　リチウムイオン電池の原理模式図

負極反応：$Li_xC_6 \underset{充電}{\overset{放電}{\rightleftarrows}} C_6 + xLi^+ + xe^-$ (5・41)

正極反応：$Li_{1-x}CoO_2 + xLi^+ + xe^- \underset{充電}{\overset{放電}{\rightleftarrows}} LiCoO_2$ (5・42)

電池反応：$Li_xC_6 + Li_{1-x}CoO_2 \underset{充電}{\overset{放電}{\rightleftarrows}} C_6 + LiCoO_2$ (5・43)

　充電では外部から電気エネルギーが供給され，放電では外部に電気エネルギーが排出され電池がエネルギー貯蔵デバイスとして機能する．リチウムイオン電池の構造は図 5・15 に示すように円筒形と角形がある．このうち円筒形リチウムイオン電池では，正極と負極は集電体の薄いシート上に活物質の微粒子と

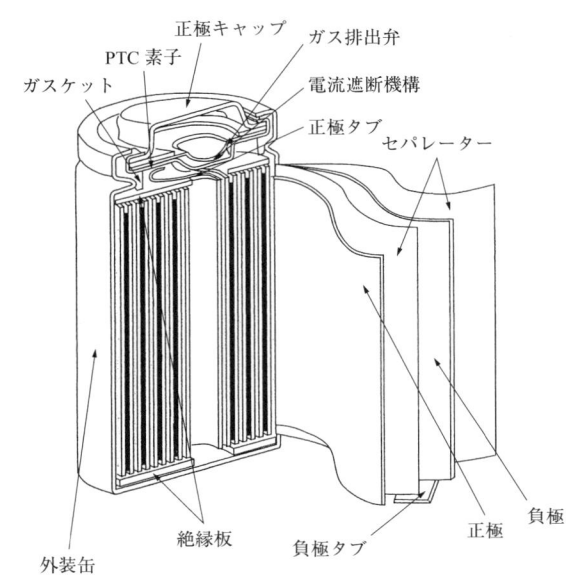

104   5 エネルギーの変換と貯蔵

(a) 円筒形

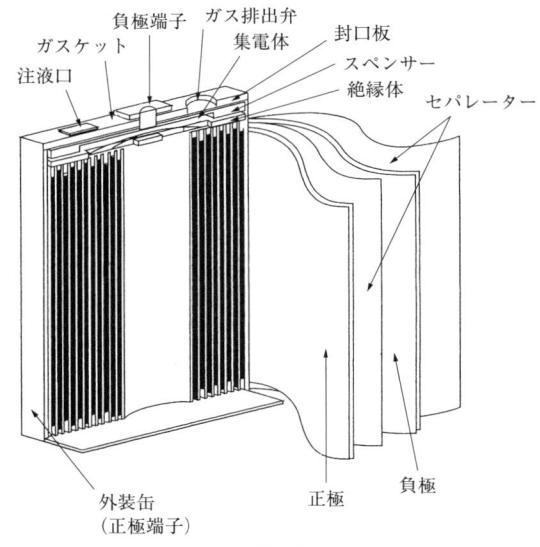

(b) 角形

図 5・15　リチウムイオン電池の構造

導電剤の混合物を薄く塗布されることなどにより作製され，この正極シートと負極シートの間に多数の細孔をもつポリエチレンやプロピレンシートなどのセパレーターを挟み，これを円筒状に巻きあげて外装缶に収納する．その後，電解質溶液を注入した後封口する．角形リチウムイオン電池では正極-セパレーター-負極-セパレーターが重ね合された構造になっている．この種の実用電池の正極と負極では正極に比べて負極の劣化が進みやすいので理論的な正極活物質の量に対して負極活物質の量が多くなっている．

したがって一般的にはリチウムイオン電池に貯えられる電気量である電池容量は正極により決定され，充放電寿命は負極により決まることが多い．

【例題 5・1】

$$C_6 + LiCoO_2 \underset{充電}{\overset{放電}{\rightleftarrows}} LiC_6 + CoO_2$$

なる充放電反応を行うリチウム二次電池の理論電池容量および理論エネルギー密度を求めよ．ただしこの場合，電池の平均端子電圧は 3.70 V とし，活物質の質量のみを考慮し，電解質溶液や集電体などは考慮しないことにする．

［解］ この反応式の充放電で移動する電子数は 1 である．LiC_6 のモル質量は 79.00，CoO_2 のモル質量は 90.93 より，正極，負極の活物質の合計 1 g は $1/(79.00+90.93)=0.00588$ モルに相当する．

活物質 1 g 当りの理論電池容量は

$$0.00588 \text{ F} = 0.00588 \times 96485 \text{ C} = 567.3 \text{ C}$$
$$= 567.3 \text{ As} = 0.1576 \text{ Ah} = 157.6 \text{ mAh}$$

理論エネルギー密度は

$$157.6 \text{ mAh g}^{-1} \times 3.70 \text{ V} = 583.1 \text{ mWh g}^{-1}$$

従来から，負極には黒鉛質の炭素が主として用いられてきているが，それよりも多くの Li が充放電できる Si や Sn の Li 合金が使用されるように開発が進められている．また正極も酸化コバルトだけでなく酸化ニッケルや酸化マンガンなどとの混合電極の方が安全性や充放電寿命が改良されることがわかってきている．また電解質溶液にもビニレンカーボネートを添加して電池の充放電を

安定化し充放電寿命を延ばすことができるようになってきている．さらにポリアクリルニトリル，ポリエチレンオキシド，ポリエチレン側鎖を有するポリエチルメタクリレートや，ポリアルキレンオキシドとポリエチレンオキシドやポリプロピレンオキシドが架橋した共重合体などと通常のリチウムイオン電池で用いられている溶媒と電解質塩から形成されるゲル高分子電解質も一部で用いられるようになってきている．

円筒形の単三電池に相当する直径 18.1 mm，高さ 64.8 mm のリチウムイオ

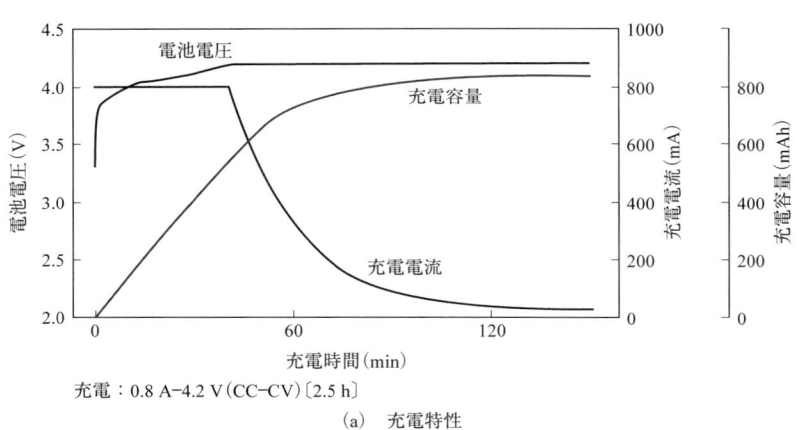

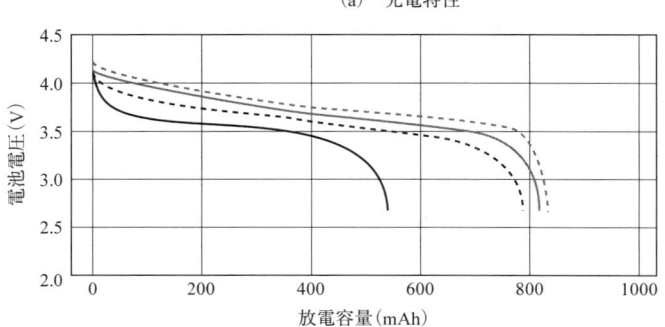

充電：0.8 A-4.2 V(CC-CV)〔2.5 h〕

(a) 充電特性

充電：0.8 A-4.2 V(CC-CV)〔2.5 h〕
放電：CC：Variable Currnt(E.V.：2.75 V)

- - - - 0.2 CA(＝0.16 A)
──── 0.5 CA(＝0.40 A)
- - - - 1.0 CA(＝0.80 A)
──── 2.0 CA(＝1.60 A)

(b) 放電負荷特性

図 5・16　角形リチウムイオン電池(三洋電機 UF463443G)の特性

ン電池では室温で公称電圧 3.7 V 約 1200 mAh の高い電池容量を示す．また角形の電池でたとえば厚み 3.80 mm，幅 34.95 mm，高さ 42.6 mm のリチウムイオン電池では公称電圧 3.7 V 約 650 mAh の電池容量を示す．この角形電池の充電特性と放電負荷特性を図 5・16 に示す．図 5・16(a) の場合は 0.8 A の定電流(CC)充電を開始し，電池電圧が 4.2 V に達した後安全のために 4.2 V で定電圧(CV)で充電して充電を完了する．図 5・16(b) に示す放電負荷特性は放電電流は 0.2 CA (電池容量を満たした電池を 1/0.2 時間すなわち 5 時間で完全に定電流で放電する速度) から 2.0 CA で放電した場合の結果が示されている．リチウムイオン電池は一般に放電の進行に伴う電池電圧の低下が非常になだらかで，また放電電流の変化に対してもある程度うまく対応できることがわかる．また電池の作動温度も電解質溶液が有機系であり凝固点が低いため 60 ℃ から －20 ℃ の範囲で使用できる．

　このようにリチウムイオン電池は高い電圧，高いエネルギー密度で自己放電がすくないなどの優れた特長をもっている．ただし，この種の電池には，過充電や過放電などに対処するための制御回路を設けるなど，十分な安全対策を施す必要がある．

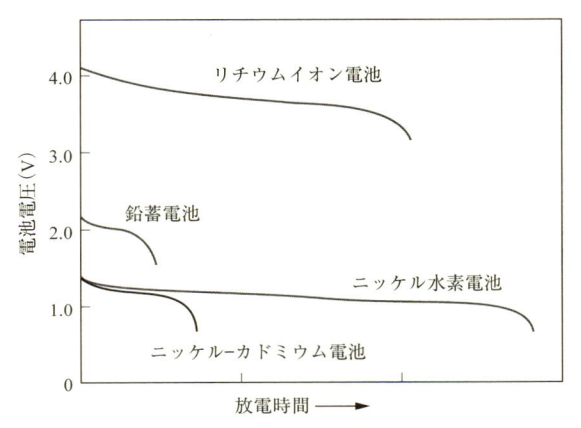

図 5・17　主な実用二次電池の放電特性(単三形あるいは単三形に換算)

図5・17に主な実用二次電池の放電特性を示す．このような二次電池の中でリチウム二次電池は高電圧，高エネルギー密度であることがわかるであろう．さらにリチウムイオン電池は自己放電が少ないなどの長所をそなえている．

このようなリチウムイオン電池は携帯電話，ノートパソコン，デジタルカメラ，ビデオカメラなどに広く使われている．また新しいハイブリッド自動車(HV)や電気自動車(EV)などの電源をはじめ，風力発電や太陽光発電と組み合せる蓄電池としての応用などのために，さらに性能の向上が期待されている．

5・4 燃 料 電 池

通常の一次電池や二次電池が活物質を電池本体に内蔵するものであるのに対して，燃料電池(fuel cell)は活物質で還元剤の燃料[*31]と酸化剤[*32]を外部から連続的に供給して直接電気エネルギーを取り出すとともに反応生成物を排出する電池であり，エネルギー変換装置というべきものである．

燃料電池は燃料の種類や作動温度によって分類することもできるが，電解質によって分類すると，表5・3に示す通り，主なものには，アルカリ(電解質)形燃料電池(alkaline electrolyte fuel cell, AFC)，固体高分子(電解質)形燃料電池(solid polymer electrolyte fuel cell, PEFC)[*33]，リン酸(電解質)形燃料電池(phosphoric acid electrolyte fuel cell, PAFC)，溶融炭酸塩(電解質)形燃料電池(molten carbonate electrolyte fuel cell, MCFC)，固体酸化物(電解質)形燃料電池(solid oxide electrolyte fuel cell, SOFC)がある．

いずれの燃料電池の構成も次のように表すことができる．

$$\text{燃料}|\text{電解質}|\text{酸化剤} \qquad (5\cdot44)$$

燃料電池は電気分解とは逆の関係にある．すなわち，

[*31] 水素，メタノール，ヒドラジン，炭化水素など．
[*32] 酸素，空気，過酸化水素など．
[*33] 固体高分子電解質形燃料電池(solid polymer electrolyte fuel cell, SPEFC)，固体高分子形燃料電池(solid polymer fuel cell, SPFC)，高分子電解質形燃料電池(polymer electrolyte fuel cell, PEFC)，プロトン交換膜形燃料電池(proton exchange membrane fuel cell, PEMFC)などともいう．

5・4 燃料電池

表 5・3 燃料電池の概要

名称	構成		酸化剤	作動温度	特徴および主な用途
	燃料	電解質（電荷担体）			
アルカリ形 (AFC)	H_2（CO_2除去），CH_3OHまたはN_2H_4	KOH水溶液（OH^-）	O_2または空気（CO_2除去）	室温～約100（230）℃	低温作動でも高発電効率，電解質溶液の腐食性大，電極材料の選択性大，貴金属触媒が必要，CO_2による電解質溶液の変質が問題 宇宙用，海底作業船，軍事用
固体高分子形 (PEFC)	H_2（CO除去）またはCH_3OH	カチオン交換膜（H^+）	O_2または空気	室温～約100℃	セル構成が単純，低温作動でも高発電効率，高電流密度，CO_2含有燃料も使用可能，貴金属触媒が必要，電解質膜の水分管理が重要 電気自動車，家庭用，携帯機器，宇宙・軍事用
りん酸形 (PAFC)	H_2または天然ガス・CH_3OHの改質ガス	濃H_3PO_4水溶液（H^+）	O_2または空気	約200℃	CO_2含有燃料も使用可能，排熱を給湯や暖房に利用可能（熱電併給），貴金属触媒が必要，触媒劣化や電解液逸散が問題 オンサイト発電
溶融炭酸塩形 (MCFC)	H_2 + CO（炭化水素）	溶融アルカリ炭酸塩 Li_2CO_3-K_2CO_3（CO_3^{2-}）	空気（+CO_2）	約650℃	高発電効率，高電流密度，貴金属触媒なども使用可能，天然ガス・石炭ガス燃料の内部改質が可能，材料の腐食や電解質の逸散が問題 大規模（火力代替）発電，オンサイト発電
固体酸化物形 (SOFC)	H_2 + CO（炭化水素）	安定化ジルコニア ZrO_2-Y_2O_3（O^{2-}）	空気	約1000℃	高発電効率，高電流密度，貴金属燃料なども使用可能，天然ガス・石炭ガス燃料の変質が不要，排熱の質が高い，燃料の内部改質が可能，セル構成材料の変質が問題 大規模（火力代替）発電，分散設置型発電

$$\mathrm{H_2 + 1/2\,O_2} \underset{\text{水の電気分解}}{\overset{\text{水素-酸素燃料電池}}{\rightleftarrows}} \mathrm{H_2O} + 電気エネルギー \qquad (5\cdot45)$$

固体高分子形燃料電池を例にとって,この概念を図 5・18 に示す.

硫酸水溶液やリン酸水溶液のような酸性電解質溶液を用いる水素-酸素燃料電池(hydrogen-oxygen fuel cell)の反応式については 1 章ですでに触れたが,その他の燃料電池の反応式は次の通りである.

アルカリ形燃料電池

$$負極反応:\mathrm{H_2 + 2\,OH^- \longrightarrow 2\,H_2O + 2\,e^-} \qquad (5\cdot46)$$

$$正極反応:\mathrm{1/2\,O_2 + H_2O + 2\,e^- \longrightarrow 2\,OH^-} \qquad (5\cdot47)$$

$$電池反応:\mathrm{H_2 + 1/2\,O_2 \longrightarrow H_2O} \qquad (5\cdot48)$$

溶融炭酸塩形燃料電池

$$負極反応:\mathrm{H_2 + CO_3^{2-} \longrightarrow CO_2 + H_2O + 2\,e^-} \qquad (5\cdot49)$$

$$正極反応:\mathrm{1/2\,O_2 + CO_2 + 2\,e^- \longrightarrow CO_3^{2-}} \qquad (5\cdot50)$$

$$電池反応:\mathrm{H_2 + 1/2\,O_2 \longrightarrow H_2O} \qquad (5\cdot51)$$

固体酸化物形燃料電池

$$負極反応:\mathrm{H_2 + O^{2-} \longrightarrow H_2O + 2\,e^-} \qquad (5\cdot52)$$

$$正極反応:\mathrm{1/2\,O_2 + 2\,e^- \longrightarrow O^{2-}} \qquad (5\cdot53)$$

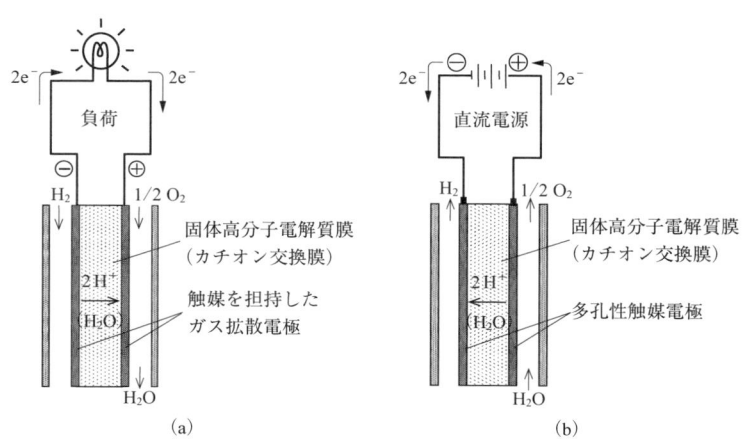

図 5・18　固体高分子電解質膜を用いる水素-酸素燃料電池(a)と水の電気分解(b)

5・4 燃料電池

電池反応： $H_2 + 1/2\, O_2 \longrightarrow H_2O$ (5・54)

なお，固体高分子形燃料電池では，フッ素樹脂系のカチオン交換膜(cation exchange membrane)*34 が用いられるので，その反応はリン酸形燃料電池の反応と同じように表される．

水素-酸素燃料電池の理論起電力はネルンスト式を用いて計算すると，電解質中の水の活量が1，水素と酸素の活量も1(1 atm)とみなせれば，25 °C において1.229 V となる．すでに述べたように，電池を作動させて電流を取り出すと分極が起こり，燃料電池の実際の作動電圧は，ネルンスト式を用いて理論的に計算された起電力よりも過電圧*35 η だけ低下する．そして，燃料電池の放電特性は，通常，図5・19に示すような形となる．一般に，水素-酸素燃料電池における過電圧は水素電極より酸素電極の方が大きい．

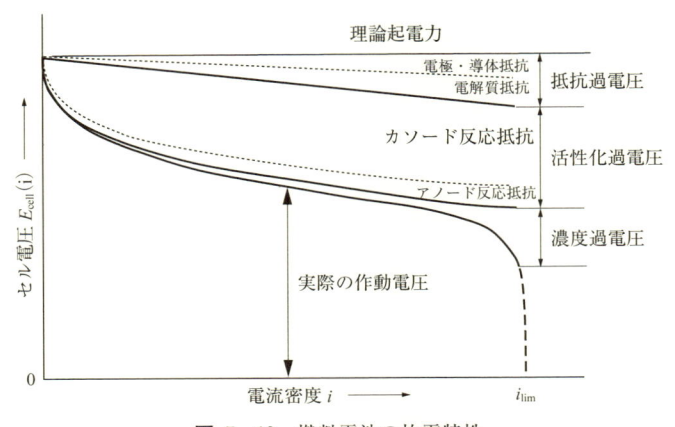

図 5・19 燃料電池の放電特性

---

*34 ナフィオン(Nafion)で代表されるペルフルオロスルホン酸系カチオン交換膜(プロトン交換膜, proton exchange membrane, PEM)が用いられている．分子構造は次章に示す．

*35 活性化過電圧，濃度過電圧および抵抗過電圧の和．なお，活性化過電圧は電極上の反応種と電極の間の電荷移動反応の遅れによって生ずるもので，電極または担持触媒の表面積や活性が低いことによる反応抵抗ともいえるものである．濃度過電圧は反応場への反応物の供給と生成物の散逸が遅いことによる反応抵抗である．抵抗過電圧は電池内部のイオンや電子の導電抵抗に対応するものである．

燃料電池の主な構成材料は，電解質と電極構成材であるが，低温作動の燃料電池では電極触媒も必要である．主な構成材料は特徴，用途などとともに先の表5・3中に示してある．

燃料電池の最大の特長は，電池反応の理論エネルギー変換効率が火力発電のようなほかの発電方式に比べて高いことである．これは，火力発電などでは効率がカルノー効率によって制限される[*36]けれども，燃料電池発電は化学エネルギーを，直接，電気エネルギーに変換するもので，カルノー効率による制限を受けないためである．たとえば，水素-酸素燃料電池の理論エネルギー変換効率は[*37]，298 Kで94.5%であり，1000 Kでは77.7%となる．実際にも燃料電池では高いエネルギー変換効率が得られている[*38]．

表5・3で分類した燃料電池のうちで，現在もっとも注目を浴びているのは固体高分子形である．この燃料電池の基本的な単セル構成を図5・20に示す．この燃料電池では，高分子電解質膜と触媒電極を一体化させたMEA (membrane electrode assembly) とよばれる膜電極接合体が重要な役割を果たす．これは，高分子電解質膜の両側に白金などの触媒[*39]とイオン交換樹脂などの混

[*36] 火力発電では化石燃料の化学エネルギー → 熱エネルギー → 機械エネルギー → 電気エネルギーの3段階のエネルギー変換過程が必要であり，第2段階の効率がカルノー効率によって制限される．これらの各段階の効率を ε_1, ε_2, ε_3 とすると，最終的な発電効率(エネルギー変換効率) ε は $\varepsilon = \varepsilon_1 \times \varepsilon_2 \times \varepsilon_3$ で与えられる．たとえば，蒸気サイクルの場合には，ε_1 はボイラーの効率で90%以上，ε_3 は発電機の効率で99%のような高い値が得られるが，ε_2 はタービンの効率であり，カルノー効率 $\varepsilon_{\mathrm{Carnot}}$ によって制限される．E_{Carnot} は可逆熱機関の効率すなわち熱機関の最大熱効率であり，$\varepsilon_{\mathrm{Carnot}} = 1 - T_l/T_h$ で与えられる．ここで，T_h と T_l はそれぞれ高熱源，低熱源の絶対温度であり，この等号は可逆過程(無限に遅い速度での変化)でのみ成立する．たとえば，ボイラーの温度が560 ℃ ($T_h = 833$ K)であり，復水器の温度が30 ℃ ($T_l = 303$ K)である火力発電であれば，最大熱効率は約64%と計算されるが，実用的な速度で稼動する実際の熱機関の効率はもっと低くなり，通常，最終的な発電効率は40%程度にとどまる．

[*37] 燃料電池の理論エネルギー効率は電池反応の $(-\Delta G)/(-\Delta H)$ で計算される．

[*38] 発電の際に発生する熱を暖房や給湯などに利用して総合的に熱効率を向上させるコージェネレーション (cogeneration, 熱電併給ともいう) では，燃料電池の熱と電気を合せた総合熱効率は約80%にも達する．

[*39] 一般に，燃料極触媒にはPt-Ru合金が用いられ，空気(酸素)極触媒にはPtが用いられる．

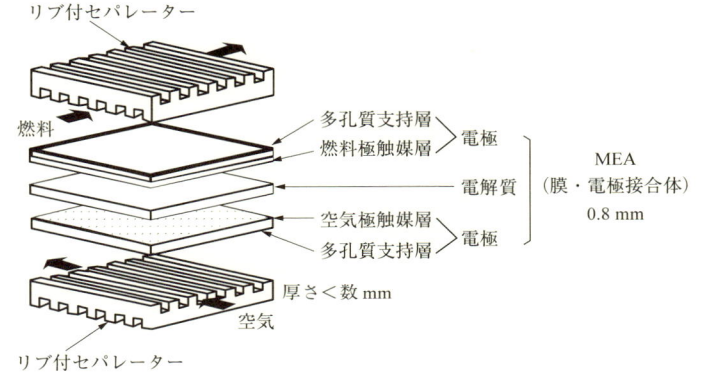

図 5・20　固体高分子形燃料電池の単セル構成

合物からなる触媒層およびその外側にガス拡散層を接合した構造になっている．単セル当りの電圧は低いので，実際にはこれを多数積層したもの[*40]が使用される．固体高分子形燃料電池には電池構成が単純，低温作動でも高発電効率，高出力密度，CO_2含有燃料ガスも使用可能など，多くの特長がある．現在のところ寿命および経済性に問題があるのでまだ本格的な実用には至っていないが，水素-酸素燃料電池を用いる無公害の電気自動車などの移動体用動力源，定置式コージェネレーションシステムとしての家庭用発電装置，コンピューター，携帯電話などの電子機器用超小型電源，宇宙，軍事用電源など広い用途で使用されだしている．

5・5　電気二重層キャパシタ

キャパシタ(capacitor)はコンデンサ(condenser)あるいは蓄電器ともいわれる．その原理的な構造を図5・21に示す．これは，誘電体を挟んで相対する二つの電極を向き合わせ，この両電極の間に電荷および電界を閉じこめ，電気容量(capacitance)をもたせることができる物理的デバイスであり，この点が電池

[*40]　積層した電池をスタック(stack)という．

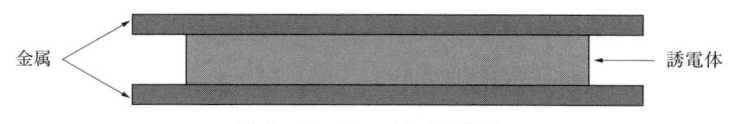

図 5・21 キャパシタの構造

のような電気化学反応に基づくデバイスとは基本的に異なっている．したがって，キャパシタは電池ではないが，近年電池の代りとして，また電池と組合せて使用されることも多くなってきたので，これについて述べる．

このようなキャパシタの最初のものは，物理学の教科書に記述されているライデン瓶である．そして採用される誘電体の違いによって，色々なキャパシタが発明された．誘電体としては，真空，空気，各種のガスが用いられたり，マイカの薄板，紙，あるいはプラスチックフィルム，チタン酸バリウムなどのセラミック薄板の各種固体誘電体やアルミニウムやタンタルの板の上に酸化物の薄膜誘電体を生成させたものが実用されてきている．

これらのキャパシタの静電容量は，ピコファラッド (pF) 級[*41]からミリファラッド (mF) 級のものが使用されてきたが，電気二重層キャパシタ (Electric Double Layer Capacitor, EDLC) はファラッド級のものであり，電気容量が他のキャパシタに比べて非常に大きい．

このようなキャパシタが使われるのは
（1） 直流は通さず交流を通過させることを利用する，フィルタ作用，バイパス作用．
（2） 電気を瞬時に充電したり放出することを利用する，エネルギー貯蔵用，放電作用への利用．
（3） 充電時間，放電時間を利用する，タイマー用．
などがある．

電気二重層キャパシタはとくにエネルギー貯蔵用として有用なものである．

[*41] ファラッド (ファラド, farad) は静電容量の SI 単位であり，1 ファラッド (F) は 1 C の電気量を充電したときに，両電極間に 1 V の電位差を生ずるキャパシタの静電容量である．$1\,F = 1\,C\,V^{-1} = 1\,A\cdot s\,V^{-1}$，$1\,pF = 10^{-12}\,F$

5・5 電気二重層キャパシタ

電極/電解質溶液界面の電気二重層に電荷が蓄積されていることを利用してキャパシタをつくろうと発想されたのは，1954 年に出願された General Electric 社の特許がはじめてである．この特許は多孔質炭素材料/水溶液系の電解質溶液の界面電気二重層に保持される電荷を利用するものであった．その後，アルキルアンモニウム塩を有機溶媒に溶解した電解質溶液を用い，表面積の大きな炭素電極を用いた電気二重層キャパシタが開発された．

実用的な電気二重層キャパシタは，1978 年に日本ではじめて開発された，表面積の大きい活性化炭素電極と有機溶媒を用いる非水電解質溶液を用いたシリンダー型のものである．また，同年の秋には，活性化炭素粉末と硫酸水溶液を用いたものも開発されている．

実用電気二重層キャパシタの基本構造を図 5・22 に示す．この場合，活性化

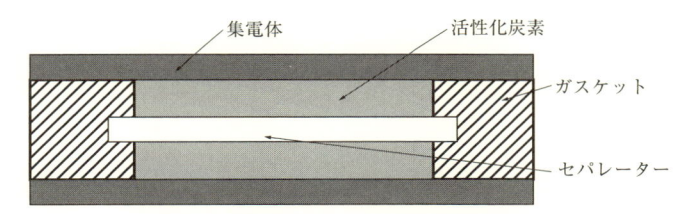

図 5・22　電気二重層キャパシタの基本構造

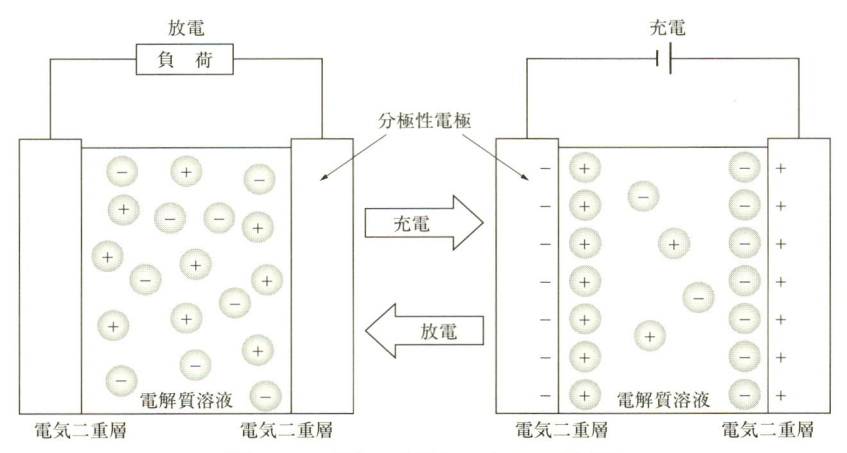

図 5・23　電気二重層キャパシタの原理図

炭素は粒子からできていて，電解質溶液はセパレーターに含浸されており，また活性化炭素粒子間の隙間などにも存在している．

電気二重層キャパシタの原理は図 5・23 に示すように，充電によって電極と電解質溶液との間に電気二重層が形成される．その場合，電極と接している溶媒の単分子層が誘電体として働いている．そして放電されると電気二重層は消失する．したがって図 5・23 の電気二重層キャパシタ内には正極側と負極側に C_1 と C_2 の二つの静電容量のキャパシタが成立し，それが直列につながってセルの静電容量 C_{cell} が形成される．

$$\frac{1}{C_{cell}} = \frac{1}{C_1} + \frac{1}{C_2} \tag{5・55}$$

電気二重層キャパシタのセル構造はつぎのように表される．

$$活性化炭素｜電解質｜活性化炭素 \tag{5・56}$$

電極材料は，一般，に正極も負極も多数の細孔を有する表面積の非常に大きい活性化炭素の粒子をバインダーで固めたペレットやシートあるいは活性化炭素繊維布である．そして電気二重層キャパシタの電気容量は電解質溶液と活性化炭素との界面で電気二重層構造が形成され，イオンの吸脱着によって成立するものであるから，活性化炭素のこのような細孔に電解質溶液が進入する必要がある．それには孔径が 50～2 nm 程度の比較的大きい孔が有効である．

活性化炭素電極の表面は電解質溶液が水系の場合は，親水性の -OH，-CHO，-COOH 基などが多いものが適しており，有機系の場合には疎水性が適当で，炭素質が発達しているものが使用される．

電気二重層キャパシタの電解質には，水系および有機系の電解質溶液あるいはゲル高分子電解質が使用される．水系では酸あるいはアルカリの水溶液，実用的には導電率の高い硫酸の水溶液が用いられている．有機系非水電解質溶液では，溶媒に非プロトン性溶媒のプロピレンカーボネート (PC) や γ-ブチロラクトンなどが用いられる．これらの溶媒に溶かされる電解質には，$(C_2H_5)_4NBF_4$ や $CH_3(C_2H_5)_3NBF_4$ など各種のオニウム塩が主として用いられる．これらのイオンは，その体積が大きいために表面電荷密度が比較的小さい値で，溶媒和が形成されにくいことも重要な特徴であり，その結果これらの溶液は導電率も

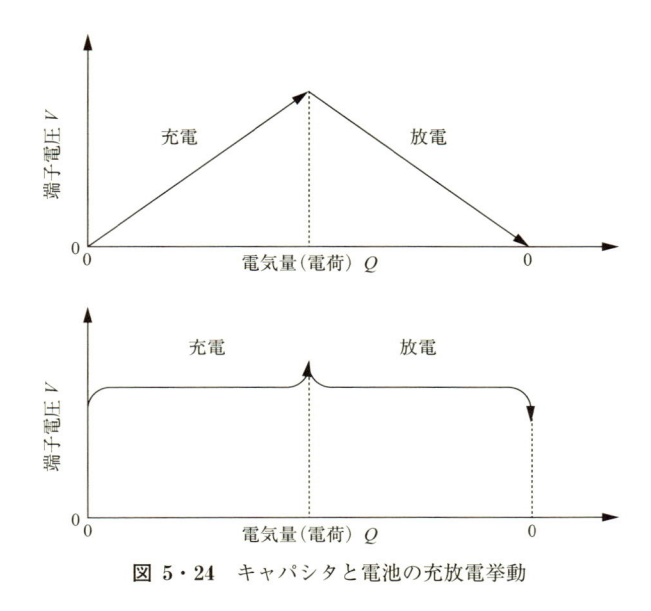

図 5・24 キャパシタと電池の充放電挙動

比較的高くなり，それらを用いたキャパシタの電気容量は比較的大きくなる．そのほか，ポリアクリルニトリルやポリビニルピロリドン系などの高分子と有機系非水電解質溶液との複合体ともいえるゲル高分子電解質が用いられることもある．

キャパシタと電池では充放電の挙動が図 5・24 に示すように異なっている．また後述するように出力とエネルギー密度も異なっており，それが用途の違いやハイブリッド化などの要因になっている．図 5・24 に示されているように，キャパシタでは充電とともに端子電圧が直線的に上昇して最高電圧に達し，放電すると端子電圧は直線的に低下する．これに対して，電池では充電，放電とも端子電圧は一定に近い値を保持する傾向がある．一般に，電池はエネルギー密度が高く，電気二重層キャパシタは出力密度が高いことが重要な特徴である．また，電池容量は単位が電気量のクーロン(C)または Ah であるのに対して，キャパシタで使われる静電容量の単位はファラッド(F)であり，$1\,F = 1\,C\,V^{-1} = 1\,A\cdot s\,V^{-1}$ である．このように両者を区別しなければならない．ここで電気二

重層キャパシタの静電容量が C_{cell} であるとすると,これに電圧 V を印加すれば式(5・57)に示すような電荷 Q が蓄えられる.もし,誘電体の比誘電率が ε_r で,真空の誘電率が ε_0 (8.854×10^{-12} F m^{-1} = 8.854×10^{-12} c^{2}u^{-1}m^{-1}),誘電体の厚さ(電極間距離)が d であると,キャパシタの静電容量は C_{cell} は式(5・58)で表される.

$$C_{cell} = \frac{Q}{V} \tag{5・57}$$

$$C_{cell} = \frac{\varepsilon_0 \varepsilon_r S}{d} \tag{5・58}$$

したがって S が大きくて,d が短いほど,また,ε_r が高いほど静電容量 C_{cell} は大きくなることがわかる.なおこのキャパシタが蓄えるエネルギー U は式(5・59)で示される.

$$U = \frac{1}{2} C_{cell} V^2 \tag{5・59}$$

また,このときの出力 W は式(5・60)で示される.

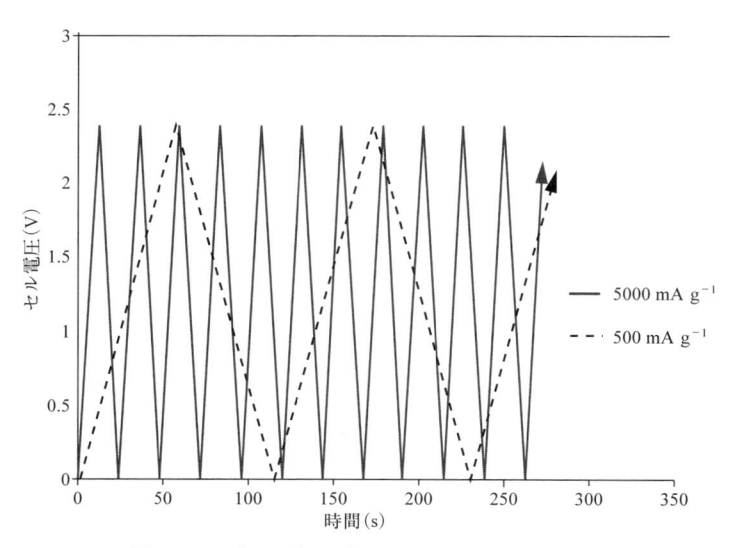

$$W = IV \tag{5・60}$$

図 5・25 実用電気二重層キャパシタの充放電挙動

ここで I はキャパシタの放電電流，V は電圧である．このような電気二重層キャパシタを一定電流密度で充放電したときには，充放電の際の時間(秒)と電流値(アンペア)との積が充放電時の電気量(クーロン)を示す．

有機系非水電解質溶液を用いた電気二重層キャパシタの充放電特性の一例を図5・25に示す．5000 mA/g の充放電でも約12秒で充電，そして約12秒で放電が可能でさらに短い時間での充放電も可能であり，瞬間的に大きな出力を出すことができる．そしてこの大きな出力を他の電池などの電源と組合せることにより，優れた蓄電機能を備えたエネルギー貯蔵デバイスをつくることができる．

電気二重層キャパシタは携帯電話をはじめ，現在ではハイブリッド自動車(HEV)，電気自動車(EV)，エレベーター，クレーン，ハイブリッド建機，FA機器，非常電源，瞬時停電補償装置，ソーラー発電(蓄エネ，安定化)，風力発電(安定化)，家電，複写機，フォークリフト，電車(エネルギー回生)など広い分野で応用されるようになってきている．

演 習 問 題

5・1 実用電池に要求される条件を列挙し，それぞれについて簡単に説明せよ．

5・2 電池の反応機構は単純であることが望ましい．1990年代に実用化された比較的新しい二次電池であるニッケル水素電池とリチウムイオン電池には反応機構に共通点がみられる．それについて述べよ．

5・3 ダニエル電池は実用電池ではないが，この電池について単位質量当りの理論容量を計算せよ．ただし，この場合，正負両極の活物質だけを考慮し，電解質溶液，セパレーターなどは考慮に入れないものとする．また，Zn の原子量と $CuSO_4$ の分子量はそれぞれ65.39，159.61である．

5・4 質量15 g のある電池を200 Ω の定抵抗で放電したところ，放電電圧は1.5 V であり，60時間で完全に放電した．この電池の単位質量当りのエネルギー密度を求めよ．

5・5 ある単三形ニッケル水素電池の公称電圧は1.2 V であり，公称容量は2700 mAh である．この電池の単位体積および単位質量当りのエネルギー密度を計算

せよ．ただし，この電池(円筒形)の寸法は直径が 14.35 mm，高さが 50.4 mm であり，質量は 31 g である．

5・6 次の充放電反応を行うリチウム二次電池の正極の理論充放電容量を求めよ．

$$\text{LiFePO}_4 \underset{\text{放電}}{\overset{\text{充電}}{\rightleftarrows}} \text{Li}^+ + \text{FePO}_4 + e^-$$

5・7 燃料電池の原理と特徴について述べよ．また，水素-酸素燃料電池を例にとって，その基本構造と起電反応について述べよ．

5・8 500 K における水素-酸素燃料電池の理論起電力と理論エネルギー変換効率を求めよ．ただし，反応 $H_2 + 1/2\, O_2 \rightarrow H_2O$ に対して，$-\Delta G°$ および $-\Delta H°$ の値は，それぞれ 219.2 kJ mol^{-1}，243.5 kJ mol^{-1} である．

5・9 正極，負極の両方とも，4 cm^2 の集電板上に 72 mg の活性化炭素の微粒子を微量の接着剤を用いて均一に塗布することにより作製した．つづいて，これら二つの電極と 1 mol d m^{-3} H$_2$SO$_4$ 水溶液を用いて電気二重層キャパシタを作製した．

　10 mA の直流電流を用いてキャパシタ端子の端子電圧を 0.0 V から 0.90 V まで上昇させて充電した．その後，このキャパシタの端子電圧 0.90 V から 0.20 V まで 50 mA の定電流で放電したところ 120 秒の時間が経過していた．このキャパシタの静電容量を求めよ．また，用いた活性化炭素の単位質量当りの静電容量を求めよ．

6

電気分解の応用

　通常の化学反応が熱や光などのエネルギーで進行するのに対して，電気分解(electrolysis)[*1]の反応は電気エネルギーを加えることによって進行する．この電解プロセスを応用する電解製造，電解採取と電解精製，電解透析，めっき，アノード処理，電着塗装などについて述べる．

6・1　電気分解による物質の製造

　物質の電解合成では電圧(電位)，電流および電気量を調節することによって反応の種類，速度および量を容易に制御することができ，反応条件をうまく設定すると選択性がよく，高収率で目的の生成物が得られる．しかも，電子が直接反応に加わるので反応系に酸化剤や還元剤を共存させる必要がなくクリーンであること，電極が触媒作用することが多いので反応系に別途触媒を添加する必要がなく生成物の分離精製が比較的容易であること，通常，反応は常温，常圧付近の穏和な条件で行われ安全性が高いこと，スケールメリットが少なく[*2]少量生産にも適していること，など多くの特長がある．この反面，電解合成には反応が電極と電解質との界面で起こる二次元反応であるという弱点もある．実際の電解槽(electrolysis cell)[*3]の組立や運転は，これらの点を十分に考慮し

[*1]　略して電解ともいう．
[*2]　規模拡大の経済性向上が少ないことで，電解槽の欠点でもある．
[*3]　電解槽は英語で electrolytic cell, electrolyzer ともいう．

表 6・1 電解プロセスの分類と応用例

電解製造	水溶液電解	水電解（H_2, O_2, O_3），食塩電解（NaOH, Cl_2, H_2） 無機電解酸化・還元（$NaClO_3$, $KMnO_4$, $(NH_4)_2S_2O_8$, MnO_2, PbO_2, UCl_4） 有機電解酸化・還元（アジポニトリル，アントラキノン，コハク酸，グルコン酸，四エチル鉛） 金属電解採取（Zn, Cu, Cr, Mn, Ni, Co, Ga, Cd, Te, Tl） 金属電解精製（Cu, Pb, Au, Ag, Ni, Fe, Bi, In, Sn）
	溶融塩電解	溶融塩電解（Al, Na, K, Li, Mg, Ca, Be, Th, U, ミッシュメタル, F_2）
電解処理	表面処理	電気めっき（Cu, Ni, Cr, Ag, Au），電鋳 アノード酸化（Al, Ta, Ti, Mg），電解着色（Al, Ti） 電解研磨（Al, Cu, Fe, ステンレス） 電解エッチング（Al, Cu, Si, Ti）， 電解洗浄（鋼板）
	材料加工	電解成形，電解加工(鋼材)，金属粉末(Cu, Fe)，金属はく製造
	電気防食	アノード防食，カソード防食（海洋構造物，土中埋設物）
	電気透析	製塩，海水淡水化，血清やワクチンの脱塩・精製
	環境処理	電解浮上（排水処理），生物付着防止，殺菌 重金属除去，シアン分解，排煙の脱硫，脱硝
界面電解	電気浸透	粘土，カゼインなどの脱水
	電気泳動	電着塗装（自動車），アルミナ電着，ゴム粒子電着

て行われている．応用例は表6・1に示すように広い範囲にわたっている．

6・2 実用電解槽の基礎

6・2・1 電解槽の構成，反応および分解電圧

電解槽の基本的な構成は図6・1に示す通りであり，電池の場合と同様に二つの電極，電解質および隔膜からなっている．実際には，電気分解させようとする反応物質は電極自身であっても電解質溶液の溶媒，支持塩，あるいはそれに溶解させた別の物質であってもよい．

電気分解が電池と全く逆であるのは，$\Delta G>0$ であって自然には進まない反応を外部からそれに見合った電気エネルギーを加えることによって進行させようとする点である．その外部直流電源として電池を用いた場合を考えればわか

6・2 実用電解槽の基礎

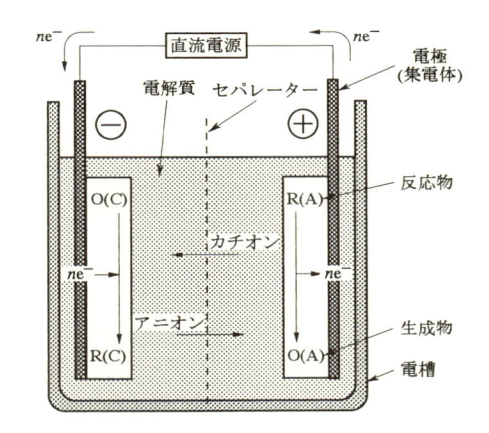

図 6・1 電解槽の基本構成

るように，電気分解においては陽極[*4]では酸化反応が起こり，陰極[*5]では還元反応が起こる．

よく知られた硫酸水溶液中での水の電気分解を例として，その反応式を次に示す．

陽極反応：$H_2O \longrightarrow 1/2\,O_2 + 2\,H^+ + 2\,e^-$ (6・1)

陰極反応：$2\,H^+ + 2\,e^- \longrightarrow H_2$ (6・2)

電解反応：$H_2O \longrightarrow H_2 + 1/2\,O_2$ (6・3)

これらの反応に対する理論的な電極電位や槽電圧(cell voltage)[*6]は，すでにいくつかの章で述べたネルンスト式に標準電極電位の値を代入して計算すると，25℃では

陽極電位：$E_A = 1.229 - \dfrac{0.059}{2}\log\dfrac{a_{H_2O}}{P_{O_2}^{1/2}\cdot a_{H^+}^2}$ (6・4)

陰極電位：$E_C = -\dfrac{0.059}{2}\log\dfrac{P_{H_2}}{a_{H^+}^2}$ (6・5)

槽電圧：$E_{cell} = 1.229 - \dfrac{0.059}{2}\log\dfrac{a_{H_2O}}{P_{H_2}\cdot P_{O_2}^{1/2}}$ (6・6)

[*4] アノード，正極を指す．
[*5] カソード，負極を指す．
[*6] 正式には，分解電圧(decomposition voltage)と記すべきもの．

となる．なお，電気分解の場合には，電池とは逆で，カソード(陰極)電位よりアノード(陽極)電位の方が貴であるから，これらと槽電圧の関係は次式のようになっている．

$$E_{cell} = E_A - E_C \tag{6・7}$$

このようにして求めた槽電圧は理論分解電圧(theoretical decomposition voltage)であり，実際には，電池のところで述べたのと同じように電荷移動，物質移動，オーム抵抗などによる分極が生じ，それだけ余分の電圧[*7]を加える必要がある．したがって，電流が流れているときの槽電圧 $E_{cell}(I)$ は

$$E_{cell}(I) = E_{cell} + \eta_A + |\eta_C| + IR \tag{6・8}$$

で表される．なお，R は電極から電源までの導体の抵抗，電解質のオーム抵抗，隔膜による抵抗などの総計である．理論分解電圧 E_{cell} と電気分解しているときの槽電圧 $E_{cell}(I)$ の比 $E_{cell}/E_{cell}(I)$ を電圧効率(voltage efficiency)という．図6・2は槽電圧，電極電位と電解電流の関係を模式的に示したものである．電池の場合の図5・2と対比させてみると，両者の差異がよく理解できる．

一定量の物質を電気分解で製造するために必要な最少の電気量すなわち理論電気量 Q_{theor} はファラデーの法則，$Q = Fm/(M/n)$，によって与えられる．しかし，実際の電気分解では，不純物の電気分解のような副反応，目的の生成物のさらなる反応，電流の漏洩などのため，必ずしも電流がすべて目的の反応に使われるとは限らない．そこで，理論電気量 Q_{theor} と実際に流した電気量 Q の比 Q_{theor}/Q を電流効率(current efficiency)という．

電気エネルギーは(電圧)×(電気量)で表されるので，電気分解に必要な最小限の電気エネルギーすなわち理論電解エネルギーは(理論分解電圧)×(理論電気量)で与えられる．なお，電池の場合と同様に，電気分解の場合にもエネルギー効率(energy efficiency)は(電圧効率)×(電流効率)で定義される．実際の電気分解に際しては，電気エネルギーを有効に使うという観点から，電解条件が適切かどうかを電圧効率，電流効率およびエネルギー効率により評価する．工業電解では，通常，電流効率は1に近いことが多いが，電圧効率が低く，エ

[*7] 過電圧(overvoltage)を指す．

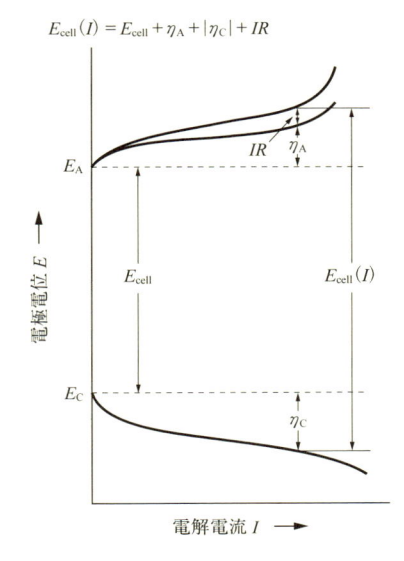

$$E_{cell}(I) = E_{cell} + \eta_A + |\eta_C| + IR$$

図 6・2 槽電圧，電極電位と電解電流の関係

ネルギー効率低下の原因となっている．また，電気分解における単位質量の物質の製造に必要な理論電気量を理論電気量原単位といい，$kAh\ t^{-1}$ で表す．この値はファラデーの電気分解の法則から求められる．また，工業電解における物質生産量当りの電力消費量を電力原単位といい，$kWh\ t^{-1}$ で表す．電力原単位は〔(理論電気量原単位)×(電気分解しているときの槽電圧)〕/(電流効率) で与えられる．省エネルギーの点から，この値は小さいことが望ましい．

6・2・2 実用電解槽の構成材料

a. 電　極

工業用電極材料には，(1) 良導電性，(2) 高触媒活性，低過電圧，反応選択性，(3) 化学的安定性，電気化学的安定性，耐食性，(4) 機械的安定性，加工性，(5) 安全性，無公害性，(6) 経済性などが求められる．とくに，水溶液電解の場合には，陽極の酸素過電圧(oxygen overvoltage)や陰極の水素過電圧(hydrogen overvoltage)が採用の判定基準となる場合が多い．工業用電極は，(1) 消耗性陽極[*8]，(2) それ自体が製品であるもの[*9]，(3) 非消耗性電極[*10] などに分類できる．

b. 電　解　質

電解質には，通常，酸やアルカリの水溶液が用いられる．水溶液では酸素発生や水素発生が起こるような電位よりも広い電位窓（potential window）[*11] が必要な場合には，有機あるいは無機の非水溶液や溶融塩が用いられる．なお，図 6・3 に例示したように，電位窓は電極や電解質などによって異なる．このように，工業電解に用いられるのはほとんど液体である．例外は固体電解質であるが，この場合は反応に関与する物質が流体である．固体電解質は隔膜としての機能を兼ね備えている．電解質は，水溶液，有機非水溶液，溶融塩，固体電解質，均一溶液[*12]，不均一エマルジョン[*12] などに分類できる．

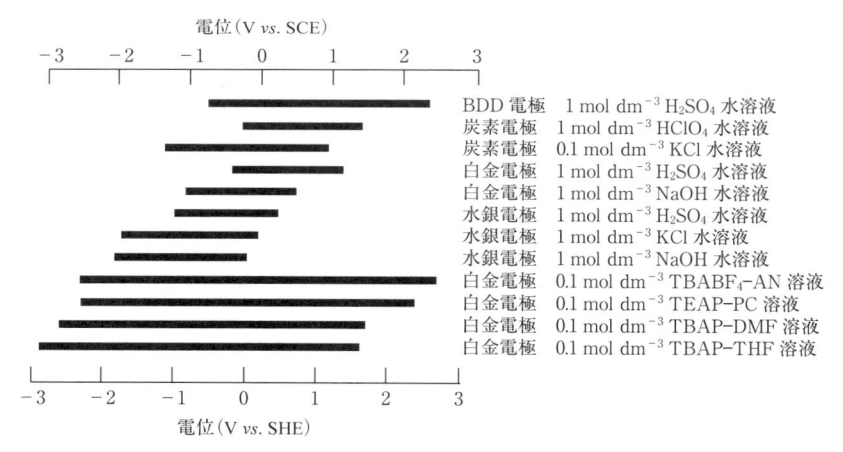

電極	電解液
BDD 電極	1 mol dm^{-3} H$_2$SO$_4$ 水溶液
炭素電極	1 mol dm^{-3} HClO$_4$ 水溶液
炭素電極	0.1 mol dm^{-3} KCl 水溶液
白金電極	1 mol dm^{-3} H$_2$SO$_4$ 水溶液
白金電極	1 mol dm^{-3} NaOH 水溶液
水銀電極	1 mol dm^{-3} H$_2$SO$_4$ 水溶液
水銀電極	1 mol dm^{-3} KCl 水溶液
水銀電極	1 mol dm^{-3} NaOH 水溶液
白金電極	0.1 mol dm^{-3} TBABF$_4$-AN 溶液
白金電極	0.1 mol dm^{-3} TEAP-PC 溶液
白金電極	0.1 mol dm^{-3} TBAP-DMF 溶液
白金電極	0.1 mol dm^{-3} TBAP-THF 溶液

BDD：ホウ素をドープした導電性ダイヤモンド，TBABF$_4$：テトラフルオロホウ酸テトラブチルアンモニウム，TBAP：過塩素酸テトラブチルアンモニウム，TEAP：過塩素酸テトラエチルアンモニウム，AN：アセトニトリル，PC：プロピレンカーボネート，DMF：N,N-ジメチルホルムアミド，THF：テトラヒドロフラン

図 6・3　水溶液系および非水溶液系における電位窓

---

* [*8] （前ページ脚注）　アルミニウム電解の炭素陽極，ニッケルめっきのニッケル陽極，銅の電解精製（electrolytic refining または electrorefining）の粗銅板など．
* [*9] （前ページ脚注）　金属電解陰極，アノード酸化材，電解加工品など．
* [*10] （前ページ脚注）　水電解のニッケル電極，食塩電解のニッケルをめっきした鉄陰極，後述する DSA，塩素酸塩電解の白金陽極，有機電解の二酸化鉛陽極など．
* [*11] 電極の溶解，溶媒や支持電解質（supporting electrolyte）の分解などが起こらない安定な電位範囲．

c. 隔　　膜

隔膜は，陽陰両極生成物を分離するために通常使用されるが，その必要がなくて無隔膜の場合もある．ろ過膜(diaphragm)では陽陰両極液は実際上つながっているが，両液の混合をある程度まで防ぐことができる．他方，密隔膜(membrane)では両液は完全に分離されており，膜中は特定のイオンだけが通過できるようになっている．

d. 電　解　槽

電解槽中での反応の速度を高めて生産性を上げるために，電極自身の真の表面積を大きくするとともに，電解槽を積み重ねて単位床面積当りの反応面積を拡大する手段がよくとられる．電解槽の電極を接続する方法には単極式と複極式の二つがあるが，水電解槽を例としてそれらを図6・4に示す．単極式では一つの電極は陽極あるいは陰極いずれかの役目しかしないが，複極式では一つの電極の片側が陽極，反対側が陰極と二つの役を担っている．複極式では槽電圧は(単槽電圧)×(槽の数)となるので，単極式に比べて高電圧，小電流となる．

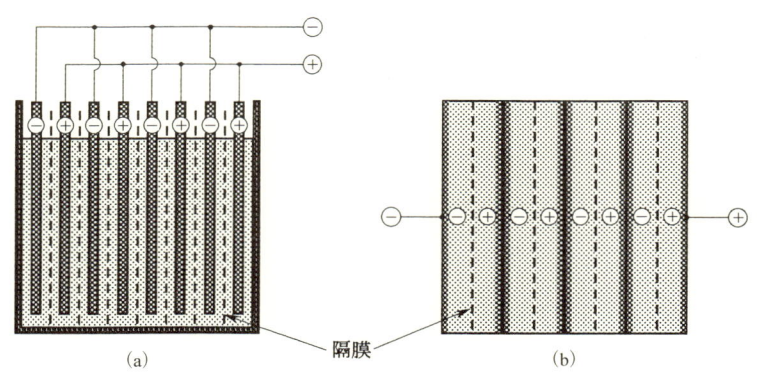

図 6・4　電極の接続方式
 (a) 単極式　(b) 複極式

---

*12　(前ページ脚注)　均一および不均一は水系と有機系の液相が均一に混ざり合っているか，均一でなくエマルジョンになっているかによって区別される．

6・3 電解製造

電解製造のうちで，現在も大規模産業を形成しているのは食塩電解(brine electolysis)，アルミニウム製錬(aluminum refining)，亜鉛製錬(zinc refining)および銅精製(copper refining)の四つである．ただこのうち，アルミニウム製錬は電力費が高いわが国では行われていない．ほかにも，多くの素材や原料が製造されている．たとえば，フッ素，カルシウム，ナトリウム，リチウム，塩素酸ソーダなどの製造であり，これらは電解法以外では経済的な製造手段がない．また，電解法以外でもつくられる二酸化マンガン，クロム，ニッケル，マグネシウムなども製品純度，小規模生産などの点で電解法が優れている．さらに，最近では医薬品，香料，農薬などのファインケミカル製品の少量かつ高収率の生産法として電気分解の利点が生かされつつある．以下では，いくつかの実用電解例について述べる．

6・3・1 水電解

水電解(water electolysis)はアンモニア合成などに必要な水素の製造を目的として古くから行われてきたが，最近では天然ガスなどの水蒸気改質による安価な水素製造法に押されて，高純度水素などを必要とするような特殊な分野や安価な電力が容易に入手できる地域に限られている．

現在の水電解法は主として陽極にニッケルまたはニッケルめっきした低炭素鋼，陰極に低炭素鋼またはニッケルめっきした低炭素鋼，電解質に 25～30% の高濃度 KOH 水溶液[*13]，隔膜に従来の石綿に代りエステル系の多孔質膜などを用いて，常温[*14] 常圧で電気分解するものである．そして，平均的な性能は 80 ℃，20 A dm^{-2} において槽電圧 1.8～2.1 V であり，電力原単位は 4.8～5.3 kWh・N m^{-3}(H$_2$) 程度である．

アルカリ水溶液を用いた場合の水電解の反応は次の通りである．

[*13] 水電解は酸性水溶液でも使用可能であるが，比較的安価な材料であるニッケル，鉄との適合性や溶液抵抗などの点から，通常，アルカリ水溶液が用いられる．

[*14] ただし，ジュール熱により 70～80 ℃ まで上昇．

陽極反応：$2\,OH^- \longrightarrow 1/2\,O_2 + H_2O + 2\,e^-$ (6・9)

陰極反応：$2\,H_2O + 2\,e^- \longrightarrow H_2 + 2\,OH^-$ (6・10)

電解反応：$H_2O \longrightarrow H_2 + 1/2\,O_2$ (6・11)

この反応の標準ギブズエネルギー $\Delta G°$ が 237.19 kJ mol^{-1} であるから，理論分解電圧は 25 °C，1 気圧で 1.229 V となるが，水の分解反応は吸熱反応であるため，実際に水電解を続行させるためには熱の補給も必要であり，電解槽に供給されるべき全エネルギーは反応式(6・11)のエンタルピー変化(ΔH)に相当する．この差($\Delta H - \Delta G = T\Delta S$)に相当する熱は必ずしも電力として供給する必要はなく，通常，この熱は電気分解時の正負両極での過電圧や電極，電解質溶液および隔膜による IR 損から生じる発熱によって補われる．図 6・5 には水の理論分解電圧[*15]と理論稼動電圧[*16]の温度依存性を示す．25 °C，1 気圧では，標準エンタルピー変化 $\Delta H°$ が 285.85 kJ mol^{-1} であるから，理論稼動電圧は 1.48 V となる．温度の上昇につれて理論分解電圧は低下するが，理論稼

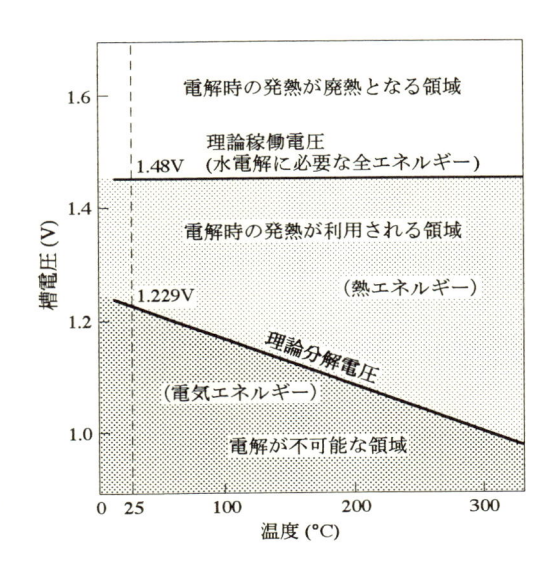

図 6・5　水の理論分解電圧と理論稼動電圧の温度依存性

[*15] ΔG から計算される．
[*16] 熱を含む電気分解に必要な全理論電圧であり，ΔH から計算される．工業水電解のエネルギー効率は，通常，この理論稼動電圧に基づいて評価される．

動電圧の変化は非常に小さい．また，アルカリ水溶液電解槽で測定された槽電圧の内訳を図6・6に示す．

水電解法の改良型としては高温高圧型アルカリ水溶液電解がある．これは高圧にして水の沸騰を防いで高温で水を電気分解する方法である．高温高圧にすると，構造材料に問題はあるが，理論分解電圧の低下，正負両極過電圧の低下，溶液抵抗の減少，生成ガスの圧縮に要する仕事の軽減などにより，高効率化や高電流密度化できる利点がある．たとえば，30% KOH，20気圧，120 °C，40 A dm^{-2} で数千時間後の槽電圧が 1.67 V であり，得られる水素の純度は99.9%以上である．

アルカリ水溶液の代りに固体電解質を用いる二つの新しい水電解法の原理を図6・7に示す．いずれも電解質膜の両側に電極が接合されているが，一方はフッ素樹脂系のカチオン交換膜のような水素イオン伝導体である固体高分子電解質(solid polymer electrolyte, SPE)を用いて50～150 °C の比較的低温で操作するものであり，他方は安定化ジルコニア(stabilized zirconia)[*17]などの酸素イオン伝導体である固体酸化物電解質を用いて，500～1000 °C の高温で操作するものである．固体高分子電解質を用いた水電解の反応は式(6・1)～式(6・3)と同じになるが，固体酸化物電解質を用いた水蒸気電解の反応は次のよ

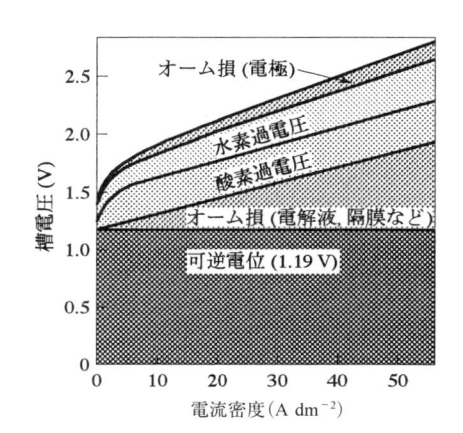

図6・6 アルカリ水溶液電解槽の槽電圧の例(28%KOH 溶液，75°C，単極式)

[*17] 代表的なものに ZrO_2-Y_2O_3 あるいは ZrO_2-Yb_2O_3 がある．

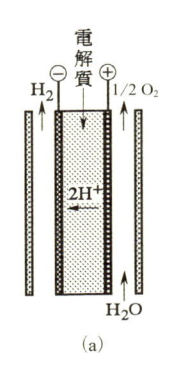

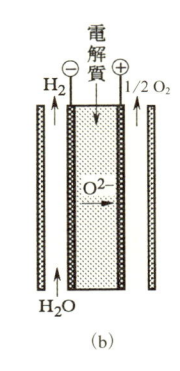

図 6・7 固体電解質を用いる水電解法の原理
(a) 固体高分子電解質を用いる場合
(b) 固体酸化物電解質を用いる場合

うになる．

陽極反応：$O^{2-} \longrightarrow 1/2\,O_2 + 2\,e^-$ (6・12)

陰極反応：$H_2O + 2\,e^- \longrightarrow H_2 + O^{2-}$ (6・13)

電解反応：$H_2O \longrightarrow H_2 + 1/2\,O_2$ (6・14)

このような方法によると，高電流密度，高エネルギー効率での電気分解が可能である．

6・3・2 食 塩 電 解

食塩水[*18]を電気分解するとカセイソーダ，塩素および水素が得られる．この工業は食塩電解工業とよばれ，非常に重要な地位を占めている．カセイソーダは固形と 45～50% 水溶液で市販されており，紙・パルプ，化学繊維などのほか石けん・洗剤，染料中間体，次亜塩素酸ソーダなどの各種無機工業薬品，有機工業薬品の製造に用いられ，また酸の中和剤，有毒ガスの吸収除去剤としても使われている．塩素は気体または液化した状態で出荷され，酸化剤，殺菌剤，漂白剤，次亜塩素酸ソーダ，二酸化塩素などの各種無機工業薬品，塩化ビニルや塩化ビニリデンなどの有機塩素化合物，有機工業薬品の製造に多用されている．水素はメタノール，アンモニア，塩酸などの合成，水素添加などに用いられるほか，半導体工業材料の還元用として高純度水素が用いられている．食塩電解ではこれら三つの製品が同時につくられることから，それらの需給の

---

*18 かん水ともいう．

バランスがむずかしいという一面もある．

食塩電解法は隔膜法(diaphragm process)，水銀法(mercury process)およびイオン交換膜法(ion-exchange membrane process)の三つに分けられる．わが国では，かつて水銀法によって高品位のカセイソーダが製造されていたが，環境保全上の見地から現在ではイオン交換膜法が工業的に用いられている[*19]．

イオン交換膜法食塩電解は，縦型電解槽で隔膜にカチオン交換膜を使用するもっとも新しい方法である．その原理を図 6・8 に示す．原理的には，陰極で生成する NaOH 中に Cl^- の混入がなく，高純度の NaOH が得られる．実用的な電解槽は非常に電極が大面積で平たく，両極間は短くコンパクトな構造になっている．

イオン交換膜法食塩電解の反応をまとめると次のようになる．

陽極反応：

$$NaCl \longrightarrow Na^+ + Cl^- \tag{6・15}$$

$$Cl^- \longrightarrow 1/2\, Cl_2 + e^- \tag{6・16}$$

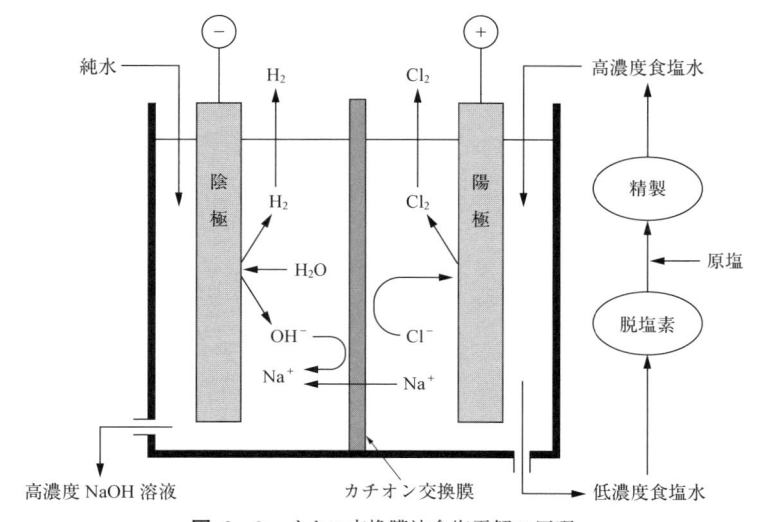

図 6・8 イオン交換膜法食塩電解の原理

[*19] 日本では水銀法は 1986 年に全廃され，1999 年にすべてイオン交換膜法に転換されたが，世界規模では水銀法，隔膜法が未だ多く実施されている．

陰極反応：

$$H_2O + e^- \longrightarrow 1/2\,H_2 + OH^- \tag{6・17}$$

$$Na^+ + OH^- \longrightarrow NaOH \tag{6・18}$$

カチオン交換膜内：陽極液中の $Na^+ \longrightarrow$ 陰極液中の Na^+ (6・19)

電解反応： $NaCl + H_2O \longrightarrow NaOH + 1/2\,Cl_2 + 1/2\,H_2$ (6・20)

イオン交換膜には，(1) 塩素ガスと高温，高濃度のアルカリに対する化学的安定性，(2) 優れた機械的強度，(3) 高いイオン伝導性，(4) Na^+ イオンに対する高い選択透過性などの特性が要求され，現在では，図 6・9 に示すような，テトラフルオロエチレンポリマー（tetrafluoroethylene polymer）からなる織布によって補強されたペルフルオロスルホン酸系イオン交換膜が主として用いられている．

陽極には DSA[*20] が用いられ，陰極には高温，高アルカリ濃度での耐食性を考慮して鉄に無電解ニッケルめっきした陰極のほか各種の活性陰極[*21] が用いられる．水銀法のように入念に精製した食塩水が陽極室へ送入され，電気分解により陽極で Cl_2 が発生する．同時にカチオン交換膜を通って Na^+ が陽極室から陰極室へ移動する．濃度が薄くなった食塩水は陽極室から原塩溶解槽へ戻される．陰極室へは純水あるいは低濃度のカセイソーダ水溶液が送入される．陰極上では水 H_2O が電気分解されて H_2 が発生し，残った OH^- は陽極室から移行してきた Na^+ と一緒になって濃度の高い NaOH となり，陰極室から外部へ取り出される．

現在のイオン交換膜法電解槽は 30～50 A dm^{-2}，32～35% NaOH，90 ℃ で

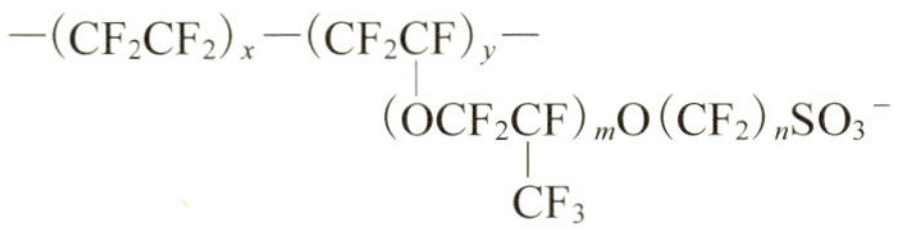

$$-(CF_2CF_2)_x-(CF_2CF)_y- \\ \quad\quad\quad\quad\quad | \\ \quad\quad\quad\quad (OCF_2CF)_mO(CF_2)_nSO_3^- \\ \quad\quad\quad\quad\quad | \\ \quad\quad\quad\quad\quad CF_3$$

図 6・9　ペルフルオロスルホン酸系イオン交換膜の分子構造

[*20] DSE ともいい，dimensionally stable anode（あるいは electrode）の略で不溶性（寸法安定性）の金属電極であり，その代表例には，$RuCl_3$ と $TiCl_4$ の混合溶液を Ti 基体表面に薄く塗布して熱分解することにより製造した高い触媒活性を有する Ti/(RuO_2＋TiO_2)電極がある．

[*21] たとえば，ニッケルを基体にしてラネーニッケルなどで高表面積化した電極や基体に貴金属を主触媒とした薄層を形成させて水素過電圧を低減させた電極．

操業され，理論分解電圧は 2.20～2.25 V，槽電圧は 2.80～3.29 V である．

6・3・3 無 機 電 解

無機化合物の製造で主に電解法が採用されているものには，水溶液の電解浴を用いる場合に限っても，$NaClO_3$，$NaBrO_3$，$NaClO_4$，$NaIO_4$，$Na_2S_2O_8$，$(NH_4)_2S_2O_8$，$KMnO_4$，MnO_2，PbO_2，$K_3[Fe(CN)_6]$ などがある．電解法は強力な酸化あるいは還元を必要とする小規模な物質製造法にもっとも適している．

ここで塩素酸ナトリウム $NaClO_3$ の食塩からの無隔膜電解による製造をとりあげて説明する．この場合の全電極反応は式(6・21)で表される．また，溶液内では不均化反応，中和反応，塩素酸生成反応，中和反応と続く一連の反応が起こるが，これらを加えた全溶液内反応は次式で表される．

$$3\,Cl_2 + 6\,NaOH \longrightarrow NaClO_3 + 5\,NaCl + 3\,H_2O \quad (6・21)$$

そこで，電極反応と溶液内反応の総和として次の反応式が得られる．

$$NaCl + 3\,H_2O \longrightarrow NaClO_3 + 3\,H_2 \quad (6・22)$$

陽極には DSA のような金属電極を用い，陰極には軟鋼を用いて，電流密度 1000～2500 A m^{-2}，単槽電圧 3.2～3.4 V で電解すると，90～95% の電流効率で $NaClO_3$ が生成する．電解質溶液の pH は 6～7 であり，温度は 60～80 ℃ である．なお，理論電気量は 1510 kAh t^{-1}($NaClO_3$) である．この電解は無隔膜電解槽内部でアノード酸化生成物とカソード還元生成物を等量反応させればよいので，電解反応としてはもっとも簡単である．アノード生成物である次亜塩素酸 NaClO のカソード還元の防止だけが問題となるが，鉄陰極上での ClO^- の還元は 2.2% 程度の重クロム酸ナトリウム $Na_2Cr_2O_7$ の添加で防止できる．溶液内反応は遅い反応である．反応終了後，電解質溶液を蒸発濃縮して副生食塩を晶出分離したのち冷却して，塩素酸ナトリウムを分別晶析させる．

臭素酸塩やヨウ素酸塩はともに塩素酸塩と同じような反応で生成する．また，過塩素酸ナトリウム $NaClO_4$ は塩素酸ナトリウムの無隔膜電解で製造される．なお，理論電気量は 438 kAh t^{-1}($NaClO_4$) である．

6・3・4 有 機 電 解

最近，有機物の少量かつ高収率の製造法として，有機化学工業の分野に電解工程を取り入れようとする傾向が強い．これは電解法がもともとスケールメリ

ットが少なく，小規模生産でも比較的有利であり，しかも電圧や電流で反応を制御しやすいなどの特長を有することによるが，電極触媒や隔膜など材料面での最近の進歩もこれに拍車をかけている．

現在工業的に実地されている最大の有機電解プロセスは，アクリロニトリル $CH_2=CHCN$ の電解還元二量化によるアジポニトリル(ナイロン-66の中間原料) $NC(CH_2)_4CN$ の製造である．アジポニトリルは水素添加によってヘキサメチレンジアミン $H_2N(CH_2)_6NH_2$ になり，ヘキサメチレンジアミンとアジピン酸 $HOOC(CH_2)_6COOH$ との縮重合によってナイロン-66が製造される．電解還元二量化の反応は次の通りである．

陽極反応：$H_2O \longrightarrow 1/2\,O_2 + 2\,H^+ + 2\,e^-$ (6・23)

陰極反応：$2\,CH_2=CHCN + 2\,H^+ + 2\,e^- \longrightarrow NC(CH_2)_4CN$ (6・24)

電解反応：$2\,CH_2=CHCN + H_2O \longrightarrow NC(CH_2)_4CN + 1/2\,O_2$

(6・25)

アクリロニトリルの電解還元二量化の原理を図6・10に示す．この場合，陽極に少量の銀を含む鉛合金を用い，陰極には水素過電圧の大きい鉛を用いる．電解槽はカチオン交換膜を用いて仕切り，陰極室での生成物が陽極室へ混入するのを防ぐ．陽極室の電解質溶液としては硫酸水溶液を用いる．陰極室には，アクリロニトリルに対する溶解度の大きいテトラエチルアンモニウム-p-トルエンスルホン酸塩 $(C_2H_5)_4N^+CH_3(C_6H_4)SO_3^-$ を約30%含む水溶液に10～40%

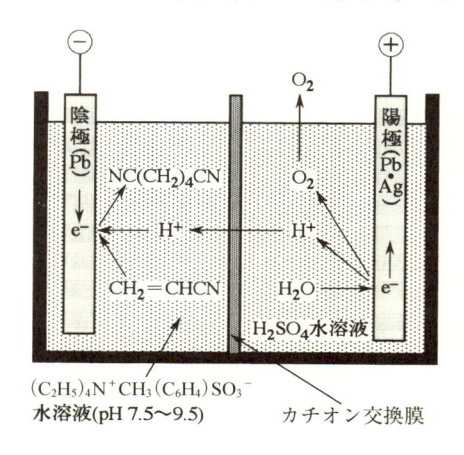

図 6・10 アクリロニトリルの電解還元二量化の原理

のアクリロニトリルを溶解させた電解質溶液を用いる．この電解質溶液は，プロピオニトリルの生成のような副反応が抑えられるように pH を 7.5～9.5 に調整して，陰極室へ流し込み，電流密度 20～100 A dm^{-2}，槽電圧 6～12 V で電解を行う．アジポニトリルの収率は 90～93％ であり，電流効率は 90～92％ である．なお，これとは別に，陰極液中のアクリロニトリルが乳化剤によって高濃度化されているエマルジョン法もある．また，最近では陰極に水素過電圧の高い鉛合金を陽極に酸素過電圧の低い炭素鋼を用い，電解質溶液中にはエチルトリブチルアンモニウム塩のような大きなアルキル塩の濃度を高くすることにより，隔膜を用いない方法が用いられている．

現在では有機電解合成法の特長をいかして，医薬品，香料，農薬など，付加価値の高い製品の開発や製品化も進められている．

6・3・5 電 解 重 合

ポリアニリンやポリピロールのような導電性高分子(conducting polymer) は，二次電池，表示素子，センサー，防食，光素子，電子素子，帯電防止，電磁シールドなど種々の応用が考えられる興味深い材料である．このような導電性高分子の合成法の主流は電解重合(electropolymerization)である．これは，モノマーを適当な溶媒に溶かして電解することにより，モノマーをラジカル化し，ラジカル重合を行うものである．電解重合の最大の利点は重合と同時に電解質イオンのドーピングが行えることである．たとえば，ピロールの電解酸化重合では，電極表面に均一なポリピロール膜が得られるとともに，電解質溶液中のアニオンが膜中にドープされて導電性が付与される．

$$\left(\underset{H}{\underset{|}{N}}\right)_x + yA^- \underset{\substack{\text{還元} \\ \text{脱ドーピング}}}{\overset{\substack{\text{ドーピング} \\ \text{酸化}}}{\rightleftharpoons}} \left(\underset{H}{\underset{|}{N}}\right)_x^{y+} \cdot yA^- + ye^-$$

ドープ率 = 0.25～0.3   (6・26)

$$\left(\underset{H}{\underset{|}{N}}-\underset{H}{\underset{|}{N}}-\underset{H}{\underset{|}{N}}-\underset{H}{\underset{|}{N}}\right)_{x/4}^+ \cdot A^-$$

(A$^-$: ドーパントとしてのアニオン)

電解質として Et₄NBF₄ を用いると,ピロール4分子当り1個の BF₄⁻ イオンを含むポリピロールが得られ,その室温での電気伝導率は 1.0 S m⁻¹ 以上にもなる.この例のように,電解重合はアノード酸化法が普通である.得られる高分子の性質は,電解条件によって非常に影響されるが,電解重合時の電位,電流密度,その他の反応条件と生成する高分子の性質の間の関係は,必ずしも明らかではない.

6・3・6 溶融塩電解

溶融塩(molten salt, fusede salt)とは常温で固体の塩を高温にして融解させたものである.一般に,イオン結晶をなす塩は溶解させると高いイオン伝導性を示す.溶融塩電解が水溶液電解ともっとも異なる点は水がなく,反応物質(イオン)の濃度が高いこと,および高温で操作されることである.水溶液電解のように水の分解による水素発生や酸素発生の制限を受けないから,電解の適用電位範囲がずっと広く,そのため,水溶液電解では不可能なアルミニウム,マグネシウム,ナトリウム,カルシウム,リチウムなどのような卑金属のカソード析出や化学的にもっとも活性で貴な電位をもつフッ素のアノード発生なども可能となる.また,イオン濃度が高く,高温であるため,電極反応速度が速く,低過電圧,高電流密度での操業が可能である.その反面,一般に,溶融塩電解では材料の腐食性と陽極効果(anode effect)が問題となる.陽極効果とは陽極の炭素とハロゲンの反応により陽極表面に気体皮膜が生成して,電極有効面積の減少,電流の低下,電圧上昇による高電圧下でのアークの発生をもたらす現象をいう.

世界的にもっとも大規模に行われている溶融塩電解は金属アルミニウムの電解製造であるが電気料金の高い日本では行われなくなった.

ここではわが国で現在操業されているフッ素の電解製造について述べる.フッ素は化学的に安定なフッ素樹脂,医薬品,リチウムイオン電池の電解質塩などの原料の一部として重要な原料である.フッ素は電気陰性度がもっとも高く,酸素よりはるかに貴であるために水溶液電解で製造することは不可能で溶融塩電解法でつくられる.

電解浴にはフッ化カリウムとフッ化水素を混合した KF・2 HF 浴(融点約

80°C)を用い，100°C前後で電解する．陽極に炭素，陰極にスチールを用い，電解槽にはモネルまたはスチールを用いる．電解浴中のイオン種は溶媒和されており，電極反応は次のように表される．

陽極反応：$(HF)_nF^- \longrightarrow 1/2\,F_2 + nHF + e^-$ (6・27)

陰極反応：$H(HF)_m + e^- \longrightarrow 1/2\,H_2 + mHF$ (6・28)

電解反応：$H(HF)_m + (HF)_nF^- \longrightarrow 1/2\,H_2 + 1/2\,F_2 + (m+n)HF$ (6・29)

この理論分解電圧は25°Cで2.87 Vである．4000～6000 A容量の電解槽の場合，フッ素生産量3.3～4.1 kg h^{-1}，電流効率93～97%である．電解によって陰極に水素が発生するので，これとフッ素が混合するのを防ぐため，両極間に金網の隔膜および隔離板をおいてある．発生水素ガス中にはフッ化水素蒸気を含むので，これを冷却し，フッ化ナトリウム塔を通してフッ化水素を$NaHF_2$の形で捕集分離する．フッ素電解では陽極効果が起こりやすい．この陽極効果というのは，放電生成したフッ素と炭素が反応して電極表面に低表面エネルギーのフッ化黒鉛が生成し，それで電極表面が覆われることにより電流がほとんど流れず，アーク放電が生ずる現象である．これは数%のフッ化リチウムやフッ化カルシウムを添加することによってかなり防ぐことができる．

6・4 金属の電解採取と電解精錬

6・4・1 金属の電解採取

電解採取(electrolytic winning)とは鉱石に適当な処理を施した後，その中の目的金属を水溶液あるいは溶融塩中に浸出させ，この溶液を電解して陰極上に金属を析出させるプロセスである．電解析出法は亜鉛の冶金法として経済的で，技術的にも高度な発展を遂げたものであるが，このほかカドミウム，ニッケル，コバルト，マンガン，クロムなどがこの方法で生産されている．

亜鉛製錬には，乾式法とよばれる非電解法による製錬技術もあるが，電解法が純度の点で優れており，大規模産業となっている．亜鉛電解製錬の工程を図6・11に示す．まず硫化亜鉛ZnSを主成分とする亜鉛鉱石(セン亜鉛鉱)を浮

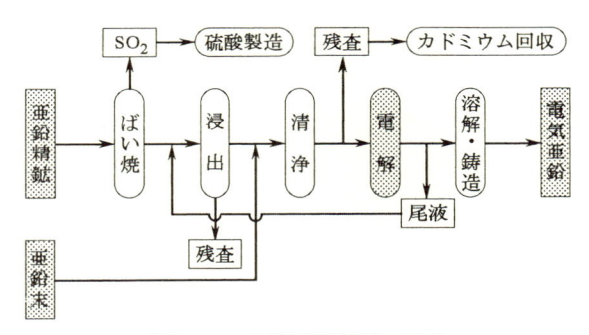

図 6・11 亜鉛電解精錬の工程

遊選鉱などによって選別した後，高温で空気酸化して酸化亜鉛 ZnO とし(これをばい焼(roasting)という)，次にこれを硫酸水溶液に入れて溶かす(これを浸出(leaching)という)．

ばい焼反応：$ZnS + 3/2\ O_2 \longrightarrow ZnO + SO_2$ (6・30)

浸出反応 ：$ZnO + H_2SO_4 \longrightarrow ZnSO_4 + H_2O$ (6・31)

鉱石中に含まれている SiO_2 は不溶でコロイド状となって分離できる．酸化鉄などは溶解するが，酸化亜鉛が硫酸亜鉛となって溶けるにつれて溶液が中性になるので，鉄分は $Fe(OH)_3$ となって沈澱し，除去される．さらに，溶液中に亜鉛粉末を入れ，亜鉛よりもイオン化傾向の小さい金属を析出させる．析出した金属と等量の亜鉛が溶ける．このようにして調製した硫酸酸性硫酸亜鉛水溶液を電解質溶液とし，陽極には鉛合金，陰極にはアルミニウムあるいは亜鉛板を用いて，無隔膜で電解する．電解条件などは表6・2に示してある．電解反応は次の通りである．

表 6・2 亜鉛電解採取と銅電解精製の実施例

	電解液	陽極	陰極	温度(°C)	槽電圧(V)	電流密度(A/dm^2)	電流効率(%)	製品金属純度(%)
亜鉛電解採取	$ZnSO_4$, H_2SO_4, にかわ, 大豆粕など	Pb	Al	30〜45	3.3〜3.7	0.8〜7	85〜92	99.98〜99.99
銅電解精製	$CuSO_4$, H_2SO_4, にかわ, NaCl など	粗Cu	粗Cu	60〜63	0.26〜0.3	2.3〜3.2	90〜98	99.99

陽極反応：$H_2O \longrightarrow 1/2\, O_2 + 2\,H^+ + 2\,e^-$ (6・32)

陰極反応：$Zn^{2+} + 2\,e^- \longrightarrow Zn$ (6・33)

電解反応：$Zn^{2+} + H_2O \longrightarrow Zn + 2\,H^+ + 1/2\,O_2$ (6・34)

$\quad\quad\quad (ZnSO_4 + H_2O \longrightarrow Zn + H_2SO_4 + 1/2\,O_2)$

亜鉛の最大の用途は防食を目的とした溶融めっきや電気めっきによる鉄鋼材料の表面被覆である．このほか，黄銅の合金材料や電池の負極活物質などとしても広く使用されている．

6・4・2 金属の電解精錬

金属の電解精錬（電解精製）(electrolytic refining)は目的とする金属を主成分とし，他の種々の不純物を含む粗金属板を陽極として，適当な電解液中で電解し，陰極に純粋な目的金属を析出させるプロセスである．電解精製は，銅をはじめ，鉛，銀，金，ニッケル，鉄，ビスマス，インジウムなど多くの金属の高純度品をつくる目的で行われている．なかでも銅の電解精製は，ほかに代替できる精製法がないことや電気エネルギーの消費も少なくてよいことから，大規模産業を形成している．

銅の電解精製の反応は次の通りである．

陽極反応：$Cu(粗銅) \longrightarrow Cu^{2+} + 2\,e^-$ (6・35)

陰極反応：$Cu^{2+} + 2\,e^- \longrightarrow Cu(純銅)$ (6・36)

電解反応：$Cu(粗銅) \longrightarrow Cu(純銅)$ (6・37)

このように，両極の反応は同じ反応で方向が逆になっただけである．したがって，理論分解電圧は 0 V となり，実際の槽電圧も 0.2～0.4 V と非常に低い．電解槽の運転条件などは先の表 6・2 の中に示してある．

銅の電解精製では，上記のような反応で銅の溶解と析出が起こるが，粗銅中に含まれる各種不純物の溶解挙動は次の三つに大別される．(1) 銅より溶解電位が卑である（イオン化傾向の大きい）ニッケル，鉄，ヒ素，ビスマスなどは銅とともに電解質溶液中に溶解するが，陰極電位がそれらの析出電位に達していないので電解析出しないで電解質溶液中にイオンとして残る．(2) 銅より溶解電位が貴である（イオン化傾向の小さい）金，銀などの貴金属やセレン，テルルなどは溶解しないで陽極に残るか電解槽の底に沈積する．この沈積物をアノー

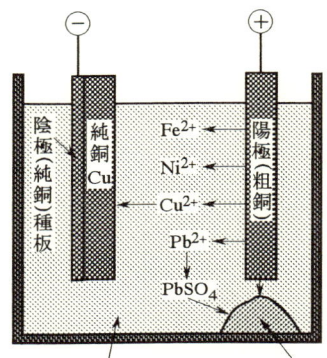

6・5 電気透析　141

図 6・12 銅電解精製の原理

ドスライム(anode slime)という．(3) 鉛はいったん溶解するが，すぐに不溶性塩 $PbSO_4$ として沈殿する．これらのようすを図 6・12 に示す．

　銅の電解精製は銅精錬所から産出する粗銅(純度 98.7〜99.5%)から電線などに使えるような高純度の銅(99.99% 以上)を製造するとともに，鉱石中に共存する金，銀などの貴金属の分別採取を目的として，大規模に行われている．なお，粗銅からの金銀の分別採取は，現在のところ電解精製以外に方法がなく，これが貴金属精錬の出発点になっている．

6・5　電 気 透 析

　厳密には電気分解ではないが膜の両側に陽極と陰極をおいて電圧をかけ，イオン性溶質の膜透過による分離を行うことを電気透析(electrodialysis)といい，有用な技術である．現在の電気透析法では隔膜としてイオン交換膜が用いられているが，そのイオン交換膜は安定した性能で長寿命であることが要求され，次のような特性を備えていなければならない．すなわち，イオンの選択透過性がよいこと，溶質の拡散速度が小さいこと，電気抵抗が小さいこと，耐薬品性がよいこと，機械的強度が高いこと，などである．

　電気透析のよい応用例は海水の電気透析による食塩や工業用水の製造である．電気透析は性能のよいイオン交換膜が利用できるようになってから実用化

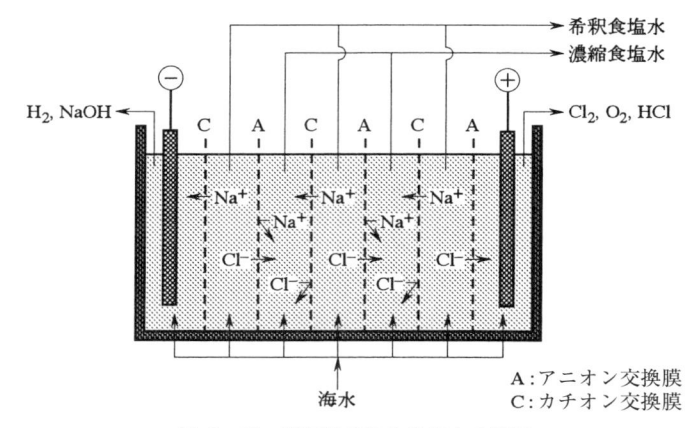

図 6・13 電気透析による海水の濃縮

が非常に進み，現在，日本における海水からの食塩の製造はすべて電気透析法で行われている．電気透析による海水の濃縮の原理を図 6・13 に示す．陽陰両極の間にカチオン交換膜とアニオン交換膜とを交互に配置した多室式電解槽に海水を流し込み，陽陰両極の間に直流電圧を加えると，Na^+ イオンは陰極の方へ，Cl^- イオンは陽極の方へ移動しようとする．ところが，カチオン交換膜はカチオンのみを通し，アニオン交換膜はアニオンのみを通す性質があるので，Na^+ イオンはアニオン交換膜を通過できず，Cl^- イオンはカチオン交換膜を通過できない．そこで，図のように NaCl が濃縮された室と希釈された室とが交互に生ずる．この操作を繰り返してさらに濃縮し，その濃縮液を減圧下で煮沸して水分を蒸発させると食塩が得られる．

この方法で，イオン交換膜や透析条件を選び，希薄食塩水(脱イオン水)を主目的として操業すると，海水から淡水を製造できる．また，乳幼児用の粉ミルクを製造する際のチーズホエーの脱塩などでも電気透析が行われている．

6・6 めっき

われわれの日常生活では金や銀をめっき (plating)[22] した装飾品をよく見かけるし，エレクトロニクス機器のプリント配線板のように目に見えないところ

でもめっきが多用されている．めっきに限らず従来あまり重要視されていなかった表面処理や材料加工などの技術が，次章で述べる防食技術とともに，各種材料の高精度，高性能，高機能，高信頼性などへの要求から，現在では，非常に重要な位置を占めるようになっている．これにはめっき(plating)のほか，アノード処理(anodic treatment)，電着塗装(electrocoating)などが含まれる．本節では，めっきの原理と応用について述べる．

めっきとは，広義には金属薄膜を対象物の表面上に形成させる方法をいうが，通常は電気化学反応による薄膜形成を指す場合が多い．以下では，水溶液中の金属(錯)イオンのカソード還元により金属薄膜を形成させる電気めっき(electroplating)と外部電源を用いず，還元剤のアノード酸化反応を利用する無電解めっき(electroless plating)[23]を主としてとりあげる．

6・6・1 電気めっき

電気めっき(electroplating)は，一般に，溶液中にある金属イオンがカソード表面まで移動する物質移動過程，カソードのごく近傍まできた金属イオンが水和水や配位子を放出し，カソード表面で電子を受け取って金属原子となる電荷移動過程，および還元された原子が結晶に組み込まれていく結晶化過程からなっている．電荷移動過程と結晶化過程は次のように表される[24]．

電荷移動過程：$M^{n+} + ne^- \longrightarrow M_{ad}$ (6・38)

結晶化過程　：$M_{ad} \longrightarrow M_{latt}$ (6・39)

ここで，M^{n+} は金属イオン，M_{ad} は中間体の吸着金属原子，M_{latt} は結晶格子形成原子である．水和イオンからのめっきでは，溶液本体の水和した金属イオンは，拡散，泳動または対流によって電極／溶液界面に近づき，次いで4章で述べた外部ヘルムホルツ面で脱水し，放電する．放電した金属イオンは金属原子となり，素地金属の結晶格子に組み入れられる．金属は多結晶体であり，微

---

[22] (前ページ脚注) めっきは英語で galvanizing, galvanization, metal plating などともいう．
[23] 化学めっき(chemical plating)ともいう．
[24] ただし，遷移金属のカソード析出では$(MOH)_{ad}$のような吸着中間体を含むし，錯体溶液では溶液内平衡があるので，カソード析出機構はさらに複雑となる．

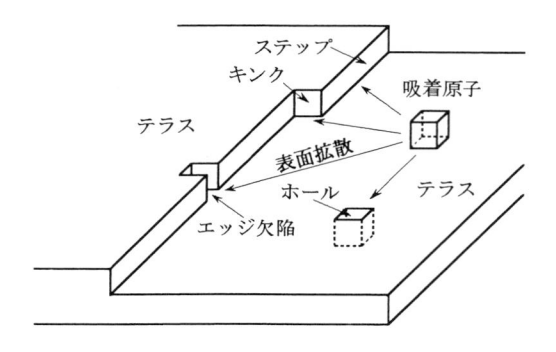

図 6・14 金属表面の微視的な様子

視的には表面に無数の粒界が存在し，単結晶面でも図6・14に示すようにテラス(terrace)のほかにステップ(step)，キンク(kink)，エッジ欠陥(edge vacancy)，ホール(hole)などのサイト(site)が存在する．析出した金属原子は表面拡散してエネルギー的に安定なサイトに組み込まれる．たとえば，放電した金属原子はまずテラスに吸着する．次いで吸着原子は表面拡散によってステップに到着し，最終的にはキンクに組み込まれる．これが結晶の成長過程である．

結晶化過程が電荷移動過程に比べて遅く，それがカソード析出の律速段階となる場合があり，この過電圧を結晶化過電圧(crystallization overvoltage)という．吸着中間体の活量は結晶化過電圧に依存するので，結晶成長や析出形態は結晶化過電圧に大きく依存する．高い結晶化過電圧では，結晶核生成速度が成長速度に比べて速く，微細な結晶粒からなる電析物が得られる．

めっき電流密度は，工業的見地からは，できるだけ高いことが望ましい．電流密度が高いと金属イオンの放電速度は速く，新しい結晶核が多数発生し，多くの微細な結晶が得られるので，良好なめっき面になる．しかし，電流密度が高すぎると，金属の析出と並行して水素発生反応も進行し，めっき面が樹枝状や粉末状になりやすい．使用可能な電流密度の上限は金属イオンの電極への物質移動速度に支配されるので，浴のかくはんは電流密度の増加に有効な手段となる．また，かくはんは水素ガス泡の付着を妨げるので，ピット[*25]の発生防止にも有効である．

浴温を高くすると，析出物の結晶粒が粗大になり均一電着性が低下するが，金属塩の溶解度が増加するので，電気伝導率を高くすることができ限界電流密度を増大させることができる．また，液の粘性率が低下するので，水素気泡の付着が抑制され，吸蔵水素量，残留応力が減少する．

浴中の金属イオン濃度を高くすると，電気伝導率が上がるとともに限界電流密度が高くなって高電流密度の使用が可能となるが，過電圧は低下し，析出物が粗大化する傾向がある．そのため，実用めっきでは，錯塩化することにより金属イオンの有効濃度を低下させる方法がしばしば採用される．カドミウム，亜鉛，銅，銀などのめっきに用いられるシアン化物浴，ピロリン酸浴などがその例である．

また，めっき速度は浴のpHに依存する場合が多い．強酸性浴や強アルカリ浴ではめっき特性はpH値にあまり敏感でないが，弱酸性浴が用いられるニッケル，鉄，亜鉛などのめっきでは，pHが低下すると水素発生のため電流効率が低下してピットが発生し，またpHが上昇すると水酸化物などが共析するため表面が粗くなり，残留応力も増大する．それゆえ，めっき浴(plating bath)のpH変化を抑制するために，ホウ酸，炭酸ナトリウム，酢酸ナトリウムなどの緩衝剤を添加することが多い．

アノードには，通常，めっき浴中の金属イオン濃度を一定に保つため，めっき金属と同じような金属板が可溶性アノードとして用いられる．鉄，ニッケルなどの不動態化しやすい金属の場合には，めっき浴に塩化物イオンを添加して不動態化を防止する．連続体などへのめっきでは，主として作業管理上の理由から，貴金属被覆チタン，鉛などの不溶性アノードが用いられることが多い．この場合には，金属イオンは金属塩の添加などにより補給される．

カソード上に密着性のよいめっきを得るためには，めっき前処理が必要である．これは金属表面を清浄にする作業であり，洗剤脱脂，アルカリ脱脂，電解脱脂などが含まれる．

電気めっきの主な目的は表面を美しくする，素地を保護する，あるいは特殊

---

*25 （前ページ脚注） めっきされていない小さな孔．

な機能をもたせることにある．たとえば，装飾用に金，銀，ニッケル，クロムなどの薄膜を付けたり，防食用に鉄鋼へ亜鉛，スズ，鉛あるいはニッケル-クロムなどの多層めっきを施したりすることは古くから行われてきた．最近では，電子工業の発展に伴い，機能めっきが電子部品の製造に広く用いられるようになった．磁気記憶素子に用いられる鉄-ニッケル，ニッケル-コバルト合金めっき，電気接点への金，銀，ロジウム，パラジウムめっきなどがその例である．以下では，電気めっきの代表例として金のめっきをとりあげる．

金めっきは装飾を主目的とし，防食も兼ねてよく用いられている．さらに，金は耐食性に富み，電気抵抗が小さく，熱伝導性もよいために，コンピュータなどの重要な電子部品に多く使われている．代表的な金めっき浴を表 6・3 に示してある．シアン化物を含む浴の場合には，電解しなくても金が容易に化学溶解してしまうので，白金めっきしたチタンなどの不溶性アノードが用いられる．金めっきの反応は，たとえばアルカリ性浴[26]では，次の通りである．

アノード反応：$OH^- \longrightarrow 1/4 O_2 + 1/2 H_2O + e^-$　　　　　(6・40)

カソード反応：$Au(CN)_2^- + e^- \longrightarrow Au + 2 CN^-$　　　　　(6・41)

表 6・3　金めっきの実施例

めっき浴	アルカリ性浴	中性浴	酸性浴	ノーシアン浴
浴組成	$KAu(CN)_2$ 8 g dm^{-3} KCN 90 g dm^{-3}	$KAu(CN)_2$ 4 g dm^{-3} Na_3PO_4 15 g dm^{-3} Na_2HPO_4 20 g dm^{-3}	$KAu(CN)_2$ 10 g dm^{-3} クエン酸 90 g dm^{-3}	$HAuCl_4$ 0.05 mol dm^{-3} Na_2SO_3 0.42 mol dm^{-3} $Na_2S_2O_3 \cdot 5 H_2O$ 0.42 mol dm^{-3}
pH		6.7〜7.5	3〜5	7.4
温度	20〜30℃	20〜30℃	40℃	55℃
電流密度	2 A dm^{-2}	2〜2.5 A dm^{-2}	1〜2 A dm^{-2}	0.35〜0.7 A dm^{-2}
アノード	Au，ステンレス	Pt めっき Ti	Pt めっき Ti	Pt めっき Ti

---

[26] 最近では，高濃度のシアンを含むアルカリ性浴はあまり使用されず，リン酸を含む中性浴やクエン酸を含む弱酸性浴の方がよく使用されている．もっとも望ましいのはノーシアン浴であるが，まだ開発途上にある．

めっき反応：$Au(CN)_2^- + OH^- \longrightarrow Au + 2CN^- + 1/2 H_2O + 1/4 O_2$

(6・42)

6・6・2 無電解めっき

無電解めっき(electroless plating)は，溶液中の金属(錯)イオンを還元剤によって触媒活性な表面上に選択的に金属として還元析出させる化学的なプロセスである．無電解めっきの反応は次のように表される．

$$M \cdot L_m^{n+} + R \xrightarrow{\text{電極触媒}} M + O + mL \qquad (6 \cdot 43)$$

ここで，Mは金属，Lは錯化剤，Rは還元剤，Oは酸化体である．この反応は，次のような二つの反応が自発的に進行する電池反応である．

還元剤のアノード酸化：$R \longrightarrow O + ne^-$ (6・44)

金属のカソード析出：$M \cdot L_m^{n+} + ne^- \longrightarrow M + mL$ (6・45)

無電解めっき反応が起こるために必要な条件としては，(1) 還元剤の酸化電位が金属/金属(錯)イオンの平衡電位より卑であること，(2) 金属イオンと還元剤の溶液内均一反応が起こらないこと，(3) 還元剤の酸化反応に対する析出金属の触媒活性が高いこと，などである．条件(1)のために，酸化される電位のきわめて卑な強い還元剤，たとえば次亜リン酸ナトリウム(NaH_2PO_2)，ヒドラジン(N_2H_4)，水素化ホウ素ナトリウム($NaBH_4$)，ホルムアルデヒド(HCHO)などが用いられる．これらの還元剤の酸化される電位はpHの増大とともに卑に移行するので，多くの場合に高pH浴が用いられる．そして，高pH浴で金属イオンを溶存させるため，錯塩浴が用いられる．めっき浴の主成分は金属塩，還元剤および錯化剤であるが，めっき速度，条件(2)に関係した浴の安定性および析出物の特性を向上させるために少量の各種添加剤を含んでいる．無電解めっき浴の構成成分とその作用を表6・4に示す．

無電解めっきがある速度で継続するためには，条件(3)のように，析出金属自体が還元剤のアノード酸化反応に対する触媒活性をもっている必要があり，そのような還元剤と金属の組合せが選ばれる．触媒活性のない金属やプラスチック，セラミックスなどの非導電体表面上に無電解めっきする場合には，あら

---

*27 Pd, Au, Ag, Ptなど．

表 6・4 無電解めっき浴の構成成分とその作用

成　分	作　用	例
金 属 塩	めっきのための金属イオンを供給する	塩化物, シアン化物, 硫酸塩など
還 元 剤	金属イオンを金属に還元する	次亜リン酸ナトリウム（ホスフィン酸ナトリウム），ヒドラジン，水素化ホウ素ナトリウム，ホルムアルデヒド（ホルマリン）など
錯 化 剤	金属イオンと錯体を形成してめっき浴中で金属イオンを安定に存在させる[*1]	アンモニア，エチレンジアミン，ピロリン酸ナトリウム，クエン酸ナトリウム，酒石酸ナトリウム，エチレンジアミン四酢酸ナトリウム（EDTA・4Na）など
pH調節剤	めっき浴のpHを調節する	酸または塩基
pH緩衝剤	めっき浴のpH変動を抑制する	各種有機酸, 無機の弱酸
安 定 剤	めっき浴の自然分解を防止するめっき速度を調整する	触媒作用を害する金属イオン, 吸着性化合物
改 良 剤	素地とめっき浴のぬれ性をよくするめっき膜の光沢やなめらかさなどの性状を改良する	界面活性物質（界面活性剤）, 吸着性物質（光沢剤，その他）

[*1] アルカリ性溶液における水酸化物沈殿の防止，遊離金属イオン濃度を調節し，めっき速度の調整，めっき浴の自然分解防止などに寄与する．

かじめ触媒化処理が必要である．すなわち，触媒化処理は無電解めっき反応を開始させるために必要な還元剤の酸化触媒[*27]を素材に析出させるための工程であり，通常，塩酸酸性の塩化スズ(II)($SnCl_2$)溶液に浸漬してSn^{2+}イオンを吸着させる感応化処理(sensitization treatment)と，それに続く，塩酸酸性の塩化パラジウム($PdCl_2$)溶液に浸漬して次式によりPd触媒核を析出させる活性化処理(activation treatment)の2工程[*28]で行われる．

$$Sn^{2+} + Pd^{2+} \longrightarrow Sn^{4+} + Pd \qquad (6・46)$$

無電解めっきの前処理工程としては，被めっき素材によって異なるが，一般的には，脱脂 → 溶剤処理 → エッチング → 触媒化がある．

無電解めっきは，電気めっきに比べてコストが高い，浴管理が難しいなどの難点はあるが，直流電源やアノードが不要であり，プラスチックやセラミックスなどの非導電性素地上でも，また複雑な形状の部品に対しても，単にめっき浴中に浸漬するだけで密着性のよい均一な厚さの金属皮膜を得ることができる

[*28] いずれの処理工程も25℃で1〜2 minである．

という特長がある．さらに，磁性，非晶質性などの特異な機能性をもつ皮膜を作製することもできる．そのため，プリント配線板やハード磁気ディスクの製造をはじめ，時計やカメラの製造などにも広く用いられている．金属としてはコバルト，ニッケル，銅，インジウム，スズ，銀，金などが無電解めっきされるが，中でも銅やニッケルの無電解めっきはプラスチック上へ電気めっきするための下地めっきとしてよく用いられる．代表的なめっき浴組成と操作条件を表6・5に示す．以下では，一例としてプラスチック上への銅のめっきをとりあげる．

プラスチックめっきの一般的な工程を図6・15に示す．ここでは，軽量化を目的とした装飾用部品として使われるABS樹脂[*29]上への無電解銅めっきを考えてみよう．まず，密着性のよい銅皮膜にするため，このプラスチックにアルカリ水溶液による脱脂や有機溶剤での処理を施した後，クロム酸(CrO_3)-硫酸水溶液でエッチングする．このエッチング処理によりゴム成分であるブタジエン粒子の選択的溶解が起こって表面が粗化するとともに親水性が付与される．次に，浸漬したプラスチック上でのみ選択的に無電解銅めっき反応を進行させるため，先に述べた感応化処理と活性化処理を表面に施し，Pd触媒核を付ける．その後，表6・5に示したような条件で無電解銅めっきを行う．ほとんどがホルムアルデヒドを還元剤とするアルカリ浴であり[*30]，用途に応じて二つ

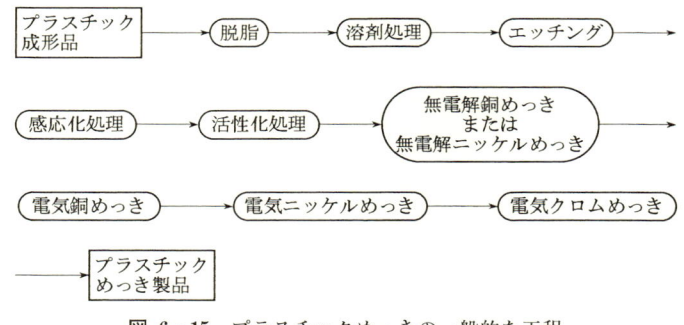

図6・15 プラスチックめっきの一般的な工程

[*29] アクリロニトリル-ブタジエン-スチレン共重合体．

表 6・5　無電解銅めっきと無電解ニッケルめっきの実施例

めっき	無電解銅めっき			無電解ニッケルめっき		
めっき浴	アルカリ性	アルカリ性浴	非ホルマリン浴	酸性 NiP 浴	酸性 NiB 浴	アルカリ性 NiP 浴
浴組成	$CuSO_4 \cdot 5H_2O$ 10 g dm^{-3} 酒石酸ナトリウム 50 g dm^{-3} 水酸化ナトリウム 10 g dm^{-3} ホルムアルデヒド 4.0 gdm^{-3}	$CuSO_4 \cdot 5H_2O$ 0.04 mol dm^{-3} ホルムアルデヒド 0.04 mol dm^{-3} EDTA·4Na 0.08 mol dm^{-3} 2,2'-ビピリジル 10 ppm ポリエチレングリコール 500 ppm	$CuSO_4 \cdot 5H_2O$ 0.024 mol dm^{-3} $NiSO_4 \cdot 6H_2O$ 0.002 mol dm^{-3} 次亜リン酸ナトリウム 0.27 mol dm^{-3} クエン酸三ナトリウム 0.052 mol dm^{-3} ホウ酸 0.5 mol dm^{-3}	$NiSO_4 \cdot 6H_2O$ 21.2 g dm^{-3} $NaPH_2O_2 \cdot H_2O$ 24 g dm^{-3} $CH_3CH(OH)COOH$ 28 g dm^{-3} CH_3CH_2COOH 2.2g dm^{-3}	$NiSO_4 \cdot 6H_2O$ 25g dm^{-3} CH_3COONa 15g dm^{-3} ジメチルアミンボラン 4 g dm^{-3} $(CH_3COO)_2Pb$ 0.002 g dm^{-3}	$NiSO_4 \cdot 6H_2O$ 25 g dm^{-3} ピロリン酸ナトリウム 50 g dm^{-3} ホスフィン酸ナトリウム 25 g dm^{-3}
pH	12.0	12〜13	9.2	4.5	6.0	10〜11
温度	20〜30°C	65°C	65°C	90°C	55°C	60°C
めっき速度	1〜2 μm h^{-1}			15 μm h^{-1}	10 μm h^{-1}	

の種類[*31]がある．還元剤としてホルムアルデヒドを用いる無電解銅めっきの反応は次のように表される．

アノード反応：$2\,HCHO + 4\,OH^- \longrightarrow 2\,HCOO^- + H_2 + 2\,H_2O + 2\,e^-$

(6・47)

カソード反応：$Cu\cdot L_m^{2+} + 2\,e^- \longrightarrow Cu + m\,L$ (6・48)

めっき反応　：$Cu\cdot L_m^{2+} + 2\,HCHO + 4\,OH^-$
$\longrightarrow Cu + 2\,HCOO^- + m\,L + H_2 + 2\,H_2O$ (6・49)

このようにしてプラスチックの表面には銅皮膜ができ，導電性が付与される．しかし，コスト上の問題から，この上に平滑性のよい電気銅めっきをすることが多い．さらに，その上に耐食性をもつニッケルめっき，光沢性や耐食性をもつ仕上げのクロムめっきをすると，青白く輝く美しい金属表面が得られる．

6・6・3 複合めっき

金属酸化物や炭化物のような固体の微粒子を懸濁しためっき浴から，析出金属とともに微粒子を均一に共析させることを複合めっき(composite plating)という．

複合めっき浴としては，ほとんどの場合，電気めっきや無電解めっきで用いられる浴がそのまま用いられる．不溶性微粒子として，たとえば，耐摩耗性の機能を付与する目的には硬質，高融点を有するAl_2O_3，SiC，BNなどの耐熱性セラミックス微粒子が用いられ，また自己潤滑性を付与する目的には固体潤滑剤のMoS_2，BN，黒鉛，フッ化黒鉛などの微粒子が用いられる．接着性あるいは自己潤滑性，離型性などの機能を付与する目的に有機高分子のような熱に弱いものが用いられることもある．

[*30] (149ページ脚注)　最近では，ホルムアルデヒド(35%水溶液をホルマリンという)の作業環境などの問題点から，次亜リン酸，ジメチルアミンボラン，グリオキシル酸などを還元剤に用いる非ホルマリン浴が開発されつつある．

[*31] 比較的薄い膜を得る目的の低温(室温)タイプのめっき浴では，アルカリ溶液中で水酸化銅の沈殿が生成するのを防止するために錯化剤として酒石酸ナトリウムカリウム(ロッシェル塩，$KNaC_4H_4O_6$)を使用する．他方，厚い膜を得る目的の高温タイプのめっき浴では，銅イオンとさらに安定な錯体を形成するEDTAが使用される．前者に比べて，後者の浴からは延性の優れた銅めっきが得られる．

152   6 電気分解の応用

表 6・6 複合めっきにおける粒子の共析過程

1. めっき表面への粒子の輸送・補給
2. 粒子を囲むグーイ(Gouy)層の対イオンの脱離
3. 粒子表面の シュテルン(Stern)層の電荷の中和
4. ファンデルワールス(van der Waals)力による粒子の捕捉
5. 機械力による吸着粒子の脱離
6. 析出マトリックス金属による粒子の埋込み

　複合めっきでは，共析界面への粒子の輸送は拡散や電気泳動ではなくて，かくはんによる浴のマクロな流動に基づくと考えられ，また粒子の共析は表6・6に示す一連の過程で進行すると考えられている．

　このように，通常のめっき皮膜中に固体微粒子を分散・含有した複合めっきは，耐摩耗性，潤滑性，耐食性など金属が単独ではもち得ない新しい機能を引き出すことができる．そのため，たとえば，ニッケルをマトリックスとしてその中に硬質のSiCを分散させた少量のPを含むNi-P-SiC複合めっきは，自動車用エンジンシリンダーの内面へのめっきやピストン上へのめっきとして実用されている．

6・7 アノード処理

6・7・1 アノード酸化

　アルミニウムは本来イオン化傾向が大きく，化学的に不安定なものであるにもかかわらず，たとえば料理用のアルミホイルにみられるように，大気中や純水中で錆が進行しないのは表面に生成する薄くて透明な酸化アルミニウムの皮膜が緻密で，内部への酸化の進行を防止しているためである．このような自然に生成する酸化皮膜は非常に薄く，力を加えると破壊されやすいが，他方，アルミサッシの表面は機械的強度が高い．これは，後者では，アルミニウムを硫酸やシュウ酸などの水溶液中でアノード酸化(anodic oxidation)することによって表面に10〜100 μm程度の厚く強固な酸化皮膜を形成させることによる．

　アルミニウムのアノード酸化反応は次式で表される．

$$2\,Al + 3\,H_2O \longrightarrow Al_2O_3 + 6\,H^+ + 6\,e^- \qquad (6\cdot 50)$$

生成した酸化皮膜のアルミニウム側は絶縁性の緻密な膜であり，これをバリア層(barrier layer)という．高電圧下で，この層を通してO^{2-}イオンが移動することにより酸化皮膜が成長する．一方，酸化皮膜の電解質溶液側では式(6・51)の反応で一部が酸に溶解するため，図6・16に示すような直径数10 nmの細孔が開いており，この部分をポーラス層(porous layer)という．そのような細孔は沸騰水あるいは過熱水蒸気にさらすことによってふさぐことができる[*32]．この処理により，皮膜の耐食性，耐摩耗性，耐汚染性，耐候性などが大きく改善される．このようにしてアルマイト(anodized aluminium)製品がつくられる．

$$Al_2O_3 + 6\,H^+ \longrightarrow 2\,Al^{3+} + 3\,H_2O \qquad (6\cdot 51)$$

塩酸や塩化ナトリウムあるいは塩化アンモニウムのようなCl^-イオンを含む酸や塩の水溶液中でアルミニウムをアノード酸化する[*33]と，アルミニウム表面に直径1μmくらいの細孔が無数に生じる．そのため，エッチングしたアルミニウムは真の表面積が非常に大きい．そのようなアルミニウムをリン酸アンモニウムやアジピン酸アンモニウムのような中性塩の水溶液中でアノード酸

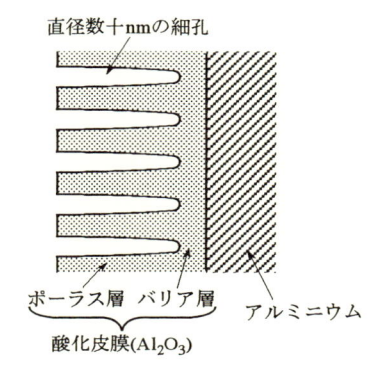

図 6・16 アルミニウムのアノード酸化皮膜の構造

[*32] 封孔処理(sealing)という．封孔できるのはアノード酸化直後の多孔性$\alpha\text{-}Al_2O_3$が熱水と反応して$\gamma\text{-}Al_2O_3\cdot H_2O$(ベーマイト)が生成するためである．

[*33] エッチング(etching)という．エッチングにより，見かけの表面積に対して真の表面積を10〜60倍も大きくすることができる．

化する[*34]と，非常に緻密で強固なバリア層が生成する．Al_2O_3 からなるそのバリア層は 10～100 nm と非常に薄く，Al_2O_3 の誘電率が 8～10 と高いので，これら二つのアノード酸化処理を施したアルミニウムはくを用い，導電体と組み合せることにより大容量のキャパシタ（capacitor）[*35]を作製できる．なお，キャパシタの貯めることのできる電気量すなわち静電容量 $C(\mu F)$ は，真空の誘電率を ε_0，酸化皮膜の比誘電率を ε_r，表面積を $S(cm^2)$，膜厚を $d(cm)$ とすると，次式で与えられる．

$$C = \frac{\varepsilon_0 \varepsilon_r S}{4\pi d} = \frac{8.854 \times 10^{-8} \varepsilon_0 \varepsilon_r S}{d} \qquad (6\cdot52)$$

そこで，キャパシタの容量を大きくするにはできるだけ表面積を大きくして誘導体の膜厚を薄くするとよい．アルミニウム電解キャパシタ（aluminium electrolytic capacitor）は，エチレングリコール-グリセリンにホウ酸アンモニウムなどを溶解した電解質溶液を含浸させたセパレーター紙を挟んで，絶縁性のバリア層を形成させたアルミニウムはくアノードと別のアルミニウムはくカソードを向い合わせた，図 6・17 に示すような構造になっている．

アルミニウムと同様，タンタルもアノード酸化すると緻密な Ta_2O_5 皮膜が形成される．Ta_2O_5 が 23～25 くらいの大きな誘電率を有しているうえに，実

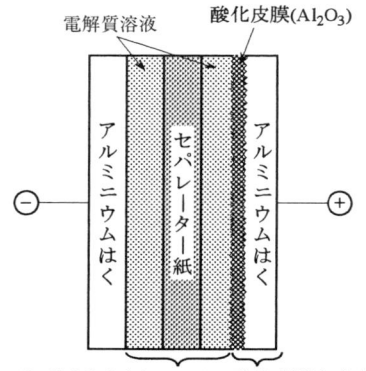

図 6・17 アルミニウム電解キャパシタの基本構造

---

　*34　化成（formation）という．
　*35　コンデンサ（condenser）ともいう．

際のタンタル電解キャパシタ(tantalum electrolytic capacitor)はタンタル粉末の焼結体を用いることにより電極の表面積を大きくしてあるので，アルミニウム電解キャパシタよりさらに大きな容量をもっている．

6・7・2 電 解 着 色

アルミニウムのアノード酸化皮膜におけるポーラス層は内表面積が非常に大きく，また正に荷電していて吸着活性が大きいため，アゾ染料のようなアニオン染料によく染まり，任意の着色が可能である．また，ポーラス層の着色は電解によっても可能であり，これを電解着色(electrolytic coloring)という．電解着色では，ポーラス層を形成させたアルミニウムを電極に用いて，金属塩を含む電解質溶液中で交流電解あるいは直流でのカソード還元を行う．そうすると，細孔中に金属粒子または金属酸化物粒子が析出し，これが光を散乱して，表6・7に示すような，析出物に応じた特定の色を示す．このような着色法はアルミ建材などのカラー化によく用いられる．

表 6・7 アルミニウムのアノード酸化皮膜の電解着色

着色浴成分	析出物	色
$NiSO_4 + H_3BO_3$	Ni	黄色～褐色～黒色
$CoSO_4 + H_3BO_3$	Co	褐色
$CuSO_4 + H_3BO_3$	Cu	赤銅色～栗色～黒色
$SnSO_4 + H_2SO_4$	Sn	赤褐色
$Pb(CH_3COO)_2$	Pb	ブロンズ色
$AgNO_3$	Ag	黄緑色
$HAuCl_4$	Au	赤紫色
$Na_2SeO_3 + H_2SO_4$	Se	黄色
$KMnO_4$	MnO_2	褐色

6・7・3 電 解 研 磨

金属表面の研磨は，通常，研磨剤といわれる鉱物の微粒子を用いて機械的に行われるが，電気化学的に金属表面をアノード溶解させて平らな光沢のある面に仕上げることもできる．これは電解研磨(electrolytic polishing)とよばれ，ステンレス鋼製機器の研磨に広く採用されている．

電解研磨の原理図を図6・18に示す．電解研磨では粘度の高い電解質溶液を用いて，高電流密度で短時間，電解する[*36]．一般に，金属をアノード(陽極)

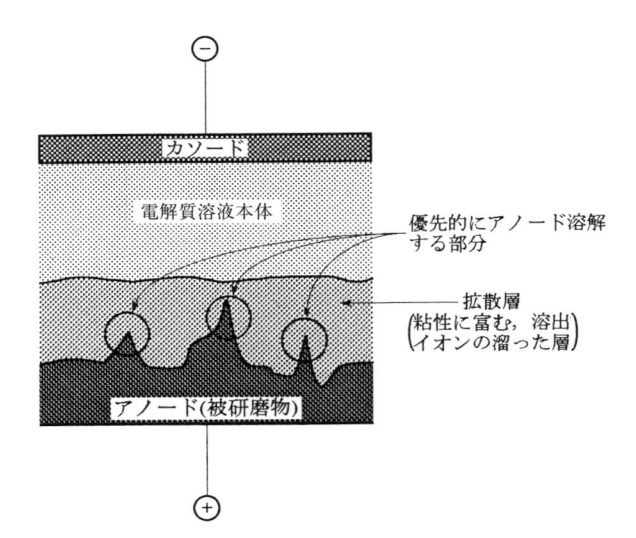

図中ラベル:
- カソード
- 電解質溶液本体
- 優先的にアノード溶解する部分
- 拡散層（粘性に富む, 溶出イオンの溜った層）
- アノード(被研磨物)

図 6・18　電解研磨の原理

にして大電流を流すと，すべての金属表面が同時に速やかに溶解すると考えられるが，溶出した金属イオンが電解質溶液の沖合へ拡散してゆくのに時間がかかるため，アノード表面近くの電解質溶液は粘性に富んだ溶出イオンの多いものとなる．このような拡散層は金属の凸部では薄く，凹部では厚くなっているので，電解質溶液の沖合へ金属イオンが拡散してゆく速度は凸部では速く，凹部では遅い．このため，凸部が速く溶出し，金属表面全体が平滑になる．

　凸部に電流が集中して表面が平滑化するだけでなく，腐食反応が起こり得るような活性な点が優先して溶解することも電解研磨の特長の一つである．しかも，電解研磨では，金属表面にごく薄い酸化皮膜ができ，表面の光沢性や耐食性の向上につながっている．ステンレスの場合には，表面に不動態の Fe_2O_3 皮膜ができるうえに，その皮膜に Cr を多く含むので，耐食性が非常に高くなっている．

＊36　（前ページ脚注）　たとえば，ステンレスの電解研磨は，硫酸 300 cm^3, リン酸 600 cm^3, クロム酸 50 g, 水 100 cm^3 からなる電解質溶液を用い，室温～140 °C，電圧 6～15 V，電流密度 30～1000 A dm^{-2} で，数秒～数分で行われる．

6・8 電着塗装

電着塗装(electrocoating)は，比較的低濃度の水溶性塗料(顔料＋樹脂粒子)溶液中に被塗装物を浸漬して，被塗装物と対極の間に高電圧をかけると，水の電解によって電極のごく近傍のpHが変化し，そのため塗料粒子が凝析・付着する性質を利用する塗装法である．塗料は高分子電解質として水溶液あるいは

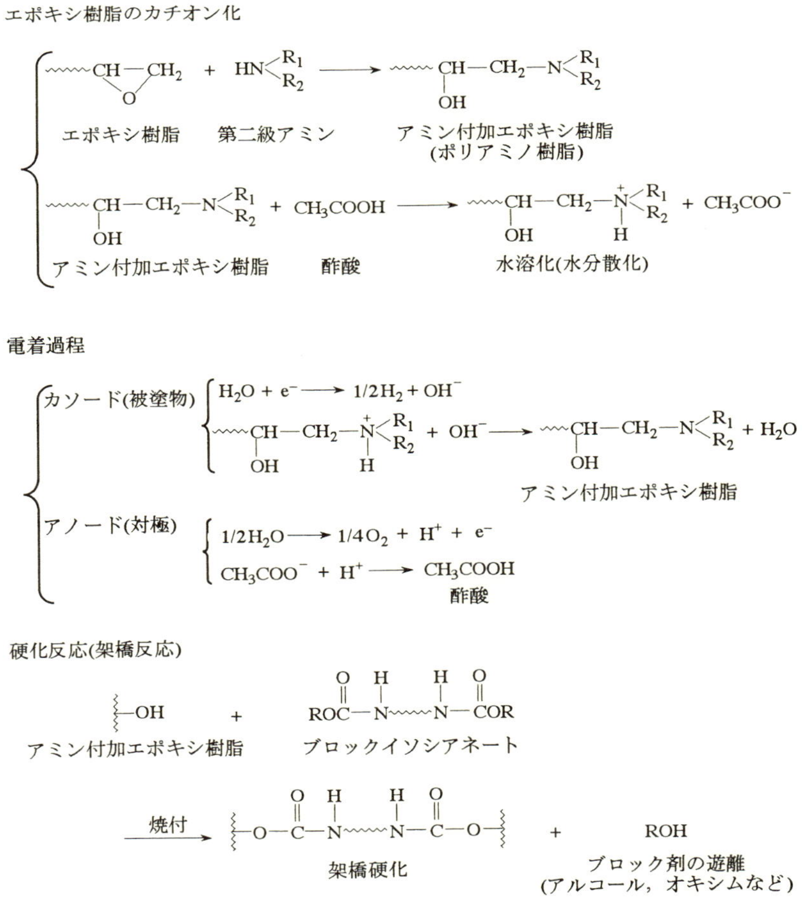

エポキシ樹脂のカチオン化

$$\text{CH-CH}_2\text{-O-} + \text{HN}{<}^{R_1}_{R_2} \longrightarrow \text{CH-CH}_2\text{-N}{<}^{R_1}_{R_2}$$
$$\text{OH}$$

エポキシ樹脂　　第二級アミン　　アミン付加エポキシ樹脂
(ポリアミノ樹脂)

$$\underset{\text{OH}}{\text{CH-CH}_2}\text{-N}{<}^{R_1}_{R_2} + \text{CH}_3\text{COOH} \longrightarrow \underset{\text{OH}}{\text{CH-CH}_2}\text{-}\overset{+}{\text{N}}{<}^{R_1}_{R_2}\underset{H}{} + \text{CH}_3\text{COO}^-$$

アミン付加エポキシ樹脂　　酢酸　　　　水溶化(水分散化)

電着過程

カソード(被塗物)
$$\text{H}_2\text{O} + e^- \longrightarrow 1/2\text{H}_2 + \text{OH}^-$$
$$\underset{\text{OH}}{\text{CH-CH}_2}\text{-}\overset{+}{\text{N}}{<}^{R_1}_{R_2}\underset{H}{} + \text{OH}^- \longrightarrow \underset{\text{OH}}{\text{CH-CH}_2}\text{-N}{<}^{R_1}_{R_2} + \text{H}_2\text{O}$$
アミン付加エポキシ樹脂

アノード(対極)
$$1/2\text{H}_2\text{O} \longrightarrow 1/4\text{O}_2 + \text{H}^+ + e^-$$
$$\text{CH}_3\text{COO}^- + \text{H}^+ \longrightarrow \text{CH}_3\text{COOH}$$
酢酸

硬化反応(架橋反応)

$$\text{-OH} + \text{ROC-N}\overset{O\ \ H}{}\text{-}\text{N-COR}\overset{H\ \ O}{}$$
アミン付加エポキシ樹脂　　ブロックイソシアネート

$$\xrightarrow{\text{焼付}} \text{-O-C-N}\overset{O\ H}{}\text{-}\text{N-C-O-}\overset{H\ O}{} + \text{ROH}$$
　　　　　　　架橋硬化　　　　　　ブロック剤の遊離
(アルコール，オキシムなど)

図 6・19　カチオン電着塗装の反応過程

分子コロイドを形成しており，その電荷の正負によりカソードかアノードに電着するので，それぞれカチオン電着塗装，アニオン電着塗装とよばれる．

アニオン電着塗装では被塗装物をアノードとしてアノード分極するため素地金属の酸化溶出を招く恐れがあるので，現在，自動車車体の塗装では防錆力の向上のためカチオン電着塗装が採用されている．カチオン電着塗装は前処理工程，電着工程[*37]，水洗工程および焼付工程からなるが，その反応過程を図6・19に示す．

電着塗装では，塗料が電着した部分は大きな皮膜抵抗となって分極が増大して電着しにくくなるため，電着は未塗装部分に順次移動して，複雑な形状のものでも隅々まで均一に塗装できるいわゆるつきまわり性が非常によくなるとともに，皮膜内では電気浸透が発生して内部の水を膜環境がよい，水性廃水の公害対策が容易であるなど，多くの特長をもっている．そのため，自動車車体の下塗りをはじめ，建材，スチール家具，電気製品などの塗装手段として広く用いられる．

演 習 問 題

6・1 電気分解における過電圧の内容を説明せよ．
6・2 食塩電解におけるイオン交換膜法の特徴について述べよ．
6・3 単位質量の物質の製造に必要な理論電気量を理論電気量原単位 $Q°$ といい，[kAh t^{-1}] で表す．食塩電解による水素，塩素およびカセイソーダの製造の理論電気量原単位を求めよ．
6・4 溶融塩や有機溶媒を使用する非水溶液電解の特徴を，水溶液電解の場合と対比しながら，述べよ．
6・5 アクリロニトリルの電解二量化によるアジポニトリルの合成について述べよ．
6・6 電解重合について述べよ．
6・7 銅を例にとって，電解精製の原理と特長について述べよ．

[*37] 通常，印加電圧 250～350 V，温度 25～30 ℃，膜厚 20～25 μm の場合，2～3 min で塗装が終了する．

6・8 電気透析による海水の脱塩と濃縮の原理を説明せよ．

6・9 一般の電気めっき浴および無電解めっき浴に含まれる成分の果たす役割を述べよ．

6・10 電気めっきに影響を及ぼす因子について述べよ．

6・11 プラスチック上への銅めっきを例にとって，無電解めっきの原理を説明せよ．

6・12 アルミニウムの表面処理において重要な役割を果たす酸化皮膜の活用法を述べよ．

6・13 実用コンデンサ(キャパシタ)について述べよ．

6・14 電解研磨は金属のアノード溶解作用を利用するものである．この原理を説明せよ．

6・15 自動車車体の塗装などでよく用いられる電着塗装の原理と特徴について述べよ．

7

金属の腐食とその防止

　鉄がさびることはよく知られているが，鉄に限らず，一般に，金属が自然に溶解したりさびたりする現象を腐食(corrosion)という．腐食は資源・エネルギーの浪費であるばかりか，安全性や美観の点からも重要な問題である．機械，装置，構造物などを腐食されないようによく管理することは非常に経済的である．普通の腐食では，電池と同じ反応機構が考えられているが，反応の進行に伴って生じる電気エネルギーは，電池とは異なり，外部に取り出して有効に利用されることはなく，無駄に消費されてしまう．腐食の詳細な機構が明らかにされると，防食法もおのずからわかってくる．本章では，主として，腐食機構と防食法について述べる．

7・1 腐　　食

7・1・1 腐食の種類

　腐食の分類の仕方はいろいろあるが，たとえば湿食(wet corrosion)と乾食(dry corrosion)，全面腐食(general corrosion)[*1]と局部腐食(local corrosion)，そのほか接触腐食(contact corrosion)，孔食(pitting corrosion)，隙間腐食(crevice corrosion)，応力腐食(stress corrosion)，粒界腐食(intergranular corrosion)，脱成分腐食(dealloying)などに分けることもできる．さらに，流体の衝撃による金属表面の浸食と同時に起こる腐食[*2]や漏えい電流が関係した腐

　[*1] 均一腐食(homogeneous corrosion)ともいう．
　[*2] エロージョン・コロージョン(erosion-corrosion)という．

食などもある．以下では，これらのうちのいくつかについて簡単に説明しておこう．

湿食は室温近傍で酸素と水の存在下で進行するものであり，乾食は高温で腐食性気体によって進行する腐食である．また，全面腐食は環境に曝されている表面全体がほぼ同じ速度で進行する場合であり，もっともよく現れるものである．この例は湿潤大気中における鉄の発錆である．

異種金属の接触によって接触腐食が進行する場合も多い．後で詳しく述べるように，標準電極電位の異なる金属を接触した場合には，卑な金属の方が腐食される．典型的な局部腐食である孔食は不動態被膜が形成された金属表面の小さな孔に局所的に起こる腐食であり，深い孔がつくられる．この例はアルミニウム合金やニッケル-クロム型のステンレス鋼にみられる．隙間腐食は金属の狭い間隙や凹部で起こる腐食である．たとえば，海水中でステンレス鋼の表面に海中生物が付着して表面の凹部がふさがれると，その内部が酸素不足となり，ステンレス鋼と溶存酸素が反応するカソード部と金属がアノード部として溶解する凹部との間に電池作用が働き，隙間腐食が進行する．応力腐食は，一定の引張応力と特定の腐食剤とに同時に曝された金属部分が金属結晶粒界に沿ってあるいは結晶粒界を貫いて割れを生じるような腐食のことである．粒界腐食は金属材料の結晶粒界に沿った選択的な腐食である．この例はステンレス鋼のクロム欠乏による粒界腐食で，結晶粒界にクロム炭化物が析出し，近傍の合金中のクロム濃度が低下して，その部分の耐食性が非常に低下するために起こる．脱成分腐食は合金成分のうちで特定の成分だけが腐食によって選択的に溶出する腐食であり，真鍮(しんちゅう)[*3]の脱亜鉛腐食がその例である．

7・1・2 腐食の機構：局部電池機構

金属の腐食現象は，一般に，局部電池機構(local cell mechanism)とよばれる電気化学的な機構で説明される．

まず，図7・1(a)をみてみよう．ここにはダニエル電池の放電機構が書かれている．すでに学んだように，負極でZnがアノード溶解してZn^{2+}イオンに

[*3] 銅-亜鉛系を基本とした合金で，黄銅(brass)ともいう．

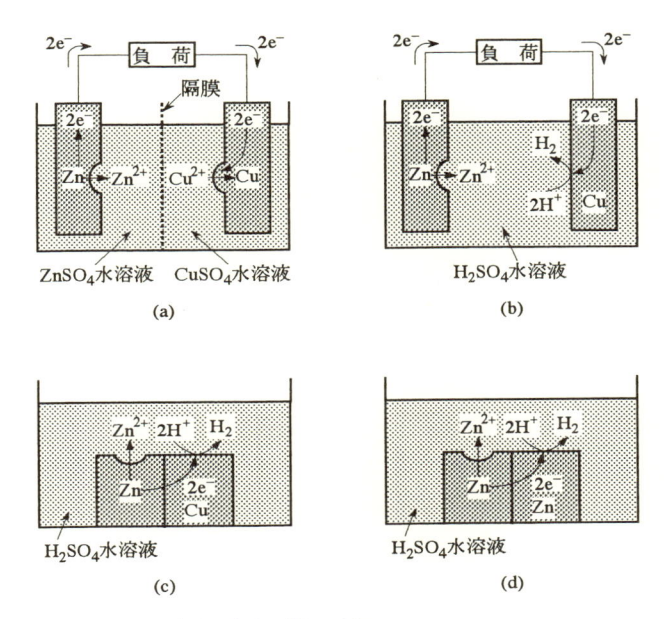

図 7・1 電池反応と亜鉛の溶解
(a) ダニエル電池　(b) ボルタ電池
(c) 亜鉛と銅を接続　(d) 亜鉛のみ

なり，正極で Cu^{2+} イオンがカソード還元されて Cu になることによって，電池の放電反応が進行する．

アノード反応：$Zn \longrightarrow Zn^{2+} + 2\,e^-$　　$E° = -0.763$ V $vs.$ SHE
(7・1)

カソード反応：$Cu^{2+} + 2\,e^- \longrightarrow Cu$　　$E° = 0.340$ V $vs.$ SHE
(7・2)

反応の駆動力は正負両極系の電位の差すなわち電池の起電力であり，ダニエル電池 (Daniell cell) の場合には，標準電極電位 $E°$ の差すなわち電池の標準起電力で示すと，約 1.1 V となる．それに対して，図 7・1(b) に示したボルタ電池 (Volta cell)[*4] では，正極の Cu 表面で H^+ イオンの放電による水素発生反応が進行する．

カソード反応：$2\,H^+ + 2\,e^- \longrightarrow H_2$　　$E° = 0.000$ V $vs.$ SHE　(7・3)

この電池の標準起電力は 0.763 V であり，ダニエル電池に比べて低いが，ボルタ電池の形成により，アノードの Zn が溶解することがわかる．図 7・1(c) のように，Zn 極と Cu 極を短絡させると，外部に電気を取り出すことはできないけれども，Zn はアノード溶解し，Cu 表面上で式(7・3) の水素発生反応が起こることはボルタ電池の場合と同じである．図 7・1(d) のように，銅電極を取り除いて Zn 電極だけを硫酸水溶液に浸漬しても，速度は非常に遅いが Zn は水素を発生しながら溶解する．実際には，Zn が溶解するところと水素が発生するところはすぐ近くである．すなわち，Zn の表面は物理的あるいは化学的に不均一で，エネルギー的に一様ではないので，Zn のエネルギーが高くて溶解しやすいところが溶解して，その近くのエネルギーが低くて溶解しくいところから水素が発生していると考えてよい．

次に，酸性水溶液中での鉄の腐食を考えてみよう．その概念図を図 7・2 に示す．鉄の表面もエネルギー的に決して一様ではなく，局部的に溶解しやすいところとそうでないところがある．実際，腐食した鉄の表面をよくみると小さな孔がたくさんあるが，この孔は鉄が優先的に溶解したところ[*5]である．鉄のアノード溶解反応は次式で表される．

アノード反応：$Fe \longrightarrow Fe^{2+} + 2\,e^-$　　$E° = -0.440$ V *vs.* SHE

$$(7・4)$$

孔の周辺の腐食されていないところ[*6]では，式(7・3) のような H^+ イオンの還元反応が起こる．このように，式(7・4) の反応で鉄の中に残された電子は，孔の周辺に移動し，式(7・3) で示した H^+ イオンの還元反応に消費される．そこで，反応は全体として次のようなる．

腐食反応：$Fe + 2\,H^+ \longrightarrow Fe^{2+} + H_2$　　　　　　　　　　(7・5)

この鉄の腐食反応は，図 7・1(b) に示したボルタ電池の反応と類似であり，

[*4] （前ページ脚注）1800 年にボルタ(Volta)が発明した電池である．負極に亜鉛，正極に銅，電解質に硫酸を用いて構成されている．この電池を直列につないだボルタの電堆（でんたい）(Voltaic pile)は，1866 年シーメンス(Siemens)が発明した発電機の普及まで，唯一の電流源として用いられた．

[*5] 局部アノードという．

[*6] 局部カソードという．

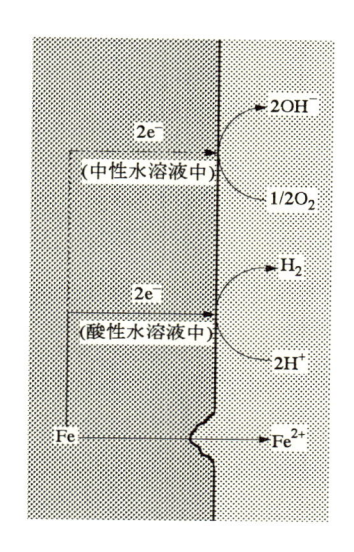

図 7・2 鉄の腐食機構（局部電池機構）

鉄-銅電池（Fe｜H₂SO₄｜Cu）を組み立てて正負両極端子を銅線で短絡させたと考えたときの放電反応に相当していることがわかるであろう．これらのアノード反応とカソード反応の標準電極電位は 25 ℃ でそれぞれ -0.440 V vs. SHE，0.00 V vs. SHE であるから，この電池の標準起電力は 0.440 V となり，ギブズエネルギーが負（$\Delta G = -nFE < 0$）となるので電池反応は自然に進行すると考えられる．鉄の腐食反応だけではなく，一般に，金属の腐食反応にはこのような局部電池機構とよばれる電池反応を模した電気化学的な機構がそのまま適用できる．

なお，溶液中に酸素が溶存している[*7]場合には，カソード反応として式（7・3）に代り酸素の還元反応が起こることも考えられる．酸性溶液中での腐食反応においては溶存酸素の寄与はほとんど無視できるが，中性およびアルカリ性水溶液中では，H⁺ イオンの濃度が非常に低いため，次式に示す酸素の還元反応が重要になる．

[*7] 一般に，空気に曝されている水溶液には，25 ℃ で 2.5×10^{-4} mol dm⁻³ 程度の酸素が溶解している．

カソード反応：$1/2\,O_2 + H_2O + 2\,e^- \longrightarrow 2\,OH^-$

$$E° = 0.401\,\text{V}\ vs.\ \text{SHE} \tag{7・6}$$

それゆえ，腐食反応は式(7・4)と式(7・6)から次式のようになる．

腐食反応：$Fe + 1/2\,O_2 + H_2O \longrightarrow Fe^{2+} + 2\,OH^- \tag{7・7}$

このような中性ないしアルカリ性水溶液の場合には，溶解した鉄は次の反応によって FeOOH を主成分とするさびとなる．

さび生成反応：$Fe^{2+} + 1/4\,O_2 + 2\,OH^- \longrightarrow FeOOH + 1/2\,H_2O$

$$\tag{7・8}$$

実際には，FeOOH のほかに Fe_2O_3 や Fe_3O_4 なども含まれ，鉄さびの組成はたいへん複雑である．このように，さびが生ずるには水と酸素が必要であるが，溶液の pH により腐食反応にかかわる物質や腐食生成物が異なる．

7・1・3　腐食の速度論：腐食電位と腐食電流

すでに述べたように，腐食反応は金属のアノード溶解と H^+ イオンや溶存酸素のカソード還元が同時にしかもつり合った条件で進行する．そこで，これらの反応速度に対応する電流をそれぞれ i_a，i_c とすると，腐食反応の速度 i_{corr} は $i_{corr} = i_a = i_c$ である．図 7・3 には鉄の腐食に対する局部電池の分極曲線(電流-電位曲線)を示してある．図中の破線は，溶存酸素が存在する中性溶液中での鉄の腐食の電流-電位曲線である．局部アノード分極曲線と局部カソード分極曲線が交差したところの電極電位と電流はそれぞれ腐食電位(corrosion potential) E_{corr}，腐食電流(corrosion current) i_{corr} とよばれる．鉄の溶解反応のアノード分極曲線と H^+ イオンの還元反応のカソード分極曲線が組み合さって腐食速度が決まる点 A のほかに，鉄の溶解反応のアノード分極曲線と溶存酸素の還元反応のカソード分極曲線が組み合さって腐食速度が決まる点 B も示してある．溶存酸素が関与する場合には，拡散による溶存酸素の鉄表面への補給量には限界があり，この図のように拡散限界電流が現れ，それによって腐食速度が決まることが多い．

図 7・4 のような腐食試験装置を用いて，鉄片を試験電極とし，適当な対極と参照電極を用いて，溶存酸素のない酸性溶液中で分極曲線を測定すると，図 7・3 や図 7・5 のようなアノード分極曲線とカソード分極曲線が得られる．な

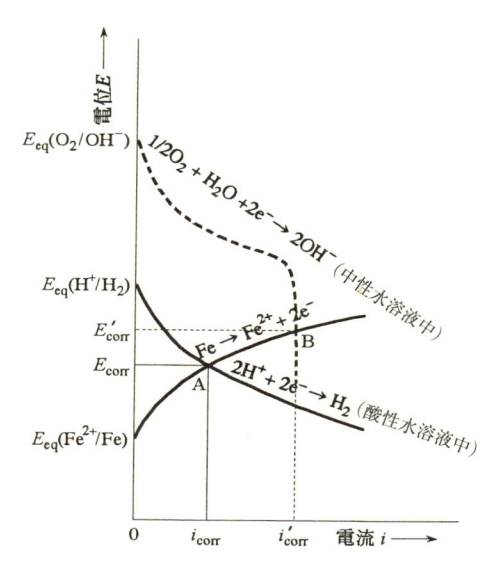

図 7・3　鉄の腐食に対する局部電池の分極曲線

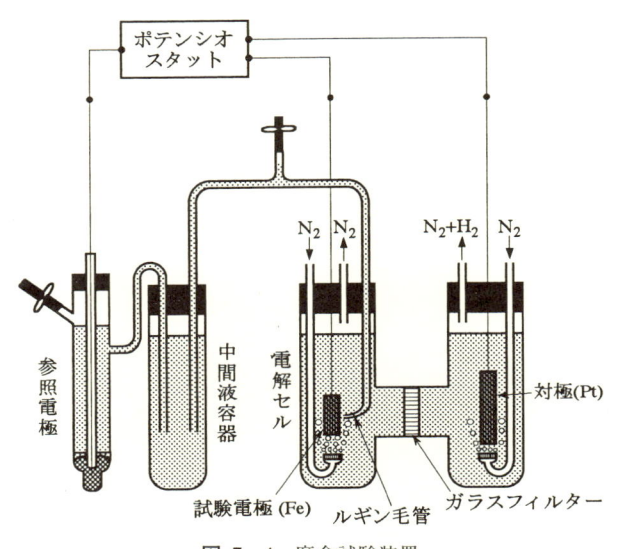

図 7・4　腐食試験装置

お，両図で横軸の電流の表示が i と $\log i$ で異なっているので注意されたい．このようなアノード分極曲線は鉄の溶解反応のアノード分極曲線とだいたい一致し，カソード分極曲線は H^+ イオンの還元反応のカソード分極曲線とだいたい一致している．したがって，この腐食反応の分極曲線は，式(7・4)のアノード反応と式(7・3)のカソード反応に対応する分極曲線を合成することによって得られる．

ところで，鉄の溶解反応と H^+ イオンの還元反応に対しては，各平衡電位は図中の $E_{eq}(Fe^{2+}/Fe)$ および $E_{eq}(H^+/H_2)$ で示され，またそれぞれに対する交換電流密度は $i_0(Fe^{2+}/Fe)$ と $i_0(H^+/H_2)$ で示される値である．これと類似した関係で，腐食のアノード反応による電流密度とカソード反応による電流密度が一致する電位，すなわち腐食電位 E_{corr} とそれに対応する腐食電流 i_{corr} を図中に示してある．定常状態では，両極において同じ電位(腐食電位，E_{corr})と電流(腐食電流，i_{corr})で反応が進行している．この腐食電位は，試験片が溶液に浸漬されたときに示す電位であり，腐食電流は試験片が溶解する速度に相当する電流である．したがって，鉄の腐食量は鉄片の重量減少から求めても［腐食電流×時間＝腐食に対応する電気量］の関係からファラデーの法則を用いて計算される腐食量と一致するはずである．腐食電流は図7・5のようなターフェル

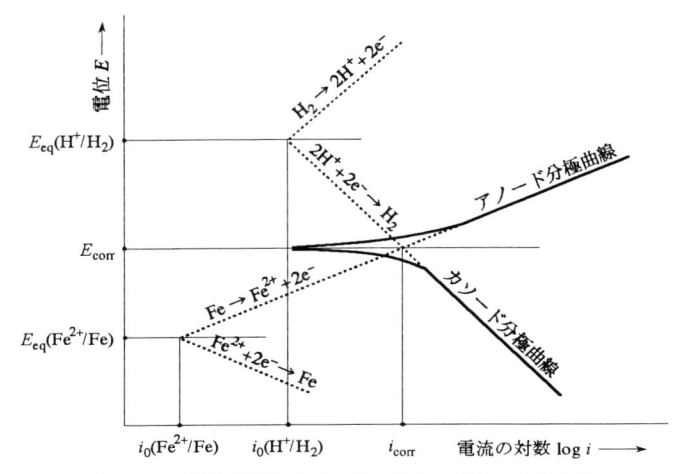

図7・5 酸性水溶液中での鉄の腐食に対する分極曲線

プロット(4章参照)から求められる．なお，この図の横軸は，図7・3の場合とは異なり，電流の対数であることに注意されたい．また，分極の小さい領域で適用される微小分極法[*8]により交換電流密度を求めたのと類似の方法を用いて求めることもできる．

ただし，腐食電位と電極の平衡電位とは物理的意味が異なっているので，注意を要する．平衡電位がアノード反応とカソード反応が同一の反応で正逆方向の反応に対して成り立つのに対して，腐食電位はアノード反応とカソード反応が異なる種類の反応から成り立つもの[*9]である．交換電流と腐食電流も同様の関係にある．

7・1・4 腐食の平衡論：電位-pH 図

金属の腐食は，表面が純金属か酸化物などで覆われているかという表面状態によって大きな影響を受けるので，金属の腐食を考えるうえで表面組成を考慮することが重要である．この場合，金属-金属イオン-酸化物などの間の平衡論に基づいて得られる電位-pH 図（プールベ図（Pourbaix diagram））が非常に参考になる．

一例として，Fe-H_2O 系の電位-pH 図を図7・6に示す．ここには，金属が安定に存在するか溶解するかの目安として，25℃で 10^{-6} mol dm^{-3} の金属イオンなどと平衡するときの電極電位が pH の関数として示されている．25℃で 10^{-6} mol dm^{-3} の金属イオンと平衡するときの電極電位は，ネルンスト式を用いて計算により求められる．たとえば，直線(a)は式(7・9)の反応の平衡を表しており，式(7・10)のように計算で導かれる．

$$Fe^{2+} + 2e^- \rightleftharpoons Fe \qquad (7 \cdot 9)$$

[*8] 過電圧(分極)が小さい，すなわち平衡電位から少しだけ分極させたときの電流と電位の関係を測定する方法をいう．4章で述べたように，過電圧 η が小さい($|\eta| \lesssim \sim 5$ mV)範囲では，電流密度と過電圧または電極電位との間に直線関係が成り立つ．この直線の勾配は電荷移動抵抗(分極抵抗) RT/nFi_0 であるから，この値から i_0 を求めることができる．

[*9] 混成電位(mixed potential)という．

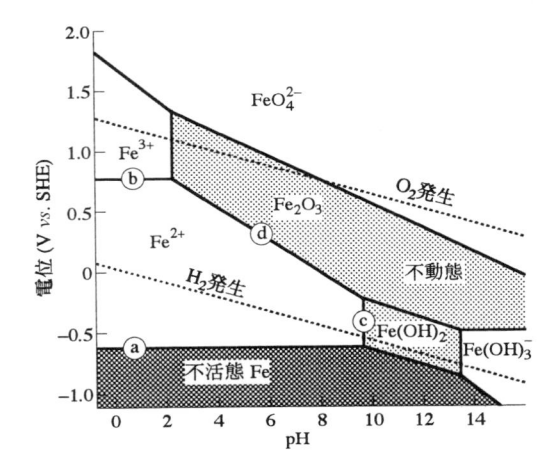

図 7・6 Fe–H$_2$O 系の電位–pH 図
(各イオンの濃度：
10^{-6} mol dm^{-3}, 25°C)

$$E = E°(\text{Fe}^{2+}|\text{Fe}) - \frac{RT}{2F}\ln\frac{1}{[\text{Fe}^{2+}]}$$

$$= -0.440 - 0.0296\log\frac{1}{[10^{-6}]}$$

$$= -0.618 \text{ V } vs.\text{ SHE} \quad (7\cdot 10)$$

Fe が直線(a)の電位すなわち -0.618 V $vs.$ SHE よりも負の電位に保たれると安定であり，正の電位に保持されると溶解して Fe^{2+} となる．直線(b)は式(7・11)の反応の平衡であり，同様にして式(7・12)が導かれる．

$$\text{Fe}^{3+} + \text{e}^- \rightleftharpoons \text{Fe}^{2+} \quad (7\cdot 11)$$

$$E = E°(\text{Fe}^{3+}|\text{Fe}^{2+}) - \frac{RT}{F}\ln\frac{[\text{Fe}^{2+}]}{[\text{Fe}^{3+}]}$$

$$= 0.771 - 0.0592\log\frac{[10^{-6}]}{[10^{-6}]}$$

$$= 0.771 \text{ V } vs.\text{ SHE} \quad (7\cdot 12)$$

直線(c)は次式の平衡を示している．

$$\text{Fe(OH)}_2 = \text{Fe}^{2+} + 2\text{OH}^- \quad (7\cdot 13)$$

この反応は酸化還元反応ではないので，平衡は溶解度積の関係で示される．

$$K_{\text{Fe(OH)}_2} = [\text{Fe}^{2+}][\text{OH}^-]^2 = 10^{-14.71} \quad (7\cdot 14)$$

ここで，$K_{\text{Fe(OH)}_2}$ は Fe(OH)$_2$ の溶解度積である．$\log[\text{OH}^-] = \text{pH} - 14$ の関係を

用いて，式(7・14)を変形すると

$$\log[Fe^{2+}] = -14.71 - 2\log[OH^-]$$
$$= -14.71 - 2(pH - 14)$$
$$= 13.29 - 2\,pH \tag{7・15}$$

さらに，この式に$[Fe^{2+}] = 10^{-6}\,mol\,dm^{-3}$を代入すると，pH=9.65が得られる．直線(d)は式(7・16)の反応の平衡であり，上記と同様にして式(7・17)が導かれる．

$$Fe_2O_3 + 6\,H^+ + 2\,e^- \rightleftarrows 2\,Fe^{2+} + 3\,H_2O \tag{7・16}$$

$$E = E°(Fe_2O_3|Fe^{2+}) - \frac{RT}{F}\ln[Fe^{2+}] + \frac{3\,RT}{F}\ln[H^+]$$
$$= 0.728 - 0.059\log[10^{-6}] - 0.177\,pH$$
$$= 1.083 - 0.177\,pH \tag{7・17}$$

したがって，この平衡はpHに依存していることがわかる．ほかの直線もこのようにして決められたものである．

7・1・5　不活態と不動態

図7・6の中は，金属状態で安定な領域，固体酸化物あるいは水酸化物が安定な領域および可溶性イオンが存在する領域の三つに分けられる．図中で影を付けたところは鉄が安定である電位とpHの領域を表しているが，その一つは非常に卑な電位領域のところであり，そこでは金属それ自体が安定な不活態(immunity)とよばれる状態にある．もう一つはFe_2O_3や$Fe(OH)_2$で覆われている領域であり，このように化学的に安定な酸化皮膜などで覆われて金属の溶出がほとんど起こらない状態は不動態(passive state)とよばれる．一般に，不動態は金属の高級酸化物あるいは水酸化物からなる非常に緻密で$10\sim100\,\mathring{A}$くらいの薄い層[*10]が形成されることによって生じる．不活態や不動態以外のFe^{2+}，Fe^{3+}，$Fe(OH)_3^-$などが安定に存在する領域では鉄が腐食されることがわかる．これらの状態は電位やpHによっても変化する．

[*10] 鉄の場合には，不動態皮膜の厚さは数nmであり，皮膜の組成については，まだ完全には解明されていないが，多分，非晶質のFeOOHあるいは水和したFe_2O_3などであろうといわれている．

不動態は腐食や防食との関係できわめて重要であるから，もう少し詳しく述べておこう．

硫酸水溶液中の鉄片について，水素発生の領域から酸素発生の領域までの広い電位領域にわたる分極曲線の一例を図7・7に示す．まず，電位がきわめて卑な領域では，水素発生反応のターフェル直線がみられる．次いで，電位が少し貴側に移ると電流値が小さくなり，腐食電位に至る．さらに電位が貴になると鉄の溶出反応が起こり，電流は急激に増加する．しかし，ある電位に至ると溶解反応の速度が急に低下し，電流がほとんど流れなくなる．これは鉄の表面に緻密な酸化皮膜が形成されたためである．その不動態化(passivation)が開始する電位をフラーデ電位(Flade potential)という．不動態化されても鉄の溶解が完全に止まるわけではなく，不動態皮膜を通ってゆっくりと進行するので，不動態保持電流は流れている．さらに電位が貴になると，再び電流が流れるようになる．この電流は大部分が鉄の表面酸化物の上で水が電解されて酸素が発生することによっている．このような状態を過不動態(transpassivity)という．

以上からわかるように，金属を不動態化させるには，フラーデ電位より貴な電位にしてやればよい．また，このような電気化学的手法によらなくても，たとえば，鉄やニッケルでは硝酸水溶液に浸しておくだけでも硝酸の酸化力によ

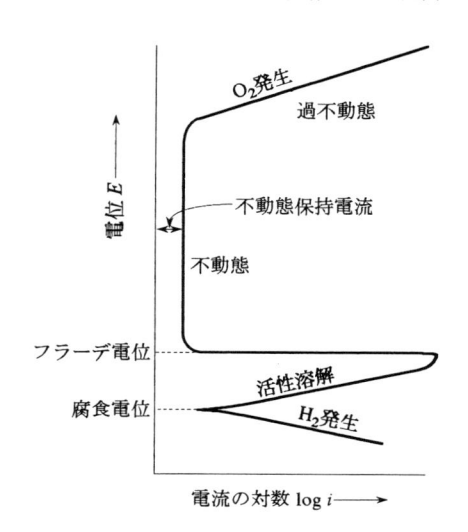

図 7・7　鉄のアノード分極曲線

って不動態皮膜が形成される．一般に，チタン，クロム，ニッケル，モリブデンなどの金属は表面に不動態皮膜が形成されやすく，耐食性が非常によい．

7・2 防 食

　腐食を引き起こす要因を取り除けば，腐食は防止されるはずである．それにはいろいろな方法が考えられる．たとえば，(1) 金属のおかれている環境を制御する，(2) 金属の電位を変化させて不活態あるいは不動態の領域に移行させる，(3) 防食皮膜を形成させる，(4) 腐食抑制剤(corrosion inhibitor)を添加する，(5) 金属を他の適当な金属と合金化させる，などである．以下では，これらの防食法について述べる．

7・2・1 環境制御による防食

　通常の金属の腐食には水の存在が不可欠である．それゆえ，まず水分の除去が防食に効果的であり，乾燥剤の使用は有効である．次に，腐食のカソード反応に H^+ イオンあるいは溶存酸素が関与するので，これらの除去も防食にはきわめて効果的である．そのためには，pH の制御が大切であり，pH = 10 くらいが適当である．ボイラー水の調節には水酸化ナトリウムやリン酸ナトリウムが用いられる．また，溶存酸素の除去には，水を減圧下で煮沸させて脱気したり，亜硫酸ナトリウムやヒドラジンなどの脱酸素剤を添加して化学的に脱酸素したりする方法がとられる．

7・2・2 電 気 防 食

　試料金属の電位を卑な方向に移行させて不活態の領域にするか，あるいは貴な方向に移行させて不動態が形成される条件下におけば，腐食を防ぐことができる．前者をカソード防食(cathodic protection)といい，後者をアノード防食(anodic protection)という．

　金属の電位を卑な方向に変化させるカソード防食法には図7・8に示すような二通りの方法がある．その一つは試料金属より卑な電位を示す金属，すなわちイオン化傾向の大きな金属を犠牲アノードとして使う方法であり，犠牲アノード法(sacrificial anode method)とよばれる．たとえば，鋼の防食には犠牲ア

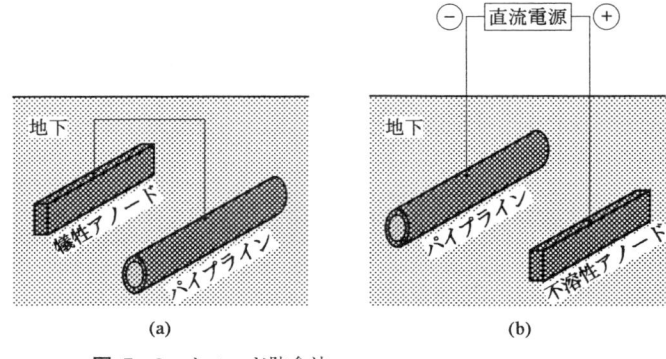

図 7・8 カソード防食法
(a) 犠牲アノード法　(b) 強制通電法

ノードとして亜鉛，マグネシウム，アルミニウムなどが用いられる．このような組合せで，金属が電解質溶液に曝されると，電池が形成される．したがって，犠牲アノードの金属は電池反応により溶解して消耗するが，電池の正極となる被防食金属は侵されない．このような防食法は地下埋設管，船舶，港湾施設，熱交換器，ポンプなどに広く用いられている．また，防食しようとする船体などの構造物に直接密着させても同じであり，鋼板の表面に亜鉛をめっきしたトタンや自動車用鋼板もこの応用例である．もう一つは高 Si 鉄，黒鉛，鉛銀合金などのような不溶性アノードを用いて，外部直流電源から強制的に通電して電解する方法であり，強制通電法（impressed current method）とよばれる．この場合には，電気分解が目的ではないので，大きな電流を流す必要はなく，金属の腐食速度に打ち勝つだけの電流でよい．カソードである被防食金属では微量ながら水素発生あるいは酸素還元が起こり，アノードでは酸素発生が起こる．この方法は地下埋設管，建築物の鋼杭，鉄塔など地下水層を利用して大規模に用いられるほか，岸壁，桟橋，ブイなどの港湾施設にも広く用いられる．

　他方，カソード防食法とは逆に，金属の表面に不動態皮膜を形成させるアノード防食法では，被防食金属を電池系または電解系のアノードとなるようにほかの金属と組み合せる．当然ながら，これは鋼やステンレス鋼のように分極によって不動態化し得る金属にだけ有効である．電池系による場合には一般に白

金族金属を試料金属の表面に被覆するか,あるいはその金属と合金化させる.電解系による場合には対極に炭素あるいは白金を用いて,外部から直流電流を流し,試料金属の電位を調節する.ただし,この場合には,ある大きさの一定電流を流すというよりは,不動態皮膜が安定に存在するような電位に試料金属を保つことが大切である.硫酸中の炭素鋼の防食への適用が代表例である.

7・2・3 表面被覆による防食

表面被覆は,一般に,腐食環境を遮断する能力を利用する防食法であり,表7・1に示すように,被覆の種類によって金属被覆,化成処理,無機被覆および有機被覆の四つに大別される.防食対象物を被覆することによって水や空気との接触を断つと腐食を抑制できるが,よく用いられる被覆材料には金属,ガラス,塗料,プラスチックなどがある.金属以外は単に水や空気との接触を妨げるだけでなく,局部電池の形成における大きな抵抗としての働きもある.金属の被覆による防食では,とくに下地金属より貴な電位を示す金属すなわちイオン化傾向の小さい金属で被覆する場合には,ピンホールや傷に注意する必要がある.たとえば,鋼板にスズめっきしたブリキ板では,ピンホールや傷があると下地の鉄鋼が局部アノードとなる局部電池が形成されるため,鉄鋼の腐食はスズがない場合よりかえって増大する.ただし,スズは大気中では下地金属の鋼より貴であるが,脱気された食缶内では電位が逆転して鋼を防食する.逆に,先に述べた鋼板に亜鉛めっきしたトタン板のように,卑な電位をもつ金属すなわちイオン化傾向の大きい金属を被覆する場合には,被覆金属が局部アノードとなる局部電池が形成されて被覆金属が優先的に溶解し,下地金属はカソード防食されるため,ピンホールはほとんど問題にならない.

7・2・4 腐食抑制剤の添加による防食

腐食環境に微量添加することによって腐食速度を低下させる物質のことを腐食抑制剤(corrosion inhibitor)という.表7・2に示すように,腐食抑制剤はその作用機構により吸着皮膜形成型,沈殿皮膜形成型および不動態皮膜形成型に分類できる.吸着皮膜形成型の腐食抑制剤は金属表面に物理的あるいは化学的に吸着し,その吸着皮膜層が金属を腐食環境から遮断するものである.その多くは金属表面に吸着しやすいN,O,Sなどを含む化合物と,腐食物質の金属

表7・1 表面被覆の分類と用途

被覆の種類	代　表　例	用　途　例
金属被覆	鋼管, 薄鋼板, 構造物部材などへの亜鉛の溶融めっき, 電気めっきあるいは溶射 薄鋼板へのスズの電気めっき 部品へのクロムの拡散浸透 厚板, 化学装置部材などへのステンレス鋼の合せ圧延, オーバレイ	給水管, ガス管, 自動車体, 家電製品, 建材, ガードレール 飲料缶, 食缶, 雑缶 ジェットエンジン, ガスタービン, 特殊配管 化学装置
化成処理	アルミニウム板のアノード酸化による酸化皮膜形成 鋼板, 亜鉛めっきなどのリン酸塩処理による皮膜形成	建材, 厨房器具 塗装下地
無機被覆	槽, 器具などへのほうろうやガラスライニングの融着 鋼管内面, 構造物などへのセメントの遠心塗装, スプレー	浴槽, 家電製品, 食品工業, 化学工業 送水管, 海水管, 護岸, 海洋構造物
有機被覆	鋼製品への塗料の刷毛塗り, スプレー, 静電塗装, 電着塗装 化学装置へのゴムライニングのへら塗り, こて塗り, 貼合せ 鋼管, 化学装置などへのプラスチックライニングの押出し被覆, 粉体塗装, スプレー, 刷毛塗り, こて塗り	建築物, 鉄塔, 船舶, 車輌 化学工業 埋設管(外面), 給水管(内面), 化学工業

表 7・2 腐食抑制剤の分類と用途

作用機構	代表例	用途例
吸着皮膜形成	アミン類，アミド類，アルコール類，アルデヒド類，スルホン酸類，脂肪酸類，チオアミド類，ニトリル類，メルカプタン類，スルフィド類，スルホキシド類，スルホン類などの有機腐食抑制剤	酸洗い，原油パイプラインなどのような，主に酸性の環境（一般に中性の水には溶けにくいため有効でない）
沈殿皮膜形成	ポリリン酸塩，ポリケイ酸塩，有機リン酸塩，ホスホン酸塩	循環冷却水などの淡水（適量のCa^{2+}，Mg^{2+}，Zn^{2+}の共存によって有効度が増す）
不動態皮膜形成	クロム酸塩，亜硝酸塩，モリブデン酸塩*，タングステン酸塩*	循環冷却水などの淡水（＊印は溶存酸素を必要とする）

との接触を妨げる炭化水素基からなる有機物である．沈殿皮膜形成型の腐食抑制剤は金属表面に数 10～100 nm にも達する厚い不溶性の沈殿皮膜を形成するものである．その皮膜は緻密で電気抵抗が大きくなければならない．たとえば，ポリリン酸塩やポリケイ酸塩などは腐食生成物や環境中の Ca^{2+}，Mg^{2+} などとの間で不溶性の沈殿皮膜を形成して，腐食を抑制する．不動態皮膜形成型の腐食抑制剤は金属表面を酸化して緻密な不動態皮膜を形成することによって腐食を抑制するものである．酸化力をもつクロム酸塩や亜硝酸塩がその例である．

7・2・5 合金化による防食

金属をほかの適当な金属と合金化することによっても耐食性が向上する．こうして耐食合金(corrosion resistant alloy)をつくるには次の二つの方法がある．一つは腐食生成物を安定なものにして表面を不動態化しようとするものである．鉄にクロムを添加すると，非常に不動態化しやすくなる．ステンレス鋼は鉄に 12% 以上の Cr を加え，さらに Ni，Mo，Ti，Nb などを添加した合金である．もう一つは腐食反応のカソード反応あるいはアノード反応を抑制するように合金化するものである．カソード反応を抑制するにはカソード反応の過電圧が大きくなるような金属を添加する．鋼への As，Sb，Bi の添加はこの例で

ある．アノード反応の抑制には貴な金属成分を添加してもよいが，アノード領域を熱力学的に安定化させられるような成分を添加することも行われる．鋼へのNiの添加やNiへのCuの添加などはこの例である．

演習問題

7・1 金属の防食が重要なのはなぜか．その理由を列挙せよ．
7・2 金属の腐食形態を分類し，それぞれについて簡単に説明せよ．
7・3 鉄を例にとって，金属の腐食現象を電気化学的局部電池機構で説明せよ．
7・4 鉄を例にとって，金属の電位-pH図(Pourbaix diagram)を説明せよ．さらに，その図と金属の防食の関係について述べよ．
7・5 硫酸水溶液中における鉄のアノード分極曲線と不動態化について述べよ．
7・6 防食法を列挙し，それぞれについて簡単に説明せよ．
7・7 電気防食(カソード防食，アノード防食)について述べよ．

8

光がかかわる電気化学

　光が関係する電気化学[*1]は比較的新しい学問領域である．そこでは，金属電極にかわって，半導体電極(semiconductor electrode)が重要な役割を果たす．半導体電極では電荷を運ぶキャリヤー[*2]の数がきわめて少ないので，電極と電解質溶液の界面の構造が金属電極とは非常に異なっている．また，キャリヤーが自由電子(free electron)であるn型半導体(n-type semiconductor)と正孔(positive hole)であるp型半導体(p-type semiconductor)では，電気化学特性や光照射の効果も非常に異なる．それらを理解すると金属電極の電気化学についても多くの知見が得られる．本章では，半導体電極と電解質溶液の界面の構造やそこに光を照射したときの効果を中心に述べる．

8・1　半導体の電気伝導

8・1・1　バンド構造と真性半導体

　まず，半導体の電気伝導を金属の電気伝導と比較しながら考えてみよう．半導体の電気伝導はバンドモデルを用いると理解しやすい．

　原子が結合して分子をつくりバンド(band)[*3]を形成する様子を図8・1に示す．ただし，簡単のため，この図には電子が入っているもっともエネルギーの高い軌道(最高被占軌道(highest occupied molecular orbital, HOMO)という)と

[*1]　光電気化学(photoelectrochemistry)という．
[*2]　電荷担体(charge carrier)ともいう．
[*3]　帯(band)ともいう．

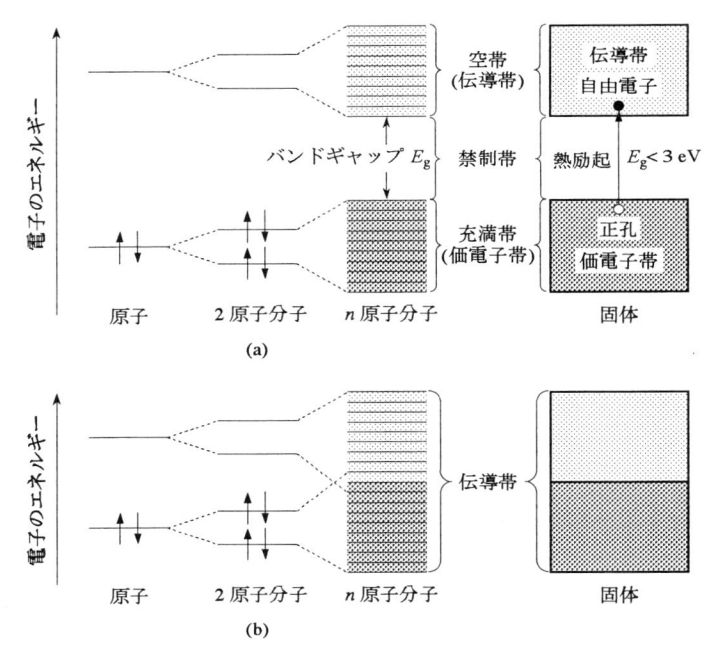

図 8・1 エネルギーバンドの形成
(a) 半導体($E_g < 3$ eV),絶縁体($E_g > 3$ eV) (b) 金属

そのすぐ上の空の軌道(最低空軌道(lowest unoccupied molecular orbital, LUMO)という)だけを示してある.原子や分子が孤立して存在する場合,それらの電子はパウリの原理(Pauli principle)[*4]に従い,スピンが逆の電子対となって原子軌道や分子軌道でもっとも低いエネルギー準位(energy level)から順につまってゆく.原子の数が増えると,分子軌道の数はそれに応じて多くなり,それぞれの分子軌道のエネルギー準位の差は小さくなる.その結果,あるエネルギー幅の中に連続的にエネルギー準位が存在するような状態になる[*5].

 [*4] 一つの電子状態には1個しか電子が入れないという原理で,パウリの排他原理(Pauli exclusion principle)ともいう.なお,スピンの向きの異なる2個の電子は同じ軌道に入ることができる.
 [*5] このように,原子や分子が多数集まって固体を形成すると,各エネルギー準位は相互作用の大きさによって,大小のエネルギー幅をもったバンドとして固体全体に広がって存在する.

これがエネルギーバンド(energy band)である.

電子で満たされた最高被占軌道が形成するバンドを価電子帯(valence band), 電子が存在しない最低空軌道が形成するバンドを伝導帯(conduction band)といい, これらの間の軌道が存在しないエネルギー領域を禁制帯(forbidden band)という. 禁制帯の幅をバンドギャップ(band gap)[*6]とよび, E_g で表す. 図8・1(a)の中に示したように, 半導体と絶縁体の違いは E_g の大きさにあり, 通常, 前者は E_g が約3 eV以下, 後者はそれ以上のものである. たとえば, 半導体であるGe, Si, GaPおよびTiO_2のE_gはそれぞれ約0.7 eV, 1.1 eV, 2.2 eV, 3.0 eVである. E_gの値が小さいほど価電子帯の電子が伝導帯まで励起されやすい.

8・1・2 自由電子と正孔

結晶に電場を加えると電子はエネルギーを得て結晶内を移動することになるが, バンドがまったく空のときや電子で完全に満たされているときには, キャリヤーが存在しないので結晶は電気伝導性を示さない. 空の伝導帯に電子が入ると, その電子は固体全体を自由に動くことができるので, キャリヤーとなる. そのような電子は自由電子(free electron)とよばれる.

金属では, 電子の入っているもっともエネルギーの高いバンドは電子が部分的にしかつまっていないので, 電子は自由に動くことができ自由電子となり, 固体は高い電気伝導性を示す. それに対して, 真性半導体(intrinsic semiconductor)[*7]や絶縁体では, 絶対零度においてバンドはすべて充満帯と空帯だけである, 言い換えると, 価電子帯がちょうど電子で満たされ伝導帯が空であるので, キャリヤーは存在せず, これらの固体は電気伝導性を示さない. しかし, バンドギャップが比較的小さい真性半導体では, 温度上昇により価電子帯にある電子が熱励起されて伝導帯に上がって自由電子となり, 同時に, 価電子帯には電子が抜けた孔すなわち正孔(positive hole)が生ずる. 自由電子も正孔

[*6] エネルギーギャップ(energy gap)ともいう.
[*7] キャリヤーの大部分が価電子帯から熱励起された自由電子と価電子帯に生じた同数の正孔であって不純物や格子欠陥の導入によるキャリヤー濃度の変化が無視できるもの.

もキャリヤーとなるので，真性半導体は温度を上げると電気伝導性を示すようになる．なお，熱励起されて伝導帯に上がる電子の数は温度上昇とともに指数関数的に増加するので，電気伝導率も指数関数的に増大する[*8]．他方，絶縁体ではバンドギャップが大きいため，室温程度では電子が熱励起できないので，電気伝導率は非常に低い．

8・1・3 不純物半導体

絶縁体や真性半導体の場合でも，バンドギャップの間にエネルギー準位をもつような不純物原子を微量添加する[*9]ことにより，電気伝導率を増大させることができる．このようにキャリヤーの供給源として不純物を添加した半導体

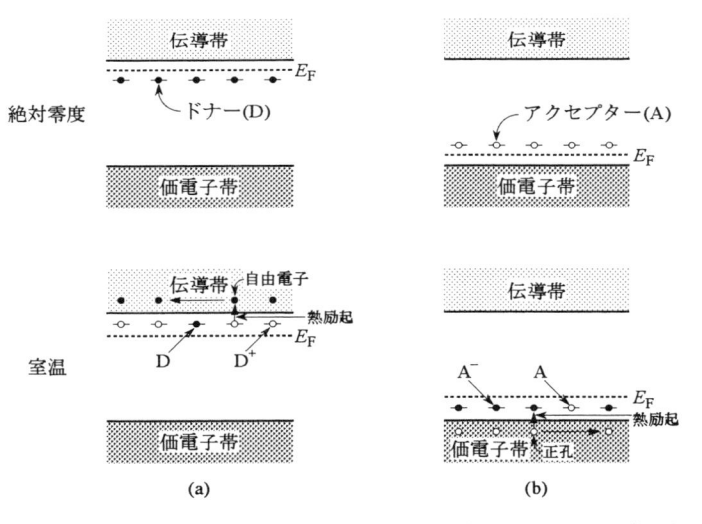

D: ドナー，D^+: イオン化したドナー，A: アクセプター，A^-: イオン化したアクセプター，E_F: フェルミ準位

図 8・2　不純物半導体のエネルギー図
(a) n 型半導体　(b) p 型半導体

[*8] 電気伝導率 σ はキャリヤーの数とキャリヤーの動きやすさを表す移動度(易動度ともいう，mobility)によって決まり，電子の数を n_e，正孔の数を n_p，電子の移動度を μ_e，正孔の移動度を μ_p とすると，$\sigma = e(n_e\mu_e + n_p\mu_p)$ で与えられる．ここで，e は電気素量である．たとえば，Si と TiO_2 での μ_e の値はそれぞれ 1450 $cm^2\ V^{-1}\ s^{-1}$，約 1 $cm^2\ V^{-1}\ s^{-1}$ である．

[*9] ドーピング(doping)という．

は不純物半導体(impurity semiconductor)とよばれ，n型とp型の2種類に分けられる．不純物半導体のエネルギー図を図8・2に示す．

n型半導体はバンドギャップ中の伝導帯に近いところに電子のつまったエネルギー準位を有するドナー(donor)[*10]を添加したものであり，その電子は小さな熱エネルギーで伝導帯に励起されて自由電子となる．このようにキャリヤーが負(negative)の電荷を有する電子であるので，n型という．n型半導体は，たとえば4価の価電子をもったSiやGe中に5価の価電子をもつP，As，Sbのような元素を微量添加すると得られる．図8・3(a)に示したSiの格子内にPを添加する場合には，図8・3(b)のように，Siの価電子よりPの価電子が1個多いため，Pの5個の価電子のうちで1個は結合にあずからないで余ることになる．この電子は室温でも熱エネルギーによりPを離れて結晶内を自由に動くことができる[*11]．

他方，p型半導体はバンドギャップ中の価電子帯の近いところに空の電子準位を有するアクセプター(acceptor)[*12]を添加したものであり，価電子帯の電子が小さなエネルギーでその空の電子準位へ上げられ，価電子帯にできた正孔が

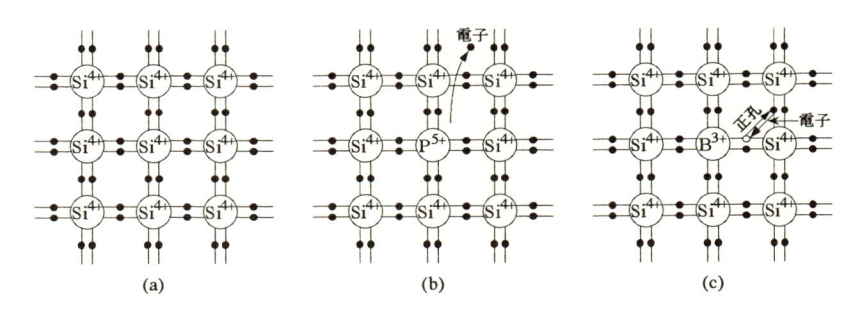

図8・3 シリコンへのリンあるいはホウ素のドーピング
　　(a) 真性半導体　　(b) n型半導体　　(c) p型半導体

[*10] 電子供与性不純物．
[*11] 不純物準位にできたn型半導体における正孔は，固体全体に広がったバンドではなくて不純物元素という限られたところに固定されているため，固体全体を自由に動くことができず，キャリヤーとはなり得ない．
[*12] 電子受容性不純物．

キャリヤーとなる．このようにキャリヤーが正（positive）の電荷を有する正孔であるので，p型という．p型半導体は，たとえば4価の価電子をもったSiやGe中に3価の価電子をもつB，Al，Ga，Inのような元素を微量添加すると得られる．図8・3(c)に示すように，SiにBを添加した場合には，Siの価電子よりBの価電子が1個少ないので，Bの周囲の価電子結合しているSiから電子を1個奪ってBの周囲の結合を完成する．一方で，電子を奪われたSiには価電子結合に欠損が生じるが，これがプラスの実効電荷をもつ正孔である．この正孔は小さな熱エネルギーで励起されて自由に動けるようになる[*13]．

8・2 半導体のフェルミ準位と接合

8・2・1 フェルミ準位

金属電極の電位は，価電子帯中にある電子のうちでもっともエネルギーの高い電子と関係している．絶対零度にある金属の伝導帯は，パウリの原理に従って，低いエネルギー準位から電子で満たされていく．こうして電子の入ったエネルギー準位のうちでもっとも高いエネルギー準位はフェルミ準位（Fermi level）とよばれ，E_Fで示される．不純物半導体のE_Fは先の図8・2の中にも示されているが，より簡潔な表現で，金属と半導体のE_Fを比較して，図8・4に示す[*14]．

半導体電極では，金属電極とは状況が違って，キャリヤーには伝導帯の電子と価電子帯の正孔があり，両者のエネルギーはバンドギャップ分だけ異なって

[*13] 不純物準位にできたp型半導体における電子は，n型半導体における正孔と同じ理由で，キャリヤーとはなり得ない．

[*14] 温度が上昇すると，E_F付近の電子の一部が熱エネルギーによって励起され，より高いエネルギー準位を占めるようになる．温度がTのときにエネルギーEの準位を電子が占める確率$f(E)$は，フェルミ分布関数$f(E)=1/[1+\exp\{(E-E_F)/kT\}]$で与えられる．ここで，$k$はボルツマン定数である．これから明らかなように，$E=E_F$では$f(E)=1/2$となって$E_F$の電子占有確率は0.5であり，$E_F$から上下に数$kT$離れると電子占有確率はそれぞれ0および1になる．このように，電子は熱的に励起されながらもできるだけ低いエネルギー状態に入ろうとし，E_Fより上の準位では電子占有確率は急激に低下する．

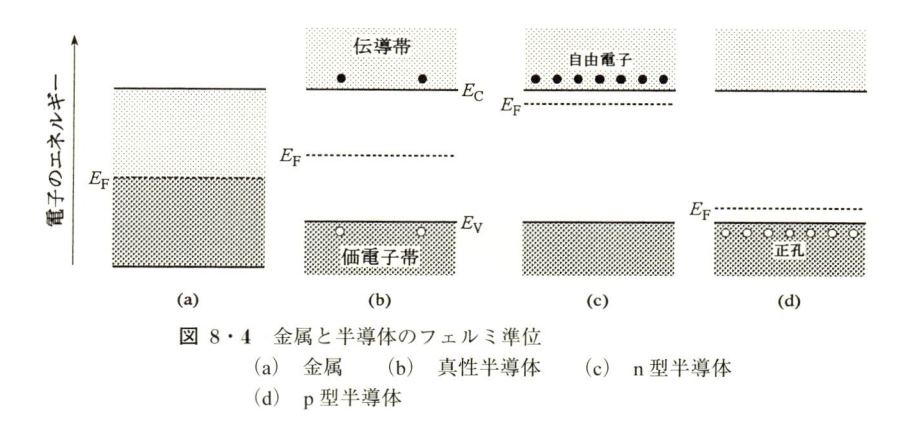

図 8・4 金属と半導体のフェルミ準位
(a) 金属　(b) 真性半導体　(c) n 型半導体
(d) p 型半導体

いる．そのため，半導体電極の電位はバンドギャップ内のエネルギー位置に関係してくる．真性半導体の場合には，電子は価電子帯から禁制帯を飛び越えて伝導帯まで励起され，電子と正孔の数が等しいので，バンドギャップの中央に E_F がある．図 8・2 や図 8・4 に示してあるように，n 型半導体では室温でドナー濃度程度の自由電子が励起されているので，E_F は伝導帯の下端近くにある．逆に，p 型半導体では価電子帯の上端近くにアクセプター濃度程度の正孔を生じているので，E_F は価電子帯の上端近くにある．

8・2・2　半導体と金属の接合

半導体と金属を接合させると，両者の間で電荷の授受が起こり，半導体の表面に空間電荷層(space-charge layer)とよばれる電荷分布の偏った層が生じる．このような現象は，後で述べるように，半導体電極と電解質溶液が接触した場合にもみられる．

n 型半導体と，これより大きな仕事関数(work function)[*15]をもつ金属を接合させたときのエネルギーバンドの曲がりを図 8・5 に示す．n 型半導体の E_F は伝導帯の底のすぐ下に位置しており，金属の E_F に比べて高く，負な電位に位置している．したがって，両者を接合させると，半導体から金属側へ電子が

[*15] 金属や半導体の結晶表面からその外側へ 1 個の電子を取り出すのに必要な最小のエネルギーをいい，結晶中の電子の化学ポテンシャルと表面近くの真空順位のポテンシャルとの差に等しい．

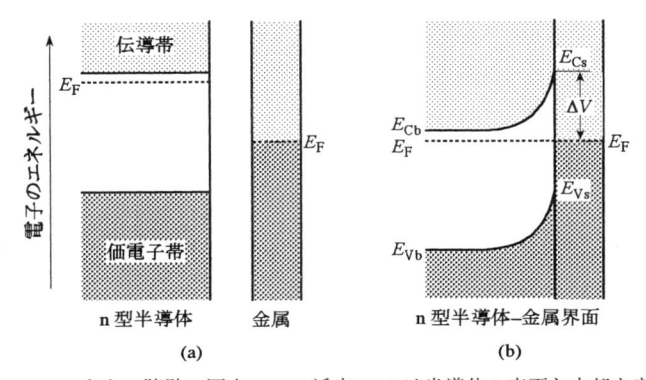

ΔV:ショットキー障壁.図中の E の添字 s,b は半導体の表面と内部を表す.

図 8・5　n 型半導体と金属の接合およびショットキー障壁の形成
　　(a)　接触前　　(b)　接合後

流れ込み,この電子の流れは両者の E_F が等しくなるまで続く[*16].その結果,半導体側は正に帯電し,金属側は負に帯電する.半導体のドナー濃度は低いので,金属の表面に生じる負電荷と均衡するためには,半導体内部のかなり深いところまで正電荷をもった空間電荷層が形成される[*17].そのため,図8・5(b)に示すようなバンドの曲がりが生じる.これによって生じた電荷移動に対する障壁をショットキー障壁(Schottky barrier)といい,障壁の高さ ΔV は半導体のドナー濃度,誘電率,障壁の厚さなどと関係する.後述するように,半導体電極が整流作用を示すのは,この障壁が存在するためである.なお,半導体電極と外部回路を導線で接続させるときには,ショットキー障壁が生じないようにする必要がある[*18].

[*16]　金属の E_F は,価電子帯に存在する数多くの電子によってその順位が決定しているので少量の電子が注入されてもほとんど変化しないが,n 型半導体の伝導帯に存在する電子が金属側に移ると E_F のエネルギー順位は低下する.

[*17]　このように空間電荷層を生じさせる半導体と金属の接合をショットキー接合(Schottky junction)という.

[*18]　そのためには,図8・5(b)の場合とは逆にすればよい.すなわち,n 型半導体の場合には,半導体の E_F よりも高いエネルギー順位に E_F をもつ(仕事関数の小さい)金属を接合すると空間電荷層が生じず,金属と半導体の間で電子が自由に　　(次ページへ)

8・2・3　n型半導体とp型半導体の接合

n型半導体とp型半導体を接合させる前後のバンド構造，および接合部へ光照射したときの様子を図8・6に示す．

図8・6(a)のように，n型半導体とp型半導体の室温でのE_Fは，それぞれ伝導帯の下端近くと価電子帯の上端近くにある．これらの半導体を接合させると，接触面の近傍ではE_Fが一致するようにエネルギー準位が変化して，図8・6(b)のようにバンドが曲がる．この接触面をpn接合(pn junction)部という．

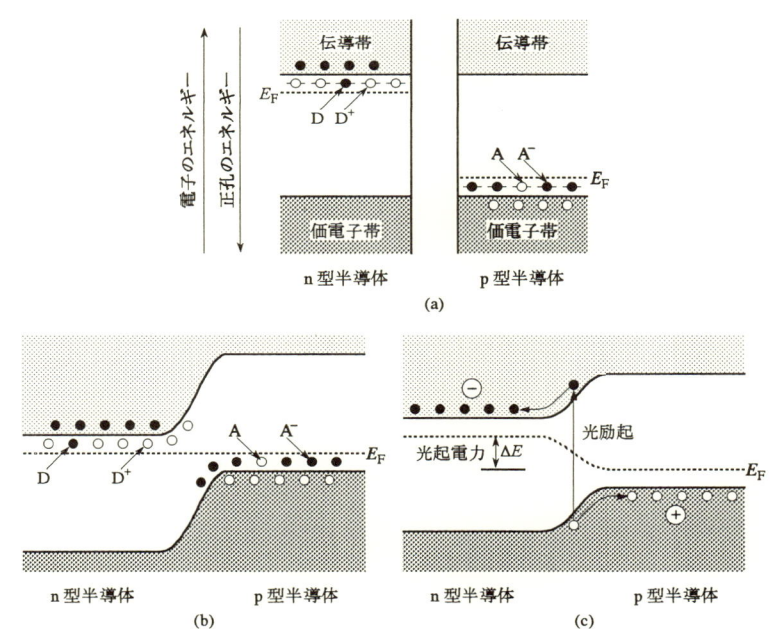

D:ドナー，D$^+$:イオン化したドナー，A:アクセプター，A$^-$:イオン化したアクセプター

図8・6　n型半導体とp型半導体の接合および光照射による起電力の発生
　　　(a)　接合前　　　(b)　接合後　　　(c)　光照射下

(前ページより)　　　移動できる．このような接合をオーミック接合(ohmic junction)という．しばしば用いられる金属としてはインジウムInがある．他方，p型半導体の場合には，より低いE_Fをもつ金属と接合させるとよい．

8・3・3項で述べるような適当なエネルギーをもつ光をpn接合部に照射すると，そこで光吸収が起こり，価電子帯から伝導帯に電子が励起されることによって電子と正孔への電荷分離が起こる．これらの電子と正孔はそれぞれより安定な方へ移動しようとする．ここで，縦軸に示したように，電子と正孔のエネルギーの高低が逆であることに注意されたい．すなわち，伝導帯に励起された電子はn型半導体側へ移動し，逆に価電子帯に生じた正孔はp型半導体側へ移動する．したがって，n型半導体側は電子過剰になり，p型半導体側は正孔過剰すなわち電子不足となる．その結果，図8・6(c)に示すように，両極の間に電位差 ΔE が生じる．このように光照射下で発生する電位差を光起電力 (photoelectromotive force) という．これは，n型半導体側が負極，p型半導体側が正極として働く電池が形成されたものとみなすことができる．この原理に基づく電池は光電池 (photoelectric cell)[*19] といい，シリコン太陽電池がもっとも代表的なものである．

8・3 半導体電極の分極と光照射

8・3・1 半導体電極と電解質溶液の界面の構造

いま，n型半導体電極が，その E_F に比べて平衡電位 E_{redox} の低い酸化還元系を含む溶液と接触する場合を考えてみよう．なお，溶液の E_F は，すでに学んだネルンスト式で表される平衡電位すなわち酸化還元電位 E_{redox} である．n型半導体電極と溶液の界面付近におけるエネルギーバンドの状態を図8・7に示す．半導体電極と溶液が接触すると，伝導帯中に存在した電子の一部は低いエネルギー状態にある溶液中の酸化体に移動して，それを還元する．したがって，反応の進行につれて E_F は低下し，最終的に $E_F = E_{redox}$ で平衡に達する．その際，ドナーの濃度が溶液内の酸化還元系に比べて非常に低いので，平衡に到達するには半導体のかなり内部のドナー電子まで反応に関与することになる．そのため，反応前にこれらの電子と対で存在した正孔は半導体結晶の格子

[*19] 光電池は英語で photovoltaic cell ともいう．

8・3 半導体電極の分極と光照射   189

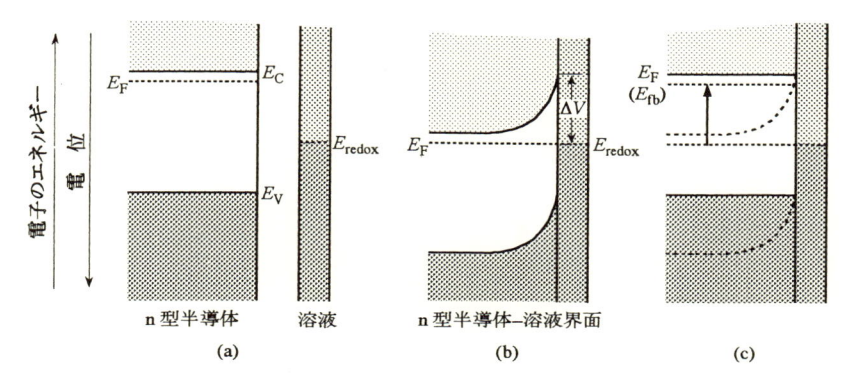

E_{redox}:レドックス種の平衡電位(酸化還元電位), ΔV:ショットキー障壁

図 8・7 酸化還元系を含む溶液に n 型半導体電極を浸漬したときのエネルギーバンドの状態
(a) 接触前   (b) 接触後   (c) フラットバンド状態

点上に取り残されて,界面から内部に向かって分布することになる.こうして半導体内に生じた空間電荷層は,金属電極と電解質溶液の界面に生じる拡散二重層と本質的に同じであるが,逆の電荷分布であることに注目されたい.

バンド構造でみると,はじめに電解質溶液との接触によって図 8・7(b)のように引き下げられた n 型半導体の E_F が,後述するように,半導体電極をカソード分極することにより押し上げられ,それに伴って伝導帯や価電子帯も押し上げられて,半導体内部にわたって水平なバンド状態となる.このときの電極電位をフラットバンド電位(flat-band potential)といい,E_{fb} で示される.すなわち,フラットバンド電位において,半導体内部の空間電荷層は存在しなくなる.この様子は図 8・7(c)に示されている.

8・3・2 半導体電極の分極特性

電解質溶液中における半導体電極の分極は,金属電極の場合と非常に異なっている.金属電極の場合には分極すると電解質溶液側の電気二重層内で電位勾配が発生するのに対して,半導体電極の場合には先に述べたように半導体電極の表面に空間電荷層とよばれる電荷分布の偏った層が形成され,その層内で電位勾配が発生する.このように,電極/電解質溶液界面の分極状態が金属電極とは逆で,半導体電極ではその内側に深く電位勾配が生じた状態であり,外部

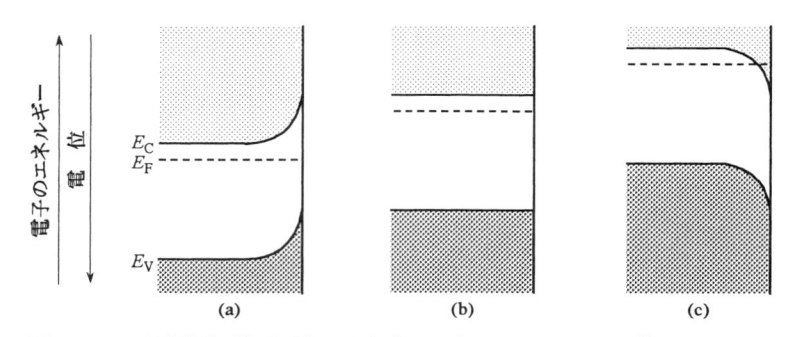

図 8・8 n型半導体電極を分極したときのエネルギーバンドの状態
　(a) アノード分極　　(b) フラットバンド状態　　(c) カソード分極

から電場を加えると半導体内部の電位勾配が影響を受けやすい．半導体電極を分極したときの空間電荷層におけるエネルギーバンドの変化を図8・8に示す．この図のように，n型半導体電極のエネルギーバンドはフラットバンド電位からアノード分極すると上向きに曲がり，カソード分極すると下向きに曲がる．

　酸化還元系を含む溶液における半導体電極の典型的な電流-電位曲線を図8・9に示す．n型半導体電極の場合を考えると，酸化還元系を含む溶液中に電極を浸漬したときには先の図8・7(b)のようなエネルギーバンドの状態になっている．その電極をカソード分極してバンドの位置を高くする(図8・8(c)

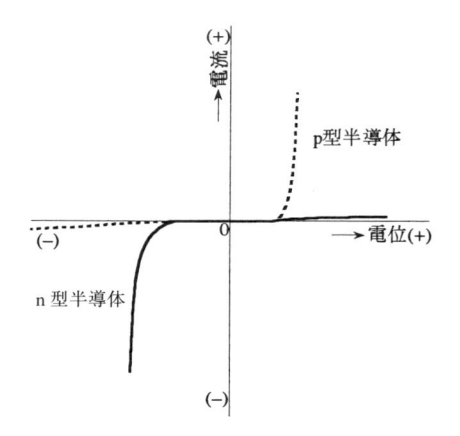

図 8・9 酸化還元系を含む溶液中での半導体電極の典型的な電流-電位曲線

参照）と，自由電子は半導体内部から表面へ集まり，溶液中の酸化還元系に移って，酸化体を還元するようになる．それとは逆に，図8・7(b)の状態からアノード分極してバンドの位置をさらに低くする（図8・8(a)参照）と，自由電子は内部へ移行する．n型半導体に存在する正孔は電極表面に集まるが，その数はきわめて少ないので，溶液中の酸化還元系を酸化することはできない．そのため，図8・9に示すように，n型半導体電極ではカソード還元電流はよく流れるが，アノード酸化電流はほとんど流れない．このように，n型半導体電極では，アノード分極したときに電極表面に障壁層ができるため，電荷移動が起こりにくくなり，電流-電位曲線に整流性が現れる．なお，p型半導体電極では，カソード分極したときにそのような障壁層ならびに整流性が現れる．

8・3・3 光照射の効果

半導体電極の表面に障壁層が生じた状態で，電極表面に光を照射すると，n型半導体電極ではアノード光電流（anodic photocurrent）が流れ，p型半導体電極ではカソード光電流（cathodic photocurrent）が流れる．光電流の大きさは照射する光強度に比例する．ただし，照射する光は，価電子帯の電子を伝導帯へ励起するのに必要な，半導体のバンドギャップよりも大きいエネルギーをもつものでなければならない．このとき，余分の光エネルギーは熱エネルギーとなって失われる．

ところで，光のエネルギー E(eV)はプランク定数（Planck constant）h と光の振動数 ν の積で表され，ν は光の速度 c を波長 λ で割ったものであるから，

$$E = h\nu = \frac{hc}{\lambda} = \frac{1.24 \times 10^3}{\lambda} \quad (\lambda : \text{nm 単位}) \qquad (8 \cdot 1)$$

で与えられる[*20]．たとえば，n型 TiO_2 電極は，そのバンドギャップ E_g が 3.0 eV であるから，約 410 nm より短波長の光に応答する．

光電流が流れはじめる電位はフラットバンド電位 E_{fb} であり，これは電極と溶液の組成によって異なる．n型 TiO_2 電極における水の酸化による酸素発生反応の電流-電位曲線を図8・10に示す．この電極の E_{fb} は pH=4.7 で −0.5

[*20] プランク定数 $h = 6.626 \times 10^{-34}$ (J s) $= 6.626 \times 10^{-34}/1.602 \times 10^{-19}$ (eV s)，振動数 ν (Hz=s^{-1})，光速度 $c = 2.998 \times 10^8$ (m s^{-1})，波長 λ (nm=10^{-9} m)．

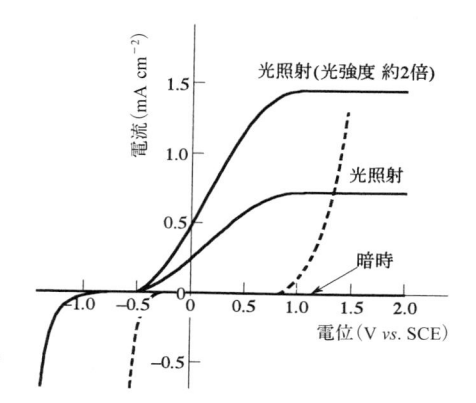

破線は金属電極の電流‒電位曲線の例を示す.
図 8・10 n 型 TiO$_2$ 電極の電流‒電位曲線
(pH 4.7, 0.5 mol dm^{-3} KCl 水溶液)

V vs. SCE であり,溶液の pH 変化につれて約 -60 mV / pH の割合で変化する.pH=4.7 の 0.5 mol dm^{-3} KCl 水溶液中では,水からの酸素発生の理論電極電位すなわち熱力学的な平衡電位は 0.71 V vs. SCE であり,実際の白金電極では酸素過電圧も大きく 1.1 V vs. SCE 以上であるのに対して,図 8・10 に示した n 型 TiO$_2$ 電極では -0.5 V vs. SCE 付近から酸素発生反応が起こっている.このように,金属電極では熱力学的な平衡電位より正の電位でなければ酸化反応は起こらないが,n 型半導体電極では光照射でそれよりも負の電位で酸化反応が起こる.同様に,p 型半導体電極に光を照射すると,熱力学的な平衡電位より正の電位で還元反応が起こる.これらをそれぞれ光増感電解酸化(photosensitized electrolytic oxidation),光増感電解還元(photosensitized electrolytic reduction)という.このような作用は少数キャリヤーが関与する電極反応で現れる.

図 8・10 と同じ溶液中での反応とエネルギーの関係を図 8・11 に示す.TiO$_2$ 電極が光吸収すると,価電子帯の電子が伝導帯に励起され,正孔が発生する.こうして,半導体には,高いエネルギー準位に上げられた電子によって還元力が与えられ,逆に電子の抜け穴である正孔によって酸化力が与えられる.TiO$_2$ 中の電場により正孔は溶液中に移動し,水を酸化する.他方,電子はリード線を通り,Pt 電極上で水を還元する.しかし,半導体電極の種類によっては,光照射下で半導体の溶解反応が起こる.その場合には,電解質溶液

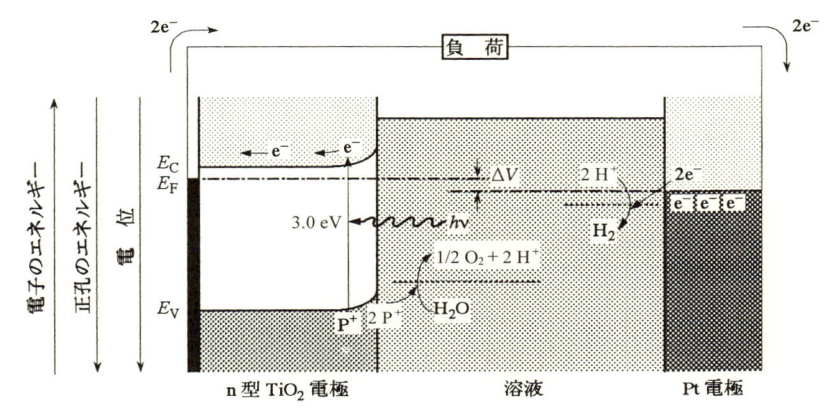

図 8・11 n 型 TiO$_2$ 電極に光照射したときの反応(水の光分解)とエネルギーの関係

中に酸化還元剤を添加してこの溶解反応を抑制させるなどして半導体電極の安定化が図られる.

8・4 半導体電極を用いた光電池

　半導体電極の光増感電解反応を利用して，電気化学光電池(electrochemical photovoltaic cell)を組むことができる. それには，水素のような化学エネルギーを得る光合成型と，固体の太陽電池と同様に電気エネルギーを得る太陽電池型の2種類がある. それぞれの例を図 8・12 に示す.

　光合成型の電池構成の例は n 型半導体である TiO$_2$ 電極を Pt 電極と組み合せて TiO$_2$ 電極の表面に約 410 nm より短波長の光を照射するものであり，その電池構成は "n 型 TiO$_2$|H$_2$SO$_4$ 水溶液|Pt" で表される. 半導体電極に光照射すると，外部回路に電流が流れて水が分解され，半導体電極から酸素が発生し，Pt 電極から水素が発生する. 通常の水電解では熱力学で計算した理論分解電圧 1.23 V 以上の電圧を加えなければならないが，電気化学光電池では，光エネルギーで水の分解が起こり，かつ TiO$_2$ のバンドギャップ(3.0 eV)との差(1.77 V)のうちの一部が光起電力として取り出される. 電池反応は次のようになる.

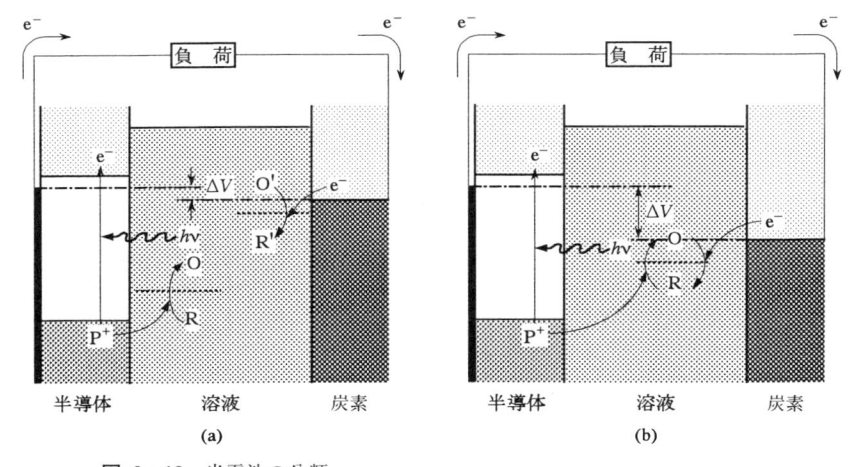

図 8・12 光電池の分類
(a) 光合成型(光電解電池) (b) 太陽電池型(再生光電池)

e^-p^+ (n 型 TiO_2 電極) $\xrightarrow{h\nu}$ e^- (伝導帯中) + p^+ (価電子帯中) (8・2)

負極反応：$H_2O + 2p^+ \longrightarrow 1/2\,O_2 + 2H^+$ (n 型 TiO_2 電極上) (8・3)

正極反応：$2H^+ + 2e^- \longrightarrow H_2$ (Pt 電極上) (8・4)

電池反応：$H_2O \xrightarrow{2h\nu} 1/2\,O_2 + H_2$ (8・5)

このように，n 型 TiO_2 電極を用いる電気化学光電池では，電気エネルギーが取り出されるとともに，クリーンエネルギーとして注目される水素も同時に得ることができる．TiO_2 のほかに，$SrTiO_3$[*21] や Fe_2O_3 も用いられる．なお，p 型半導体を用いると，n 型半導体の場合とは逆に，還元反応で光照射の効果が現れる．

また，太陽電池型の電池構成の例は "n 型 GaAs|Se^{2-}, $Se_n{}^{2-}$, NaOH|C" であり，電池反応は次の通りである．

e^-p^+ (n 型 GaAs 電極) $\xrightarrow{h\nu}$ $e^- + p^+$ (8・6)

$Se^{2-} + 2p^+ \longrightarrow Se$ (n 型 GaAs 電極上) (8・7)

$(Se^{2-} + Se \longrightarrow Se_2{}^{2-}$ 溶液中) (8・8)

[*21] チタン酸ストロンチウムといい，そのバンドギャップ E_g は 3.2 eV である．

$$\text{Se}_2^{2-} + 2\,\text{e}^- \longrightarrow 2\,\text{Se}^{2-} \quad (\text{C 電極上}) \tag{8・9}$$

電気化学光電池が効率よく作動するには,半導体電極の材料として,(1) 太陽スペクトルに適した吸収波長範囲の広いもの,(2) 溶解しない安定なもの,(3) 光起電力が大きいもの[*22],(4) 材料が安価なものを選ぶことが大切である.

8・5　半導体粉末光触媒

　半導体粉末が光を吸収して生じた電子と正孔は,粉末粒子内の電場によって分離され,それぞれ別の点で溶液内の化学種と反応することができる.たとえば,n 型 TiO_2 や n 型 $SrTiO_3$ のような半導体の粉末の表面に少量の Pt を付け,それを水溶液に懸濁させて光照射すると,水の分解が起こり,水素発生反応と酸素発生反応が進行する.このように,光照射下で化学反応を引き起こす半導体は光触媒(photocatalyst)とよばれる.光触媒は,通常,粉末の状態で用いられる.

　光触媒の作用機構は,半導体粉末の個々の粒子が先に述べた電気化学光電池として働くと考えれば,理解しやすい.電気化学光電池と半導体粉末光触媒の関係を図 8・13 に示す.n 型 TiO_2 電極と Pt 電極を外部で結んだ導線を短くしてゆき,最終的に n 型 TiO_2 電極と Pt 電極が背中合せに短絡した場合を考える.これは n 型 TiO_2 電極の裏面に Pt をめっきすると実現でき,実際,その表面に光を照射すると水が分解して水素と酸素が発生する.これを砕いて粉末にしたものは n 型 TiO_2 の粉末の表面にごく少量の Pt を付けたものと同じであり,そのような粉末に光照射するとやはり水が分解して水素と酸素が発生する.Pt は電子が集まりやすい点として働くとともに,水素発生反応に対する触媒としても働いている.さらに,図 8・13(d) のように,酸素発生反応に対して高い触媒活性を有する RuO_2 を付けておくと,水の分解がもっと起こりや

[*22] フラットバンド電位が n 型では負なものほど,p 型では正なものほど起電力は高い.

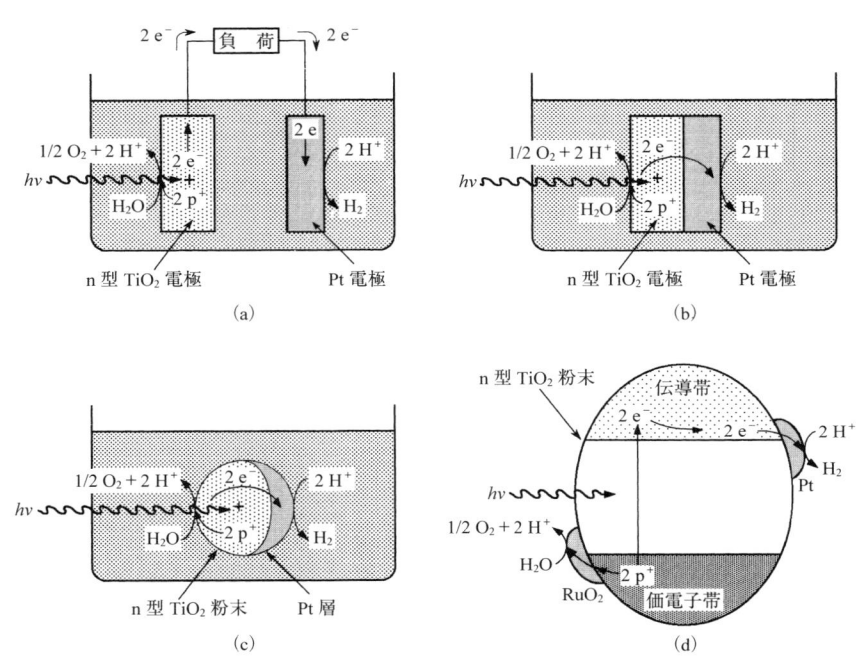

図 8・13 電気化学光電池と半導体粉末光触媒の関係
  (a) 電気化学光電池 (b) 両電極の短絡 (c) 半導体粉末光触媒
  (d) 反応模式図（水の光分解）

すくなる．

 半導体粉末光触媒を用いると，水の分解に限らず，炭酸ガスの還元，窒素の還元，六価クロム $Cr_2O_7^{2-}$ の還元，シアンイオン CN^- の酸化などが常温，常圧という穏和な条件下でも可能である．これは，一般に，正孔が集まる価電子帯の上端と電子が集まる伝導帯の下端がそれぞれ強い酸化力と還元力をもつ状態に相当しており，光励起された半導体粉末表面が非常に活性に富んでいるためである．なお，最近では，TiO_2 は光エネルギーによりさまざまな有機物を分解し，防汚，抗菌効果をもつ膜としても利用されている．

8・6　色素増感と色素増感太陽電池

先に述べたように，半導体はそのバンドギャップ E_g よりもエネルギーの大きい光を吸収するとキャリヤーが増加するが，それよりエネルギーの小さい，すなわち長波長の光は吸収できない．しかし，適当な色素を半導体表面に吸着させておき，色素が吸収できる光を照射すると，半導体のキャリヤーは増加する．このように，色素の存在によって半導体電極に固有の吸収光より長波長の光にも感応させることができるようになるが，これは色素増感(dye sensitization)[*23]とよばれ，カラー写真やカラーフィルムの原理でもある．たとえば，図8・14に示すように，n型 TiO_2 とほぼ同じバンド位置を示すn型 ZnO では，吸収される光も 400 nm 以下の領域であるが，鮮紅色の塩基性染料であるローダミンBを加えると光の吸収領域は約 700 nm まで拡張される．

この現象は次のように説明される．すなわち，n型半導体の場合，図8・15に示すように，電極に吸着した色素が光を吸収して励起状態となり，励起色素から半導体への電子の注入が起こる．ただし，そのためには，色素の励起状態における電子のエネルギー準位が半導体の伝導帯の下端より高くなければなら

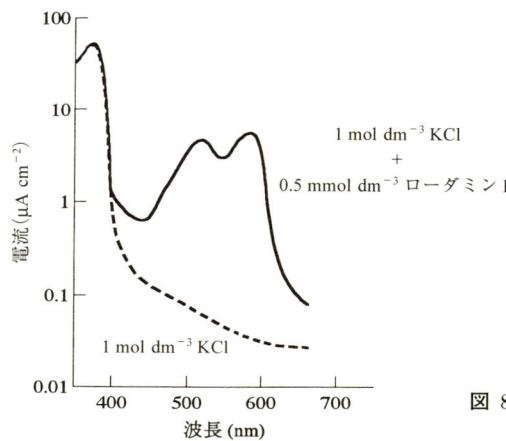

図8・14　n型 ZnO 電極における色素増感
（0.5 V vs. SCE）

[*23] 分光増感(spectral sensitization)ともいう．

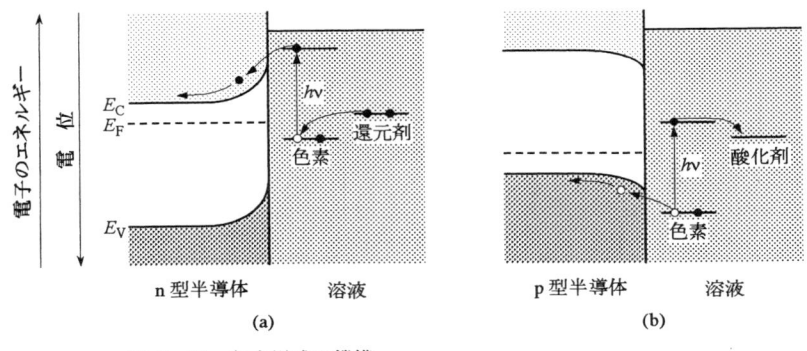

図 8・15 色素増感の機構
(a) n 型半導体のアノード分極下における電子注入
(b) p 型半導体のカソード分極下における正孔注入

ない.注入された電子は空間電荷層内の電位勾配に沿って内部へ移動してゆく.他方,電子を失った色素は,溶液中に適当な還元剤があるときには還元剤から電子をもらい,元の状態へ戻る.その還元剤は酸化され,対極で電子を得て元へ戻るものであれば,これが溶液中での電荷キャリヤーとなる.還元剤が存在しなければ,色素は元の状態に戻らず色素増感作用は低下する.p 型半導体の場合には,これとは逆に,励起色素の空いた軌道へ半導体の価電子帯から電子が移り,正孔が価電子帯に注入されると考えればよい.

ここで,色素増感を利用して高いエネルギー変換効率を実現する色素増感太陽電池(dye-sensitized solar cell)[*24]について触れておこう.電池構成と作動原理を図 8・16 に示す.負極には多孔性 TiO_2 膜[*25]で被覆し,ルテニウム錯体のような有機色素[*26]を吸着させた導電性ガラス,正極には白金または黒鉛で被覆した導電性ガラス,電解質溶液にはレドックス種としてのヨウ素(I_3^-)/ヨウ化物イオン(I^-)の混合溶液をそれぞれ用いる.エネルギー変換プロセスは次の

[*24] これは新型の湿式太陽電池であり,グレッツェル電池(Grätzel cell)ともよばれる.
[*25] 導電性ガラス上に n 型 TiO_2 粒子のペーストを塗布し,電気炉で焼結したもの.
[*26] たとえば,ルテニウムビピリジル錯体の誘導体(*cis*-di(thiocyanato)-*N*, *N*′-bis (2,2′-bipyridyl-4-carboxylate-4′-tetrabutylammonium carboxylate) ruthenium(II))が用いられる.

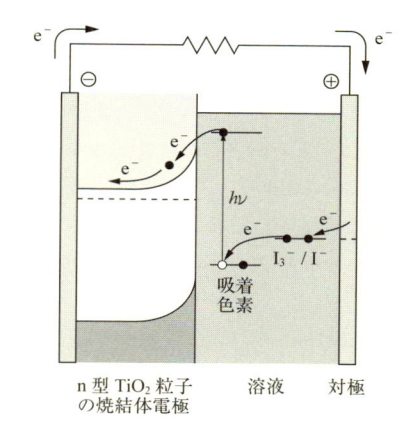

図 8・16 色素増感太陽電池の構成と作動原理

通りである．すなわち，(1) TiO_2 電極表面に吸着した色素が可視光を吸収し，色素分子の励起によって生成した電子が TiO_2 の伝導帯に注入される[*27]．(2) 色素の基底準位にできた電子の抜け穴すなわち正孔に電解質溶液中のヨウ化物イオン(I^-)が電子を渡す[*28]．(3) 対極でヨウ素(I_3^-)が電子を受け取ってヨウ化物イオン(I^-)が再生される[*29]．

このような一連の酸化還元反応サイクルによって色素もレドックス種も再生され，実質的な変化は起こらない．この種の電池は，可視光のほぼ全域を高い効率で利用でき，材料が安価であることや製造に大掛かりな設備を必要としないことから，シリコン系太陽電池に比べて低コストの太陽電池として期待されている．

演習問題

8・1 金属と半導体のフェルミ準位について述べよ．
8・2 半導体電極のフラットバンド電位の意味とその求め方を述べよ．

[*27] 色素(ルテニウム錯体)は酸化される．
[*28] 酸化された色素(ルテニウム錯体)は還元剤であるヨウ化物イオン(I^-)によって還元されて元に戻る．この際，ヨウ化物イオン(I^-)は酸化されてヨウ素(I_3^-)になる($3\,I^- \rightarrow I_3^- + 2\,e^-$)．
[*29] ヨウ素(I_3^-)は還元されて元のヨウ化物イオン(I^-)に戻る．

8・3 ある電解質溶液に浸された半導体の伝導帯と価電子帯の間のバンドギャップは 2.5 eV であり,フラットバンド電位は −0.3 V vs. SCE である.
 (1) この半導体の電位を +0.5 V vs. SCE に分極すると半導体のバンドは曲がるが,このとき半導体内部を基準にして表面側はどちらへどれだけ曲がるか.
 (2) この半導体で伝導帯とフェルミ準位の間のエネルギー差が 0.1 eV あるとすれば,フラットバンドおよび上記(1)のように分極された状態下で,伝導帯下端および価電子帯上端における電位(電子のエネルギー)は SCE 基準でいくらか.

8・4 n 型 ZnO 電極,n 型 TiO_2 電極,n 型(p 型)GaP 電極のバンドギャップはそれぞれ 3.20 eV,3.0 eV,2.30 eV である.これらが応答する光の波長を計算せよ.

8・5 電気化学光電池の作動原理を説明せよ.

8・6 半導体粉末光触媒と電気化学光電池の関係について述べよ.

8・7 色素増感と色素増感太陽電池の原理を説明せよ.

9

生体の機能と電気化学

　電気化学の起源は，一般に，18世紀末にイタリアのガルバニ(Galvani)が電気刺激によってカエルの脚がけいれんする現象を見出したときであるといわれる．このように，電気化学はそのはじまりから生物と深い関係がある．生体内で起こる多くの反応は，本質的には，酵素(enzyme)が触媒として働く電気化学反応であると考えられる．たとえば，太陽光エネルギーを用い，二酸化炭素を取り入れて炭水化物を合成する光合成という植物の営みの中心は，多数の酸化還元反応が組み合さったもので，その説明には酸化還元電位が役に立つ．また，燃料である食物と酸化剤である酸素を体内に取り入れてエネルギーをつくり出すとともに反応生成物を排出するという動物の営みは，まさに燃料電池そのものである．このような生物の営みを模倣して生物電池(biocell)，バイオセンサー(biosensor)，バイオチップ(biochip)などの高度なデバイスを開発しようという研究が多く行われている．実用面でも，電気泳動法によるタンパク質の分離同定，臨床化学検査用センサー，人工臓器用電池など，広範に電気化学が応用されている．本章では，電気化学の生物へのかかわり[*1]について述べる．

9・1　細胞膜電位と神経興奮伝導

　高等な動物には，神経系(nervous system)というすぐれた情報伝達システムが備わっている．たとえば，皮膚のような感覚器で受けた外界の刺激すなわち情報は，感覚器官に興奮を生じさせ，その興奮は感覚神経を通して速やかに大

---

　*1　電気化学の中で生物機能に関連した領域を取り扱う学問を生物電気化学(bioelectrochemistry)という．

脳などの中枢神経に伝えられる．中枢で処理されて，そこから出される命令が運動神経を通して筋肉などの作動体に伝えられる．神経系は神経細胞(nerve cell)あるいはニューロン(neuron)とよばれる細胞がつながってできている．ニューロンは，図9・1(軸索：じくさく，絞輪：こうりん，髄鞘：ずいしょう)に示すように，核のある神経細胞体と，それから出るいくつかの短い樹状突起，および長く伸びる神経突起からなっている．ニューロン内の神経突起の末端は隣のニューロンに接しており，この部分はシナプス(synapse)とよばれる．ここでは，神経突起の末端に含まれるシナプス小胞からアセチルコリンやノルアドレナリンなどの神経伝達物質(neurotransmitter)が放出され，隣接するニューロンの樹状突起や神経細胞体あるいは作動体に受け入れられることによって興奮が伝達される[*2]．

ニューロン内の興奮の伝導が細胞に発生した活動電位(action potential)とよばれる電気信号によるものであることは，細胞膜内外の電位変化の測定[*3]によって明らかにされている．直径0.4〜1 mm，長さ4〜8 cmくらいの比較的太くて長いヤリイカの巨大な神経細胞を使った実験によると，図9・2に示すように，興奮していない状態[*4]では細胞膜の内側の電位は外側の体液に比べ

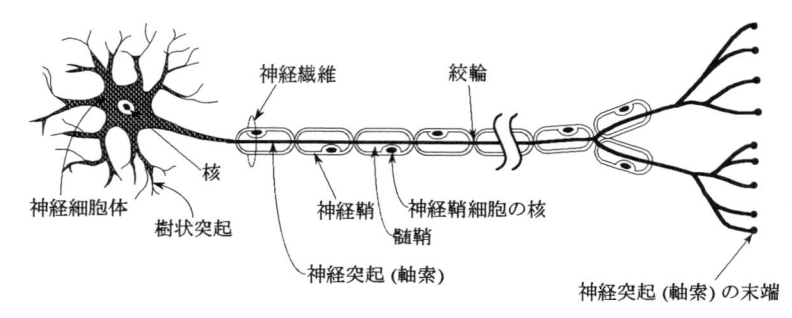

図 9・1　ニューロンの構造

[*2] 神経伝達物質は細胞膜に興奮を伝えた後，そこにある酵素によって直ちに分解される．こうして，シナプスには，興奮を一方向にだけ伝達するしくみがある．

[*3] 細胞の中に挿入する電位測定用電極には，通常，ガラスキャピラリーでつくった先端が非常に細い小さな銀・塩化銀電極が用いられる．

[*4] 静止状態(resting state)という．

9・1 細胞膜電位と神経興奮伝導

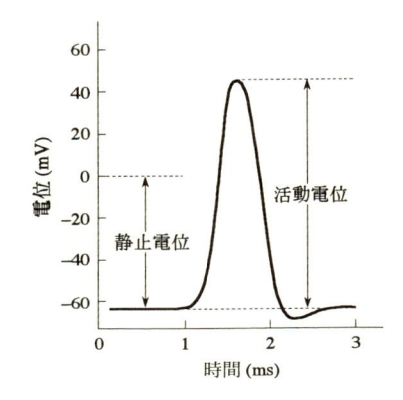

図 9・2 刺激に伴う細胞膜電位の変化

て 60〜80 mV 程度低い．ところが，何らかの刺激を受けて神経が興奮すると，細胞膜の内外の電位が逆転して，内側の電位は外側より 40〜60 mV 程度高くなり，1 ms くらいの後また元に戻る．その電位変化の大きさは刺激が強くても弱くても同じであるが，刺激が強いと電位変化が頻繁に起こる．

このような現象は，半透膜で隔てられた両側の電解質溶液に濃度差がある場合に現れるドナン膜電位 (Donnan membrane potential) によって説明される．この膜電位 E_m は，1-1 型電解質溶液の場合には，次式で与えられる．

$$E_m = -t_+ \frac{RT}{F} \ln \frac{a_{+2}}{a_{+1}} + t_- \frac{RT}{F} \ln \frac{a_{-2}}{a_{-1}} \qquad (9 \cdot 1)$$

ここで，t_+ と t_- はそれぞれカチオンとアニオンの輸率であり，a_+ と a_- はそれらの活量である．また，下付き 1 および 2 は各溶液相を示す．ところで，ヤリイカの神経細胞の内側と外側における K^+ イオンの濃度はそれぞれ 410 mmol dm^{-3}, 22 mmol dm^{-3} であり，Na^+ イオンの濃度はそれぞれ 49 mmol dm^{-3}, 440 mmol dm^{-3} である．これらの値を式 (9・1) にそれぞれ代入し，膜中のイオンの透過性すなわち輸率に対して $t_+=1$ と $t_-=0$ を仮定し，25 ℃ での E_m を計算すると，K^+ イオンについては -75 mV，Na^+ イオンについては $+56$ mV となる．これらの値は，静止状態の -60〜-80 mV，刺激を受けたときの $+40$〜$+60$ mV とほとんど一致している．このことは，静止状態では K^+ イオンだけを通過させ，刺激を受けたときには Na^+ イオンだけを通過させ

るように細胞膜の性質が変化することを示している．

　こうして，興奮の発生と伝導の機構は次のように考えられている．すなわち，静止状態では，細胞膜は高エネルギー物質 ATP[*5] のエネルギーで作動するナトリウムイオンポンプ(sodium pump)によって，Na^+ イオンをくみ出し，K^+ イオンをくみ入れているので，細胞膜の外側は Na^+ イオンが多く，内側は K^+ イオンが多い．このようなイオンの分布の違いによって，細胞膜の外側が正，内側が負に帯電している．神経突起の一部に刺激が加えられると，その部分では細胞膜の Na^+ イオンに対する透過性が一次的に高まり，同時にナトリウムイオンポンプが停止するため，Na^+ イオンがくみ出されず細胞膜内に急激に増加する．このため，細胞膜の内側が正に，外側が負になる．このような活動電位の発生が興奮である．こうなると，図 9・3 に示すように，神経突起内では興奮部の電位が隣接する静止部に対して高くなり，興奮部から静止部に向かって電流が流れる．この電流が刺激となって，つぎつぎに隣接する静止部に活動電位を起こさせ，興奮が伝導される．こうして，興奮は神経突起の末端まで伝わってゆく[*6]．

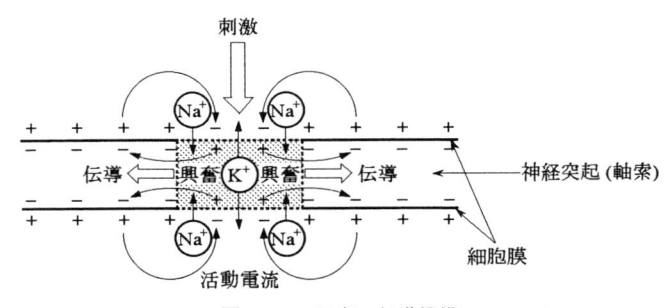

図 9・3　興奮の伝導機構

[*5]　アデノシン 5′-三リン酸(adenosine 5′-triphosphate)をいう．1 mol 当り約 8 kcal のエネルギーをもつ．

[*6]　元の興奮部では，このあと続いて，今度は細胞膜の K^+ イオンに対する透過性が高くなり，K^+ イオンが細胞膜の外側に放出され，細胞膜の内側が負に帯電する．遂に刺激がなくなるとナトリウムイオンポンプが再び作動して Na^+ イオンを細胞膜外に排出し，K^+ イオンを取り込むので，イオンの濃度差が元に戻り，電位も元の状態に戻る．

以上のように，神経細胞の興奮は刺激による細胞膜のイオン透過性の変化によって起こり，活動電位という電気信号によって伝達される．その速度は一般に 1〜100 m s^{-1} 程度である．

9・2　生体内酸化還元系

電子伝達系(electron transport system)とは，細胞内ミトコンドリア(mitochondria)，ミクロソーム(microsome)，ペルオキシソーム(peroxisome)，細菌(bacteria)膜，葉緑体(chloroplast)などで，酸化還元反応が連鎖的に起こって電子の移動が行われる系をいう．とくに，呼吸鎖電子伝達系(respiratory chain electron transport system)と光合成電子伝達系(photosynthetic electron transport system)は，生命活動の維持に必要なエネルギーをつくり出す非常に重要なプロセスである．このような電子伝達反応(electron transport reaction)は酸化還元反応であり，酸化還元電位や局部電池機構に基づく電気化学的な観点から考察することができる．

9・2・1　生体酸化還元電位

酵素とは触媒の働きをもつタンパク質であると一般に定義されるが，タンパク質だけでできている酵素もあるし，アポ酵素(apoenzyme)とよばれるタンパク質の部分と補酵素(coenzyme)*7 とよばれる比較的低分子の有機化合物とからできている酵素もある．酵素は基質(substrate)*8 の種類をかなり厳密に識別し，同一基質に対しても酵素により触媒作用する反応が異なる．生物の営む反応にはそれぞれに応じた酵素があり，それらの反応をその生体が生存できる穏和な条件下で円滑に行わせて，生命の維持に役立っている．生命の維持に必要なエネルギーの大半は基質の酸化によって発生するエネルギーに依存している．

生体内で起こる酸化は，基質から水素を奪ったり，基質と酸素を結合させた

---

*7　助酵素(coenzyme)ともいう．
*8　酵素と反応して反応生成物に変換する物質の総称．酵素反応は一般的に逆反応も起こり得ることから，反応生成物も基質になり得ることがある．

りする反応である.たとえば,次のように表される[*9].

デヒドロゲナーゼ[*10]: $AH_2 + NAD \longrightarrow A + NADH_2$ (9・2)

オキシダーゼ[*11]: $AH_2 + 1/2\, O_2 \longrightarrow A + H_2O$ (9・3)

ここで,AH_2 は基質,A は酸化生成物,NAD は補酵素の一種であるニコチンアミドアデニンジヌクレオチド(nicotinamide adenine dinucleotide),$NADH_2$ は NAD の還元型を示す.

このような酵素によって触媒される生体内酸化還元系の反応は,二つの反応が組み合さって進行するものと考えることができる.すなわち,ある点で式(9・4)の酸化反応が進み,別の点で式(9・5)の還元反応が進む.

$$AH_2 \longrightarrow A + 2H^+ + 2e^- \quad (9・4)$$

$$B + 2H^+ + 2e^- \longrightarrow BH_2 \quad (9・5)$$

したがって,全体の反応は次のようになる.

$$AH_2 + B \longrightarrow A + BH_2 \quad (9・6)$$

ここで,供与体 AH_2 は基質であり,A は酸化生成物である.また,受容体 B は好気的条件下では酸素,嫌気的条件下では主として有機化合物であり,BH_2 はその還元生成物である.この反応に伴って,電子は酸化反応が起こる点から還元反応が起こる点へ移動するというモデルが考えられる.なお,反応は腐食における局部電池機構と類似の機構で進行し得る[*12].

酸化還元電位は,3章ですでに学んだように,標準酸化還元電位すなわち標

[*9] この一例はアルコールデヒドロゲナーゼであり,これはエタノールを酸化してアセトアルデヒドにする酵素であり,同じ酵素で逆反応も起こる.ただし,この反応が起こるためには補酵素 NAD が必要であり,エタノールの酸化とアセトアルデヒドの還元は NAD の還元と酸化を伴って起こる.この他の多くの補酵素も水素受容体あるいは水素供与体として働いている.

[*10] 脱水素酵素(dehydrogenase)ともいう.

[*11] 酸化酵素(oxidase)ともいう.

[*12] 細胞内の細胞質は,水が主成分で,これにタンパク質,脂肪,イオン,酵素などを含んでおり,イオン伝導を行う電解質としての役割を果たす.また,タンパク質が主体である酵素は,酵素内の共役二重結合の π 電子やペプチド結合($-CO-NH-$)による交差のため電子のトンネリングが可能で,半導体的性質をもっている.こうして,電子伝達系とイオン伝達系が組み合さっているので,腐食における局部電池機構と類似の機構で反応が進行し得る.

9・2 生体内酸化還元系

表 9・1 主な生体物質の酸化還元電位 (pH=7, 30°C)

生体物質	酸化還元電位 $E^{\circ\prime}$ (V vs. NHE)	生体物質	酸化還元電位 $E^{\circ\prime}$ (V vs. NHE)
フェレドキシン (Fe^{3+}/Fe^{2+})	−0.43	グルコースオキシダーゼ	0.08
H^+/H_2	−0.42	ユビキノン/ユビヒドロキノン	0.10
$NAD/NADH_2$	−0.32	ヘモグロビン/メトヘモグロビン(ウマ)	0.14
ペルオキシダーゼ(ワサビ)	−0.27	ヘモグロビン/メトヘモグロビン(ヒト)	0.15
$FAD/FADH_2$	−0.22	シトクロムc_1 (Fe^{3+}/Fe^{2+})	0.22
$FMN/FMNH_2$	−0.22	シトクロムc (Fe^{3+}/Fe^{2+})	0.25
ピルビン酸/乳酸	−0.19	シトクロムa (Fe^{3+}/Fe^{2+})	0.29
アセトアルデヒド/エタノール	−0.16	O_2/H_2O	0.82
シュウ酸/リンゴ酸	−0.10		
シトクロムb (Fe^{3+}/Fe^{2+})	−0.07		
コハク酸/フマル酸	0.03		
グルタチオン	0.04		
デヒドロアスコルビン酸/アスコルビン酸	0.06		

準電極電位 E° を用いたネルンスト式で表されるが,生体内の反応は通常 pH=7 付近で進むので,生体内物質の酸化還元電位としては $E^{\circ\prime}$ で表される pH=7 における値がよく用いられる.主な生体物質の $E^{\circ\prime}$ の値を表9・1に示す.

式(9・4)と式(9・5)の酸化還元電位をそれぞれ $E^{\circ\prime}{}_A$, $E^{\circ\prime}{}_C$ とすれば,これらと pH=7 におけるギブズの自由エネルギー変化 $\Delta G^{\circ\prime}$ との間には次式が成立する.

$$\Delta G^{\circ\prime} = -nF(E^{\circ\prime}{}_C - E^{\circ\prime}{}_A) = -nF\Delta E^{\circ\prime} \tag{9・7}$$

ここで,F=96 485 C mol^{-1}=96 485 J V^{-1} mol^{-1} であるから

$$\Delta G^{\circ\prime}(\text{J mol}^{-1}) = -96\,485(\text{J V}^{-1}\text{ mol}^{-1})\,n\Delta E^{\circ\prime}\,(\text{V}) \tag{9・8}$$

この式によって,生体内物質の酸化還元電位と生体内反応のギブズ自由エネルギーとの間の換算を行うことができる.

9・2・2 呼吸鎖電子伝達系

　生物は生命活動に必要なエネルギーを得るために，グルコースやグリコーゲンのような呼吸基質の酸化や分解を行っている．これは呼吸(respiration)とよばれ，酸素を用いる酸素呼吸と酸素を用いない無酸素呼吸に分けられる．多くの生物は酸素呼吸によっている．呼吸基質が酵素の働きによって段階的に酸化分解されるとき遊離したエネルギーは，高エネルギー物質 ATP に蓄えられる．

　たとえば，グルコース $C_6H_{12}O_6$ が完全に酸化分解されると，二酸化炭素と水が生成してエネルギーが遊離するが，この反応は次のように表される．

$$C_6H_{12}O_6 + 6\,O_2 + 6\,H_2O \longrightarrow 6\,CO_2 + 12\,H_2O + エネルギー \tag{9・9}$$

この酸化分解過程は非常に複雑であるが，解糖系(glycolytic pathway)，クエン酸回路(citric acid cycle)および電子伝達系の三つに分けられ，次のような反応式でまとめられる．

$$解糖系：\underset{グルコース}{C_6H_{12}O_6} \longrightarrow \underset{ピルビン酸}{2\,C_3H_4O_3} + 4\,H + (2\,ATP) \tag{9・10}$$

$$クエン酸回路：2\,C_3H_4O_3 + 6\,H_2O \longrightarrow 6\,CO_2 + 20\,H + (2\,ATP) \tag{9・11}$$

$$電子伝達系：24\,H + 6\,O_2 \longrightarrow 12\,H_2O + (34\,ATP) \tag{9・12}$$

これらのうち，解糖系の反応は細胞質の基質の部分で行われ，酸素を使わないが，これに続くクエン酸回路と電子伝達系の反応はミトコンドリア内で行われ，酸素を必要とする．ミトコンドリアの構造を図9・4に示す．クリステ(cristae)の膜面にはシトクロム(cytochrome)などの酵素が規則正しく配列し，クリステの間を埋める部分にはデヒドロゲナーゼやカルボキシラーゼなどの酵素が含まれている．

　解糖系とクエン酸回路でデヒドロゲナーゼによって呼吸基質から奪われた水素[13]は，補酵素 NAD などの水素受容体と結合して電子伝達系に運ばれる．その水素はクリステのところで H^+ イオンと e^- に分かれ，e^- は電子伝達物質であるシトクロム系の酵素群によってつぎつぎと受け渡され，最後に酸素まで

---

[13] 2 H ずつ合計で 24 H．

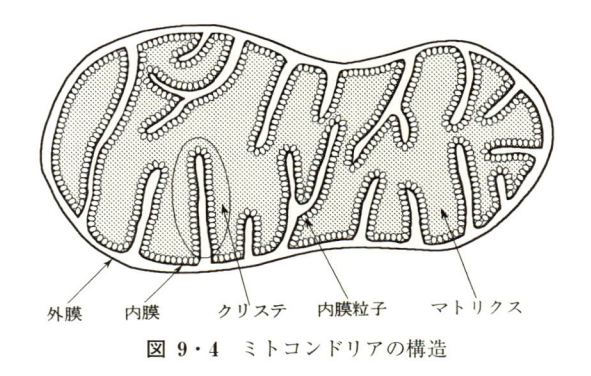

                                            9・2 生体内酸化還元系   209

【ミトコンドリアの図】

外膜　内膜　クリステ　内膜粒子　マトリクス

図 9・4　ミトコンドリアの構造

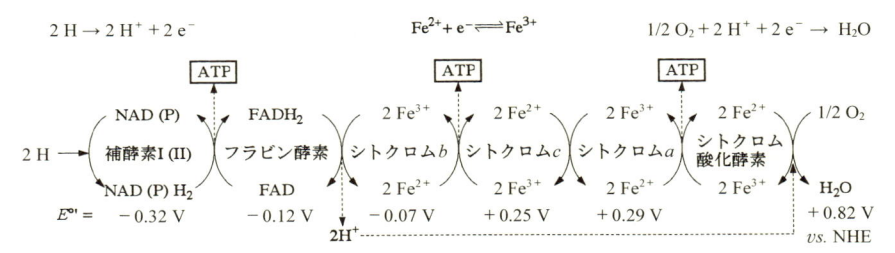

【呼吸鎖電子伝達系の図】

$2H \rightarrow 2H^+ + 2e^-$　　　　$Fe^{2+} + e^- \rightleftharpoons Fe^{3+}$　　　　$1/2\,O_2 + 2H^+ + 2e^- \rightarrow H_2O$

	NAD(P)	FADH$_2$	2 Fe^{3+}	2 Fe^{2+}	2 Fe^{3+}	2 Fe^{2+}	1/2 O$_2$
2H →	補酵素 I(II)	フラビン酵素	シトクロム b	シトクロム c	シトクロム a	シトクロム酸化酵素	H$_2$O
	NAD(P)H$_2$	FAD	2 Fe^{2+}	2 Fe^{3+}	2 Fe^{2+}	2 Fe^{3+}	
$E^{\circ\prime}$ =	−0.32 V	−0.12 V	−0.07 V	+0.25 V	+0.29 V		+0.82 V vs. NHE

NAD：ニコチンアミドアデニンジヌクレオチド，NADP：ニコチンアミドアデニンジヌクレオチドリン酸，NAD(P)：NAD・NADP の略，NAD(P)H$_2$：NAD(P)の還元体，FAD：フラビンアデニンジヌクレオチド，FADH$_2$：FAD の還元体
$E^{\circ\prime}$ は pH = 7，30℃ での酸化還元電位を示す．

図 9・5　呼吸鎖電子伝達系における ATP 生成プロセス

伝達される．そこで，電子を受け取った酸素は，シトクロムオキシダーゼの働きで，H$^+$ イオンと結合して水になる．これらの間に ATP が合成されるが，呼吸基質のもつエネルギーで ATP の合成に利用されなかったものは熱となって発散する．この呼吸鎖電子伝達系で ATP が生成されるプロセスは，図 9・5 のように考えられており，酸化還元電位を用いて説明される．

9・2・3　光合成電子伝達系

　生物は生命活動を行うために，いろいろな有機物を必要とする．多くの植物は外界から二酸化炭素，水，硝酸塩などの無機物を取り入れ，体内で同化して炭水化物やタンパク質などの有機物を合成している．クロロフィル(chlorophyll)[*14] という色素をもつ緑色高等植物や藻類，光合成細菌などは，二酸化炭素と水からグルコースのような炭水化物を合成する炭酸同化 (carbon dioxide assimilation)[*15] のためのエネルギーとして，太陽光を利用することができる．この光合成の過程は非常に複雑であるが，全体として次のような反応式で表される．

$$6\,CO_2 + 12\,H_2O + 光エネルギー \longrightarrow \underset{グルコース}{C_6H_{12}O_6} + 6\,H_2O + 6\,O_2$$

(9・13)

　光合成が行われる場所は，これらの細胞内にある葉緑体である．葉緑体は，図9・6に示すように，内部に多くのラメラ (lamella) とよばれる層状構造があり，いくつかの円板状のラメラが積み重なったグラナ (granum) とよばれる緑色の部分と，ラメラの間のストロマ (stroma) とよばれる液状で無色の部分とからできている．全体は包膜 (indusium) とよばれる2層の膜で包まれている．ラメラにはクロロフィルやカロテノイドなどの光合成色素が多く含まれ，ストロマには光合成に関与する多くの酵素が含まれている．そこで，光を必要とする明反応は主にラメラで起こり，光を必要としない暗反応はストロマで起こる．

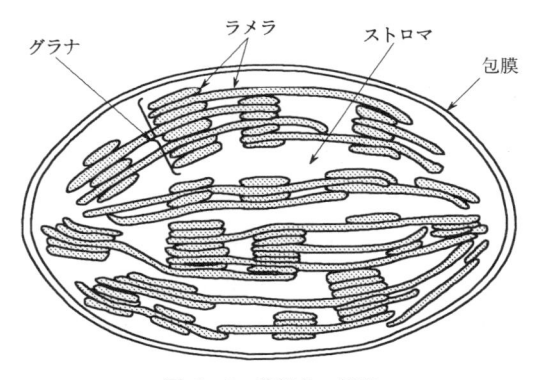

図9・6　葉緑体の構造

[*14] 葉緑素 (chlorophyll) ともいう．
[*15] 炭酸固定 (carbon dioxide fixation) ともいう．

まず，ラメラで，光エネルギーが吸収され，そのエネルギーにより水が分解されて水素と酸素が生じる[*16]．生成した水素は水素受容体である補酵素NADP(nicotinamide adenine dinucleotide phosphate)を還元してNADPH$_2$をつくる[*17]．また，吸収された光エネルギーの一部は，化学エネルギーすなわちATPの生成に使われる[*18]．次に，ストロマで，それらの還元剤NADPH$_2$と高エネルギー物質ATPを用いた複雑な循環反応過程により，二酸化炭素が還元されてグルコースなどの炭水化物に変えられる[*19]．

ラメラでの明反応は，完全には解明されていないが，図9・7に示すようなZスキーム(Z scheme)とよばれる連続した酸化還元系からなると推定されている．なお，図中の電子受容体QとXはそれぞれフェオフィチン，クロロフィル a ではないかといわれている．これらの反応でもっとも重要な働きをする

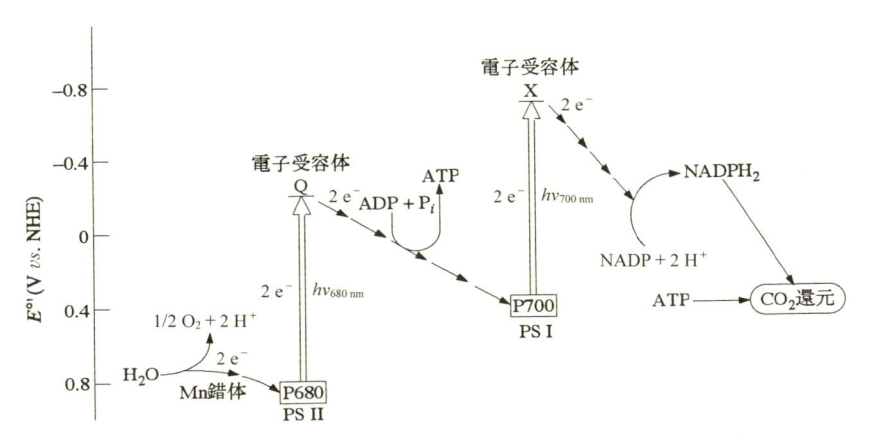

図 9・7 光合成初期過程における電子伝達系(Zスキーム)

Q, X：電子受容体，ADP：アデノシン二リン酸，ATP：アデノシン三リン酸，P$_i$：リン酸(H$_3$PO$_4$)

[*16] $12\,H_2O \rightarrow 24\,H + 6\,O_2$

[*17] $24\,H + 12\,NADP \rightarrow 12\,NADPH_2$

[*18] $ADP + P_i \rightarrow ATP$ ここで，ADPはアデノシン 5′-二リン酸(adenosine 5′-diphosphate)，P$_i$ はリン酸である．

[*19] $12\,NADPH_2 \rightarrow 24\,H + 12\,NADP$, $6\,CO_2 + 24\,H \rightarrow C_6H_{12}O_6 + 6\,H_2O$, $ATP \rightarrow ADP + P_i$

のがクロロフィルであり，存在状態の違いで光の吸収極大波長が異なる二つのものすなわち 700 nm に吸収極大をもつ P 700 と 680 nm に吸収極大をもつ P 680 がある．いずれもクロロフィル a の二量体であるが，それぞれ PS I，PS II と名付けられた別々の粒子に含まれている．

　上記のような光合成プロセスは，穏やかな反応条件でしかも非常に効率よく反応が進行するので興味深く，クロロフィルで表面を被覆した半導体電極を用いる電気化学的なシミュレーションなども試みられている．高効率人工光合成系を開発することは，植物の光合成系を理解したり太陽エネルギーを有効利用したりする上で非常に有意義なことである．

9・3　生体計測

　生体はさまざまな物質でつくられており，それらの分離，同定，定量などには，とくに臨床化学検査においてみられるように，種々の電気化学的計測法が役立っている．本章でもすでに細胞膜電位の測定法などについて触れた．ここでは，生体物質の分離同定に使われる電気泳動法と生体物質の定量に使われるバイオセンサーをとりあげる．

9・3・1　電気泳動法

　電気泳動法(electro phoresis)は，すでにタンパク質などの生体物質の分離同定にも広く応用されている．タンパク質は，構成単位であるアミノ酸がペプチド結合によって多数つながったものであり，アミノ基($-NH_2$)やカルボキシル基($-COOH$)などの解離性残基も多く含んでいる．そのために，タンパク質は両性電解質の性質を示し，溶液の pH により全体として正に荷電したり負に荷電したりする．正負両電荷がつり合って全体としてタンパク質の表面電荷がゼロになる pH を等電点(isoelectric point)といい，タンパク質に固有な値である．溶液の pH が等電点にあるとき泳動速度はゼロであるが，等電点からずれるにつれてタンパク質の電荷量が増加し，泳動速度は増大する．泳動速度は個々のタンパク質の電荷量のほか，分子サイズなどによっても異なる．

　タンパク質などの生体物質を分離同定する目的には，簡便なゾーン電気泳動

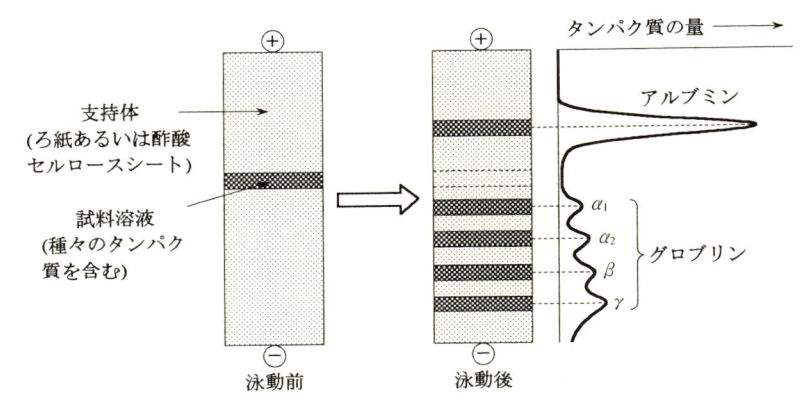

図 9・8 ゾーン電気泳動法による血清中のタンパク質の分離

法(zone electrophoresis)がよく用いられている．血清中のタンパク質の分離同定を例にとって，その原理を図9・8に示す．ろ紙や酢酸セルロースシートのような支持体を電解質溶液で湿らせた状態にし，その中央にタンパク質を含む溶液を滴下する．そして，両端に直流の高電圧をかけると，血清中のタンパク質のうちで，負に帯電したアルブミンはプラス極の方へ泳動し，正に帯電したグロブリン(α_1，α_2，β，γ)はマイナス極の方へ泳動する．電源を切った後，タンパク質を色素で染色し，見やすくする．さらに，吸収スペクトルや電気伝導率の測定法を利用すると，タンパク質の分離同定のほか定量も可能となる．

9・3・2 バイオセンサー

センサー(sensor)とは，外界の何らかの物理量あるいは化学量を電気信号に変換して検知するデバイスであると定義される．人の感覚器官をセンサーにたとえれば，眼(視覚)，耳(聴覚)および皮膚(触覚)は光，音，圧力，温度のような外界の物理的変化に応答する物理センサーであり，舌(味覚)や鼻(嗅覚)は味や臭いをもたらす化学物質に応答する化学センサーである．主な化学センサーには，溶液中の特定イオンに選択的に応答するイオンセンサー(ion sensor)，H_2，CO_2，CH_4などを選択的に検出するガスセンサー(gas sensor)，生体関連物質を検出するバイオセンサー(biosensor)などがある．いずれのセンサーも，レセプター(receptor)とよばれる物質を認識検知する部分とトランスデュー

サー(transducer)とよばれるそこで生じた変化を信号に変換する部分からなっている．イオンセンサーやガスセンサーについては次章で述べるので，ここではバイオセンサーをとりあげる．

バイオセンサーは主に生体成分などを対象とする化学物質計測デバイスであり，酵素や抗体(antibody)のような分子を識別できる生体素子と，電極や半導体デバイスのような化学情報を電気信号に変換する変換器を組み合せたものである．その原理を図9・9に示す．

生体内には種々の化学物質を識別する素子があるが，生体触媒である酵素はその一つである．酵素には生体内の特定の反応を選択的に進行させる働きがあり，触媒機能とともに分子認識機能が備わっている．そこで，酵素を用いれば，特定の化学物質を厳密に識別するとともに，その濃度も測定することが可能となる．実際には，酵素反応(enzyme reaction)で生成または消費される化学物質を電極のようなトランスデューサーで測定することによって，元の化学物質の濃度を知る．なお，酵素などの生体物質は一般に水溶性なので，センサーに用いるためには，それらを水に不溶性の高分子膜や無機担体膜などに結合させて固定化する必要がある[*20]．

酵素センサーの代表例には，血液や尿中の糖の量を調べるという臨床上の目的に使われるグルコースセンサー(glucose sensor)がある．グルコースセンサ

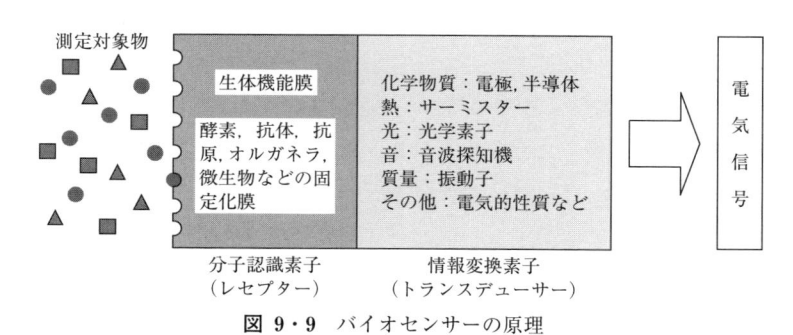

図9・9 バイオセンサーの原理

[*20] 酵素の膜への固定化には，高分子膜や無機担体膜などに共有結合させる方法，酵素どうしを架橋化して膜状に成形する方法，高分子マトリックス中に包括する方法，膜に物理的に吸着させる方法などがある．

一の基本構成を図 9・10 に示す[*21]．これには，グルコースを酸化する酵素であるグルコースオキシダーゼ（GOD）が用いられる．このセンサーの先端部分を試料溶液に浸漬すると，溶液中のグルコースが GOD の固定されている高分子膜中に拡散し，そこで GOD の作用によりグルコース $C_6H_{12}O_6$ が溶存酸素で酸化されて，グルコノラクトン $C_6H_{10}O_6$ と過酸化水素が生成する．

$$C_6H_{12}O_6 + O_2 \xrightarrow{GOD} C_6H_{10}O_6 + H_2O_2 \qquad (9・14)$$

この反応で溶存酸素が消費されるので，酸素透過性のテフロン膜を通って白金カソードに達する酸素は，溶液中のグルコース濃度が高いほど少なくなる．白金電極の電位を酸素が還元される値，たとえば -0.6 V vs. Ag/AgCl に保つと，還元電流から酸素の量が測定できる．実際には，最初，酵素反応で膜近傍の酸素濃度が低下し，電極へ拡散する酸素が減るので電流値が減少するが，膜で消費される酸素の量と溶液中から拡散してくる酸素の量との間に平衡が成立するようになると，電流値は定常値になる．最初の電流値とこの定常値との差は，試料溶液中のグルコース濃度に比例するので，電流減少値とグルコース濃度の関係をあらかじめ求めておけば，未知試料溶液中のグルコース濃度を迅速

電解質溶液
（30% KOH など）

アノード
（Pt, Pb, Ag/AgCl など）

カソード
（Pt）

酸素透過性
プラスチック膜
（テフロン膜）

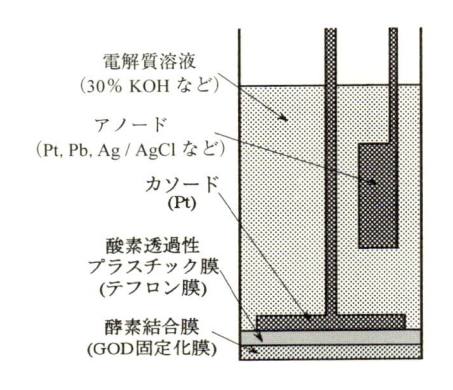

酵素結合膜
（GOD固定化膜）

図 9・10　グルコースセンサーの基本構成

[*21] 電極で電気信号に変換するには，二つの方式がある．一つは，酵素反応に関与する各種イオンの濃度などをそれぞれのイオンに選択的な感応膜に生ずる膜電位として測定する電位差測定方式であり，もう一つは，酵素反応で生成または消費される物質で，かつ電極で容易に反応あるいは感応する物質の電極反応で得られる電流値を測定する電流測定方式である．図 9・10 に示したのは後者である．

に決定することができる．また，式(9・14)の反応で過酸化水素も生成するので，これを測定してもグルコース濃度を求めることができる．この際には，白金アノードの電位はたとえば 0.6 V *vs.* Ag / AgCl に設定されていて，そこで過酸化水素の酸化反応が起こるようになっている．その酸化電流の値からグルコース濃度を決定する．

酵素センサーのほかにも，酵素固定化膜の代りに抗原あるいは抗体固定化膜を用いた免疫センサーや微生物固定化膜を用いた微生物センサーなど，種々のバイオセンサーが医療計測，工業計測プロセス，環境計測，学術研究用などに使用されている．また，味や臭いのセンサーも盛んに研究されている．

9・3・3 メディエーターを用いる生体計測

酵素は活性中心(active center)とよばれる酸化還元反応に活性な部位がタンパク質に取り囲まれた構造をとっている．分子サイズの大きいタンパク質では，奥深いところに存在する酵素の活性中心と電極の間で，直接，電子を授受することは一般に困難である．しかし，図9・11に示すように，酵素の活性中心まで入り込んで酵素と速やかに電子の授受を行い，その電子を電極との間で可逆的にかつ速やかに運搬をしてくれる小さな分子を仲介役として用いると，間接的ではあるが，電極と酵素との間で速やかな電子の授受が可能となる．このような役割を担う分子をメディエーター(mediator)という．

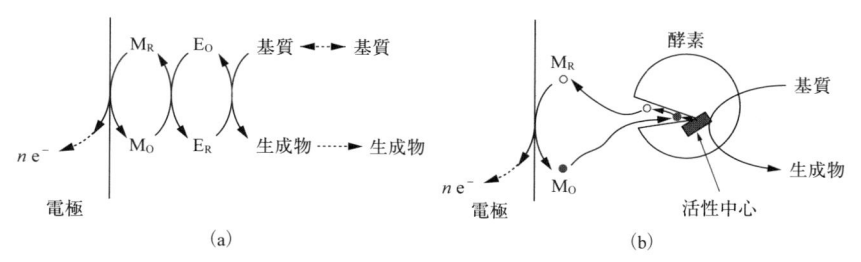

M_R (○)，M_O (●)：メディエーターの還元体，酸化体
E_R，E_O：酵素の還元体，酸化体

図 9・11 メディエーターを用いる生体計測
 (a) 酵素反応を電気化学的に計測する方法
 (b) 小さなメディエーターが電極と大きな酵素の活性中心の間で電子の橋渡しをする様子

先のグルコースオキシダーゼ(GOD)も分子量が15万以上あることから，直接電極反応させると反応速度が非常に遅いが，フェロセンやヒドロキノンなどをメディエーターとして用いると反応速度が著しく増大することが知られている．このような手法はグルコースセンサーの場合にも，メディエーターを溶液中に添加したり電極表面にGODと同時固定したりしてセンサーの感度を高めるのに応用されている．

演 習 問 題

9・1　細胞膜電位と神経興奮伝導の関係について述べよ．
9・2　生体酸化還元電位と呼吸鎖電子伝達系の関係について述べよ．
9・3　生体酸化還元電位と光合成電子伝達系の関係について述べよ．
9・4　人の感覚器官をセンサーにたとえれば，眼，耳，皮膚，舌および鼻はそれぞれ何に応答するセンサーであるか．また，それらは物理センサー，化学センサーのいずれであるか．
9・5　グルコースセンサーを例にとって，バイオセンサーの作動原理を説明せよ．
9・6　メディエーターの働きについて述べよ．

10

電気化学を応用する計測

　いわゆる電気化学工業以外にも，電気化学はきわめて広い分野に応用されている．電気化学測定もその一つである．一般に，化学量は物理量に比べて複雑で計測が困難であるが，電極を用いる電気化学測定では，化学量が電位や電流などの電気信号に変換されるので計測が容易である．そのため，いろいろな形で電気分析，工業計測，環境計測，医療計測などに応用されている．本章では，情報の計測と変換について電気化学のかかわりについて述べる．

10・1　電気化学測定法の分類

　化学的な現象は電子移動を伴うが，これを電気化学反応としてとらえれば，その反応推進力，反応速度，反応量はそれぞれ電位，電流，電気量に対応しており，いずれも電気信号として計測できる．ここでは，はじめに電極反応の解析や電気分析のための電気化学測定法を分類し，そのあと代表的な測定法をいくつかとりあげて説明する．

　電極反応の研究に用いられる代表的な電気化学測定法を表10・1に示す．このように電気化学測定法には多くの種類があるが，電気化学における主要な変数が電位，電流および電気量であることを念頭において，大別すると次の三つになる．すなわち，(1) 反応の推進力に対応する電極電位を任意に制御してその際流れる電流や電気量を測定する電位規制法(potentiostatic method)，(2) 反応の速度に対応する電流を任意に規制して対応する電位の応答を測定する電

表 10・1 電極反応の研究に用い

方法	規制する変数	測定する変数
定常法		
1. 定電位法	E vs t (一定)	i vs t (一定)
2. 定電流法	i vs t (一定)	E vs t (一定)
3. インターラプター法	i vs t (断続)	E vs t
非定常法		
4. クロノアンペロメトリー（電位ステップ法）	E vs t (ステップ)	i vs t
5. クロノクーロメトリー（電位ステップ法）	E vs t (ステップ)	Q vs t
6. クロノポテンショメトリー（電流ステップ法）	i vs t (ステップ)	E vs t
7. サイクリックボルタンメトリー（電位走査法）	E vs t (三角波)	i vs E
8. パルスポーラログラフィー	E vs t (パルス)	i vs E
9. 微分パルスポーラログラフィー	E vs t (階段＋パルス)	i vs E
10. 交流インピーダンス法	E vs t (正弦波)	i vs t

10・1 電気化学測定法の分類

られる代表的な電気化学測定法

	備 考

装置が簡単．固体電極では表面の変化が重要な問題となる．非常に遅い電位走査で電位-電流曲線を求めることができる．

装置が非常に簡単．固体電極では表面の変化が重要な問題となる．電流-電位曲線に極大を含む系には推奨できない．

定常分極値を与えるが，電流しゃ断後の電位の時間変化に関する情報を得ることができる．IR（オーム損）補正にも用いられる．

作用電極と参照電極の間の IR 降下は小さくしなければならない．短い時間では電気二重層の充電の補正が必要．二重電位ステップ法は後続化学反応（短寿命反応中間体）の研究に適している．

上記4．と同じ．電極反応の反応電子数が直接求められる．二重層充電や不純物の反応に使われる電気量の補正が必要な場合がある．

装置が比較的簡単．IR補正が簡単．電気二重層の充電の補正が必要．電流反転クロノポテンショメトリー（二重電流ステップ法）も有用である．

完全な理論解析は複雑．とくに速い反応の解析に有利である．電極表面状態や電極反応の手軽な初期診断法である．作用電極と参照電極の間の IR 降下は小さくしなければならない．

装置が高価．微量物質の反応の解析に有利．

装置が高価．微量物質の反応の存在が簡単に確認できる．半波電位の決定が容易である．

複雑な装置が必要．速い電極反応の研究に適している．電気二重層容量とファラデーインピーダンスを分離するために，広い周波数領域にわたって測定する必要がある．

流規制法(galvanostatic method),および(3)反応する物質の物質量(モル数)に対応する一定の電気量を電極に与えたときの電位の応答を測定する電気量規制法(coulostatic method)である.また,これらは制御する電位あるいは電流が時間の関数となっているかどうかで定常法(steady-state method)と非定常法(nonsteady-state method)に分類することができる.他方,これらの測定量に注目して,(1)は電流の経時変化を測定するときクロノアンペロメトリー(chronoamperometry),電気量の経時変化を測定するときクロノクーロメトリー(chronocoulometry)とよばれ,(2)と(3)は電位の経時変化を測定するのでクロノポテンショメトリー(chronopotentiometry)とよばれることが多い.

10・1・1 定電流電解と定電位電解

もっとも単純な場合の電解セルとしては,電解質溶液のほかに 2 本の電極を入れる容器があればよいが,一般に電極反応の研究で用いられる電解セルには適当な作用電極[*1],対極および参照電極が組み込まれている.電解セルと測定系の代表例はすでに図 4・9 に示した.電解槽本体や電極の形状,配置などは,目的に応じて適当に工夫すればよい[*2].なお,電解セルを組み立てる際には,作用電極の表面における電流分布が均一になるように対極を配置したり,オーム損を少なくするために液絡用のルギン毛管(Luggin capillary)とよばれる毛管の先端を電極表面に近い位置に配置させたりする[*3]ことは,常に心がけておく必要がある.

定電流電解(galvanostatic electrolysis)の際の配線は図 10・1(a)の中に示されている.この場合には,電解が進むにつれて電極表面における濃度分極の影響で電位が変化するので,これは後述するクロノポテンショメトリーのような分析手法に応用される.他方,定電位電解(potentiostatic electrolysis)装置の原理

[*1] 試験電極のほか,電気分析では指示電極(indicator electrode)ともよばれることが多い.

[*2] たとえば,対極で生成した物質が作用電極に到達して反応する恐れがある場合には,両極間に隔膜を設ける.また,溶液のかくはん,雰囲気の規制,溶存酸素の除去などの目的には,不活性ガスの出入口を付けるし,拡散が大きく関与する場合には,電極を回転させたり溶液を流動させたりする.

[*3] ただし,電極表面の電流分布を乱さないために,毛管先端部の外径の 2 倍以内には近づけないことが大切である.

10・1 電気化学測定法の分類

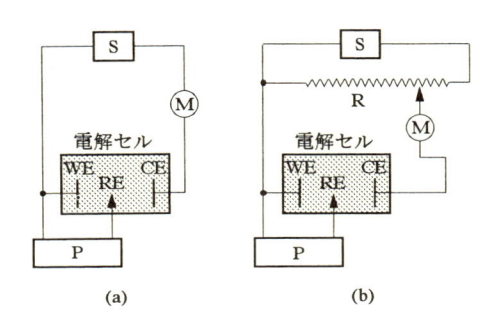

WE:作用電極, CE:対極, RE:参照電極,
S:直流電源, P:電位差計, R:可変抵抗,
M:電流計または電量計

図 10・1 定電流電解装置(a)と定電位電解装置(b)の原理

を図 10・1(b)に示す．電解中，常に作用電極の電位を電位差計 P で監視し，それが一定になるように可変抵抗 R を調節する．この操作を自動的に行うのがポテンショスタット(potentiostat)とよばれる定電位電解装置であり，作用電極の実際の電位とはじめに設定した電位との差を検出し，それに応じて出力電圧を調節するのがその原理である．定電位電解法の特長は設定した電位に対応する電極反応だけを進行させることができる点であり，後述するクロノアンペロメトリーやクロノクーロメトリーをはじめ，種々の物質の分離，精製，定量などに応用される．

なお，電流-電位曲線を測定する場合，一般には電位規制法でも電流規制法でも同じ結果が得られるが，たとえば鉄の不動態化のように電流が電位に対して単調増加関数とならない系では，電流規制法で測定すると誤った結果が得られるので注意を要する．

10・1・2 ポテンショメトリー

ポテンショメトリー(potentiometry)[*4]は電位の測定に基づいており，電流を流さない場合と一定電流を流す場合がある．

まず，電流を流さない電位差滴定(potentiometric titration)をとりあげる．溶液中の化学種の濃度と電位の関係はネルンスト式で与えられる．そこで，試料溶液中に適当な作用電極と参照電極を挿入し，両極間の電位差を電位差計で測定することによって作用電極の電位を知れば，溶液中の化学種の濃度を求め

[*4] 電位差測定，電位差測定法(potentiometry)などともいう．

ることができる．普通，滴定しながら両極間の電位差を測定して，当量点付近での電極電位の変化から終点を判定する．この方法は中和滴定，酸化還元滴定，錯形成滴定，非水溶媒滴定などに広く用いられる．

一例として，白金電極を用いて Fe^{2+} を含む溶液を濃度既知の Ce^{4+} を含む溶液で滴定する場合を考えてみよう．滴定反応は次のように表される．

$$Fe^{2+} + Ce^{4+} \longrightarrow Fe^{3+} + Ce^{3+} \qquad (10・1)$$

当量点以前では，かなりの量の Fe^{3+} と Fe^{2+} が存在し，白金電極は速やかに $Fe^{2+} \rightleftarrows Fe^{3+} + e^-$ 系の安定な電位を示す．当量点のすぐ近くでは，Fe^{2+} の濃度は非常に低くなり，濃度比 $[Fe^{3+}]/[Fe^{2+}]$ が急速に変化するのに対応して，電位は急激に変化する．そのとき，かなりの量で存在するのは Fe^{3+} と Ce^{3+} であり，白金電極はこれらの不安定な混成電位を示す．当量点を十分に過ぎると，Ce^{3+} と Ce^{4+} がかなり多く存在し，白金電極は $Ce^{4+} + e^- \rightleftarrows Ce^{3+}$ 系の安定な電位を示すようになる．この変化の様子を図 10・2(a)に示す．このような曲線は電位差滴定曲線(potentiometric titration curve)とよばれる．なお，滴定曲線は当量点を明確にさせるために，図 10・2(b)のような一次微分曲線やさらに

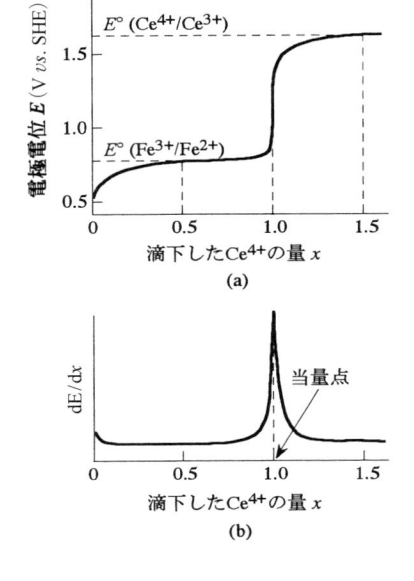

図 10・2　Fe^{2+} を含む水溶液を Ce^{4+} を含む水溶液で滴定したときの電位変化
(a) 通常の電位差滴定曲線
(b) 一次微分形の滴定曲線

は二次微分曲線で表示することもある．

　以上とは対照的に，溶液を静止状態に保って，作用電極と対極との間に一定電流を流し，作用電極の電位を時間の関数として追跡する方法はクロノポテンショメトリー(chronopotentiometry)とよばれ，電極反応の研究，反応物の定性分析や定量分析などに利用される．通常，作用電極には白金電極や吊り下げ水銀滴電極などが使われる．電流規制の仕方には種々の方法があるが，定電流ステップはもっとも基本的な方法である．

　いま，$O + ne^- \rightarrow R$ で表される電極反応が進行する場合を考えてみよう．ただし，Oは酸化体，Rは還元体を表す．任意の大きさの定電流を作用電極と対極の間に流すと，Oは一定速度で還元され，電極表面でのOとRの濃度比が変化するにつれて電極電位は変化する．電解が進むにつれて電極表面におけるOの濃度は減少し，ついにはゼロになる．このとき電極電位は次の新たな還元反応が起こるまでより卑な電位へ急激に変化する．このように電極表面における反応物の濃度がゼロになって急激な電位変化が起こるまでの時間を遷移時間(transition time)という．遷移時間 τ と反応物Oの濃度 C_0 との間にはサンド式(Sand equation)とよばれる次式が成立する．

$$\tau^{1/2} = \frac{\pi^{1/2} n F D_0^{1/2} C_0}{2i} \quad (10・2)$$

ここで，i は電流密度，D_0 は反応物Oの拡散係数である．$\tau^{1/2}$ は電極反応の可逆性には無関係であり，濃度 C_0 に比例するので，定量分析の基礎となっている．測定される電位-時間曲線[*5]を図10・3に示す．この電位 E と時間 t の関係は，可逆系の電極反応の場合には，次式で表される．

$$E = E_{\tau/4} + \frac{RT}{nF} \ln\left[\frac{\tau^{1/2} - t^{1/2}}{t^{1/2}}\right] \quad (10・3)$$

ここで，$E_{\tau/4}$ は $t = \tau/4$ のときの電位[*6]であり，電流密度や濃度に依存しない反応物に固有の値であるため，定性分析の指標となる．また，不可逆系の電

[*5] クロノポテンショグラム(chronopotentiogram)という．
[*6] 四分波電位(quarter wave potential)とよばれる．これは $E_{\tau/4} = E° + (RT/nF)\ln(\gamma_O D_R^{1/2}/\gamma_R D_O^{1/2}) = E°{'} + (RT/2nF)\ln(D_R/D_O)$ で与えられ，ポーラログラフィー(polarography)の可逆半波電位(reversible half-wave potential) $E_{1/2}$ に相当する．なお，ポーラログラフィーは作用電極として滴下水銀電極(dropping mercury electrode)を用いるボルタンメトリーをいう．

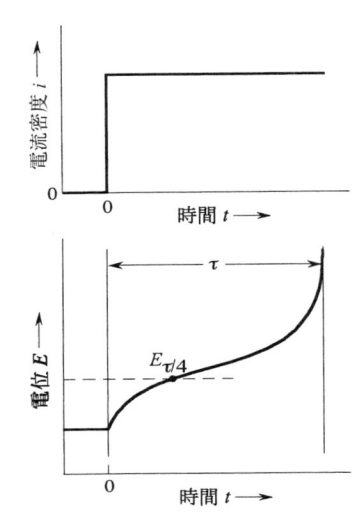

図 10・3 定電流クロノポテンショメトリー

極反応の場合には，$E°$ を基準にして

$$E = E° + \frac{RT}{\alpha n_a F}\ln\frac{2 k°}{\pi^{1/2}D^{1/2}} + \frac{RT}{\alpha n_a F}\ln(\tau^{1/2} - t^{1/2}) \quad (10・4)$$

で表される．ここで，α は移動係数，n_a は律速段階でやりとりする電子の数で，n_a は必ずしも n に等しくはない．また，$k°$ は電位に無関係な速度定数である．これらの式からわかるように，電極反応の可逆性は対数プロットを行い，その勾配の違いから判定することができる．

10・1・3 アンペロメトリー

アンペロメトリー(amperometry)[*7] は電流の測定に基づいている．溶液は静止状態にして，作用電極の電位を図 10・4 の上図に示すようにはじめは電極反応が起こらない電位 E_1 に設定する．なおこの図では電位は図の上方が負，下方が正になっている．次に，それを還元の起こるある程度卑な電位 E_2 あるいは十分卑な電位 E_3 までステップさせる．このとき流れる電流を記録すると，図 10・4 の下図のようになる．このように作用電極の電位を規制して電流と時間の関係を測定する方法はクロノアンペロメトリー(chronoamperometry)とよ

[*7] 電流測定，電流測定法(amperometry)などともいう．

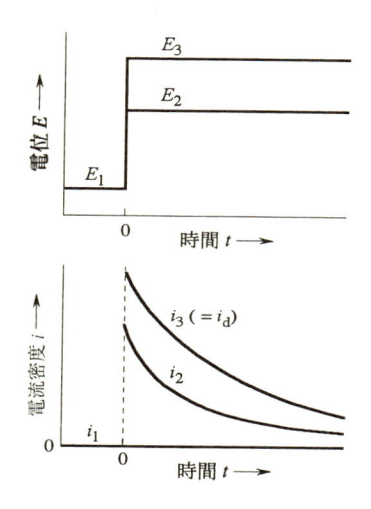

図 10・4 電位ステップクロノアンペロメトリー

ばれ，電極反応の研究によく用いられる．

いま，$O + ne^- \rightarrow R$ のような還元反応をとりあげてみよう．E_1 では電流はゼロである．E_2 では反応物 O の還元が起こるが，溶液中から電極表面へ拡散してきた O がすべて還元されるほどには反応が速くないので，反応速度すなわち電流はステップする電位に依存する．さらに十分卑な電位 E_3 では，電極表面へ拡散してくる O はすべて還元され，電極表面での濃度がゼロになっているので，電流は電極表面への O の拡散速度によって支配され，電位に無関係となる．E_2 と E_3 のいずれの場合にも，電解時間とともに O の拡散層の厚さが増大し，O の濃度勾配が減少するため，電流は時間の経過につれて減少する．電極反応が十分速く，また O の拡散が半無限拡散である場合には，拡散層の厚さは $\pi^{1/2} D_O^{1/2} t^{1/2}$ に等しく，このような電流は電解時間の平方根 $t^{1/2}$ に反比例することが知られている．とくに，E_3 におけるような拡散支配の電流密度 i_d は，コットレル式 (Cottrell equation) とよばれる次式で表される．

$$i(t) = i_d = \frac{nF D_O^{1/2} C_O}{\pi^{1/2} t^{1/2}} \qquad (10 \cdot 5)$$

この式から，$t^{-1/2}$ に対して i_d をプロットすると原点を通る直線となることがわかる．直線の勾配より，n と C_O がわかれば D_O が求められ，n と D_O がわか

れば C_O が求められる．i_d と C_O は比例関係にあるので，このプロットから反応物 O の定量分析が可能である．

10・1・4　クーロメトリー

クーロメトリー（coulometry）[*8] とは電極反応に関与する電気量を測定することに基づく方法であり，図 10・5 に示すように，定電流クーロメトリー（galvanostatic coulometry）と定電位クーロメトリー（potentiostatic coulometry）に分類される．いずれの場合にも，ファラデーの法則により，測定された電気量から反応物の量を求めることができる．

いま，一定電流を流して溶液中の反応物を電解酸化あるいは電解還元する場合を考えてみよう．溶液中にその反応物が存在する間は作用電極の電位はほぼ一定であるが，その反応物がすべて消費されると次の新たな物質の電極反応が生ずるまで電位が移動する．この間の電流と時間の積は反応物の量に対応した

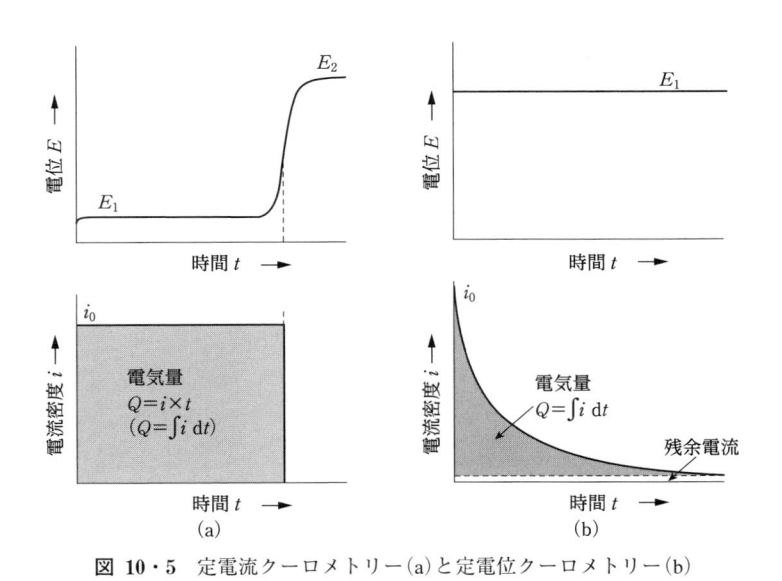

図 10・5　定電流クーロメトリー（a）と定電位クーロメトリー（b）

[*8]　電気量測定，電量測定（coulometry）などともいう．

電気量であり，これを測定すれば反応物の量を知ることができる．このような定電流クーロメトリーは滴定に利用される．

他方，一定電位で電解を行うと，反応物の減少に伴って電流値も減少する．電流値が十分小さくなるまでの電気量から，ファラデーの法則に基づいてその反応物の量を知ることができる．電流の減少が指数関数的であることを利用して，電解を最後まで行わずに全電解に必要な電気量を評価することもできる．

以上のようなクーロメトリーには，作用電極，対極，参照電極，セパレーターを有する電解セル，スターラーなどのほかに，定電流あるいは定電位電解装置，電量計，記録計などが必要である．これらの場合には，測定中，溶液はかくはんされている．それに対して，次に述べるクロノクーロメトリーでは，反応物の電極表面への輸送が拡散によって起こるように溶液も作用電極も静止した状態で測定が行われる．

先に述べたクロノアンペロメトリーと同様に作用電極の電位を規制して電流の時間変化を測定するが，その電流を積分して電気量を時間の関数として記録する方法は，クロノクーロメトリー(chronocoulometry)とよばれる．これは電極反応の研究，とくに吸着現象の研究に適している．電位ステップ幅を大きくして電流が拡散支配となるようにすると，電気量-時間の関係は式(10・5)のコットレル式を時間で積分することによって得られ，次式のようになる．

$$Q(t) = Q_d = \int_0^t i(t)\,dt = \frac{2nFD_0^{1/2}C_0 t^{1/2}}{\pi^{1/2}} \quad (10・6)$$

これから，$t^{1/2}$に対してQ_dをプロットすると原点を通る直線となることがわ

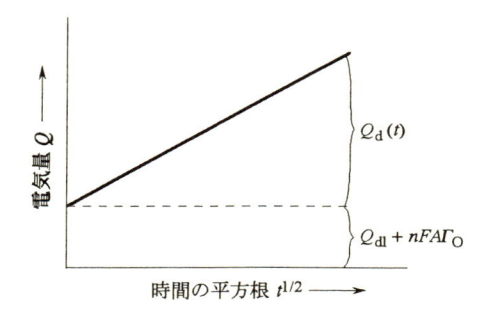

図 10・6 電位ステップ・クロノクーロメトリーにおける Q–$t^{1/2}$ プロット

かる．直線の勾配より，n と C_0 がわかれば D_0 が求められる．しかしながら，電気二重層の充電に要する電気量 Q_{dl} や反応物 O が吸着するときには，その還元に要する電気量 $nFA\Gamma_0$（Γ_0：吸着した O の電極表面濃度）のため，一般に，このプロットは原点を通らないで図 10・6 のようになる．

10・1・5　ボルタンメトリー

　作用電極の電位を時間とともに一定速度でゆっくり変化させれば，そのとき得られる電流-時間曲線はそのまま電流-電位曲線に対応する．このようにして電流-電位曲線を測定する方法は，一般には，ボルタンメトリー（voltammetry）とよばれる．物質によって反応する電位が異なるので電位は反応物の定性分析に利用できるし，電流は濃度に依存するので反応物の定量分析に利用できる．また，電極反応の解析にも大変有用である．以下では，最近，広い分野で利用されているサイクリックボルタンメトリー（cyclic voltammetry, CV）を例としてとりあげる．

　一定速度で電位を変化させ，そのときに流れる電流を電流-電位曲線として記録する方法を電位走査法（potential sweep method）というが，繰り返して電位走査する場合はサイクリックボルタンメトリーとよばれる．これは反応の起こる電位，反応の速さ，反応生成物の反応性など，電極表面で起こっている反応を定性的に把握することができるもっとも手っ取り早い方法の一つであり，電気化学のみならずさまざまな化学の分野でよく利用されている．サイクリックボルタンメトリーは静止溶液中において，白金電極，黒鉛電極，吊り下げ水銀滴電極などのような静止電極を用いて行われる．この場合には，三極式セルを用い，試験極の電位を一定の範囲にわたって走査[*9]できるようになっている．

　いま，$R \rightleftarrows O + n\mathrm{e}^-$ で表される単純な可逆系の電極反応の場合を考えてみよう．得られる電流-電位曲線を図 10・7 に示す．このような曲線はサイクリックボルタモグラム（cyclic voltammogram）とよばれる．電流ピークが生じるのは，過電圧の増大に伴って反応速度が増大し電流が大きくなる効果と，時間

　[*9]　走査速度は $10^{-3} \sim 10^2 \, \mathrm{V \, s^{-1}}$ くらいである．

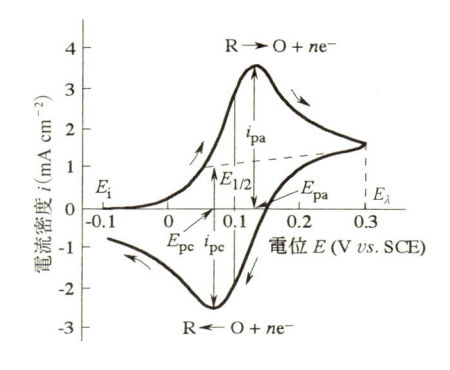

E_i：初期電位
E_λ：反転電位

図 10・7 可逆系の電極反応($R \rightleftarrows O + ne^-$) に対するサイクリックボルタモグラム

の経過に伴って電極近傍の反応物量が減少して電流が小さくなる効果の組合せによると説明される*10.

このような可逆系においては，25 °C でのピーク電流密度(peak current density) i_p(アノードピーク電流密度 i_{pa}，カソードピーク電流密度 i_{pc})，ピーク電位(peak potential) E_p(アノードピーク電位 E_{pa}，カソードピーク電位 E_{pc})および半ピーク電位(half-peak potential)*11 $E_{p/2}$ は，それぞれ次のような式で表される．

$$i_p = 0.4463 nF \left(\frac{nF}{RT}\right)^{1/2} D^{1/2} C v^{1/2} = 269 n^{3/2} D^{1/2} C v^{1/2} \qquad (10 \cdot 7)$$

$$E_p = E_{1/2} \pm \frac{1.109\, RT}{nF} = E_{1/2} \pm \frac{0.0285}{n} \quad (+: E_{pa}, -: E_{pc}) \qquad (10 \cdot 8)$$

$$|E_p - E_{p/2}| = \frac{2.2\, RT}{nF} = \frac{0.0565}{n} \qquad (10 \cdot 9)$$

---

*10 すなわち，電位をアノード側に走査すると，過電圧の増大につれて R の酸化速度は増大し電流は大きくなる．電流の増大は電極表面における R の減少をもたらし，ついにはゼロとなり，電流は拡散支配となる．電位を比較的速い一定速度で走査するので，拡散層の厚さは一定とはならず，アノード分極の増大につれて厚くなる．そのため，拡散層における反応物の濃度勾配が小さくなり，単位時間当りに反応物が電極表面に補給される量が少なくなる．この結果，電流は小さくなる．また，電位走査をカソード方向に反転した後，カソード過電圧が増大すると，還元電流ピークが現れる．これはアノード走査中に電極近傍で生成した酸化体が還元されるためである．

*11 ピーク電流の半分の値を与える電位をいう．

ここで，$E_{1/2}$ はポーラログラム(polarogram)における半波電位(half-wave potential)に相当する．また，単位は $i_p(\text{A cm}^{-2})$, $D(\text{cm}^2\text{ s}^{-1})$, $C(\text{mol dm}^{-3})$, $v(\text{V s}^{-1})$, E_p, E_{pa}, E_{pc}, $E_{1/2}(\text{V})$ である．

これに対して，$R \to O + ne^-$ で表される不可逆系[*12] の電極反応の場合には，25 °C で次式となる．

$$i_p = 0.4958\, nF\left(\frac{\alpha n_a F}{RT}\right)^{1/2} D^{1/2} C v^{1/2} = 299\, n(\alpha n_a)^{1/2} D^{1/2} C v^{1/2} \quad (10\cdot10)$$

$$E_p = E_{1/2} \pm \frac{RT}{\alpha n_a F}\left[0.780 + \ln\frac{D^{1/2}}{k°} + 1/2\ln\frac{\alpha n_a F v}{RT}\right] \quad (+: E_{pa}, -: E_{pc}) \quad (10\cdot11)$$

$$|E_p - E_{p/2}| = \frac{1.857\, RT}{\alpha n_a F} = \frac{0.0477}{\alpha n_a} \quad (10\cdot12)$$

ここで，α は移動係数，n_a は律速段階で移動する電子数，$k°$ は電位に無関係な標準速度定数である．なお，不可逆系では正方向のピークのみが現れ，逆反応のピークは現れないこともある．

以上では溶液中に溶解している物質の電解を考えてきたが，次に固体電極の表面が変化する場合を考えてみよう．図 10・8 は 0.5 mol dm^{-3} H$_2$SO$_4$ 中における白金電極のサイクリックボルタモグラムである．まず，アノーディックな方向に向かって図中の II$_1$, II$_2$ にピークをもつ吸着水素原子 H_{ad} の酸化に基づく電流，III の電極表面での電気二重層の形成に基づく小さな電流，IV の電極表面における白金酸化物層 PtO$_x$ の形成に基づく電流，V の酸素ガスの発生に基づく電流が認められる．次いで，カソーディックな方向に向かって，IV′ にピークをもつ白金酸化物層 PtO$_x$ の還元に基づく電流，II$_2$′, II$_1$′ にピークをも

[*12] サイクリックボルタンメトリーにおいては，電極反応の可逆性は電位走査速度 v の大きさによって変わり，v が大きい場合に不可逆であっても，v を小さくすると可逆の場合に近づいてくる．可逆性の目安としては，25 °C において $D_R = D_O = 10^{-5}$ cm^2 s^{-1}, $\gamma_R = \gamma_O = 1$ および $\alpha = 0.5$ のとき，$v(\text{V s}^{-1})$ と $k°(\text{cm s}^{-1})$ の大小によって，$k° > 0.3(nv)^{1/2}$ の場合は可逆(reversible)系，$0.3(nv)^{1/2} > k° > 2\times10^{-5}(nv)^{1/2}$ の場合は準可逆(quasi-reversible)系，$k° > 2\times10^{-5}(nv)^{1/2}$ の場合は不可逆(irreversible)系である．すなわち，可逆とは，電荷移動が非常に速く，電流は物質移動で支配されているときを示す．他方，不可逆あるいは準可逆では，電荷移動が遅く，電極表面に反応物が存在していても，完全に反応し尽くすことができにくいときを示す．

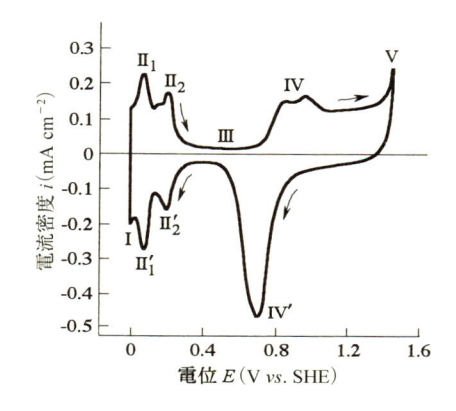

図 10・8 0.5 mol dm^{-3} H$_2$SO$_4$ 中における白金電極のサイクリックボルタモグラム

つ吸着水素原子 H$_{ad}$ の生成に基づく電流, I の水素ガスの発生に基づく電流が認められる．これらのうち，水素原子の吸脱着反応は式(10・13)で表され，電流のピークが二つ現れるのは電極上の水素原子の吸着点が結晶面によって異なるためであるといわれている．

$$H_{ad} = H^+ + e^- \qquad (10\cdot13)$$

また，白金酸化物の生成・還元反応は式(10・14)によって表される．

$$Pt + xH_2O = PtO_x + 2xH^+ + 2xe^- \qquad (10\cdot14)$$

一般に，サイクリックボルタモグラムを解釈するには分極の加減，電位走査速度の加減，かくはんの有無，濃度の変化などが役立つ．たとえば，I や V のように分極の増大につれていつまでも電流が増大するのは，溶媒や支持電解質の分解，電極の溶解などが考えられる．溶媒の分解ならば電極から気泡の発生がみられることが多く，また，電極 M の溶解ならば，

$$M = M^{n+} + ne^- \qquad (10\cdot15)$$

の平衡電位の近傍から電流が立ち上がるのが普通である．式(10・13)のような水素原子の吸着や(10・14)のような薄い酸化物層形成の場合には，ピークの面積から求めた電気量がほぼ一定であり，ピークの面積は電位走査速度 v に大体比例する．さらに，電解質溶液をかくはんすることによって，かくはんの影響を受けにくい被膜の形成などと，かくはんの影響が大きい溶液からの反応物の補給とを区別できる．

ボルタンメトリーにはサイクリックボルタンメトリーや後述する対流ボルタンメトリーを含めていろいろな方法がある．その中でも単走引ボルタンメトリー(single-sweep voltammetry)と滴下水銀電極を用いるポーラログラフィー(polarography)はしばしば採用されるが，これらについては他書を参照されたい．

10・1・6 対流ボルタンメトリー

電極に接する溶液を対流させながら，電流-電位曲線を測定する方法を対流ボルタンメトリー(hydrodynamic voltammetry)という．これには，いくつかの方法があるが，以下では，電極を回転させることにより溶液の強制対流を起こさせ，溶液側で定常的な反応物の拡散を達成させる回転電極法をとりあげる．

代表的な回転電極には図10・9に示すような回転ディスク電極(rotating disk electrode, RDE)とその外側に同心円状のリング電極を付けた回転リングディスク電極(rotating ring-disk electrode, RRDE)がある．これらの電極では，電

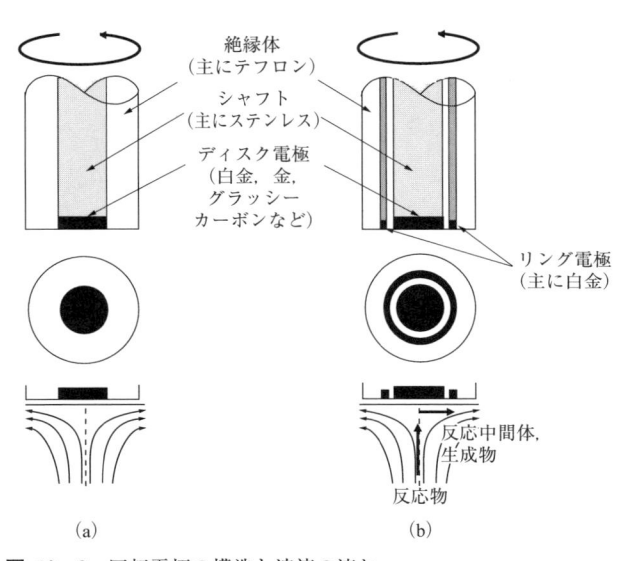

図10・9　回転電極の構造と溶液の流れ
　　(a)　回転ディスク電極　　(b)　回転リングディスク電極

極の回転数を変える*13 ことにより拡散層の厚さを制御することができ，定常状態が迅速に得られ，測定感度が高くなるという利点がある．

回転ディスク電極では，反応物が動粘性率(kinematic viscosity)*14 ν(cm^2 s^{-1})の媒体中を角速度(angular velocity)*15 ω(rad s^{-1})で回転する電極に対流拡散するとき，十分に分極すると観測される拡散限界電流密度(diffusion-limited current density) i_L はレービッチ式(Levich equation)とよばれる次式で与えられる．

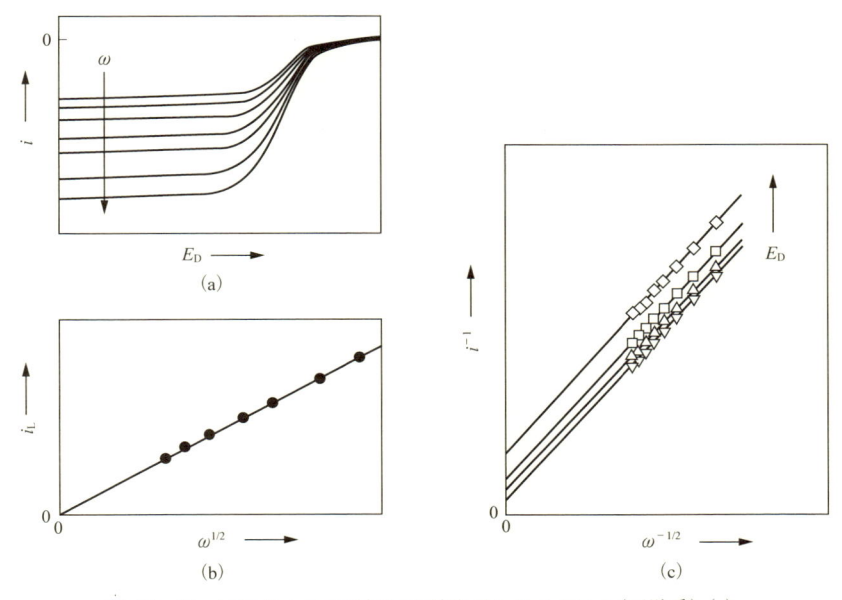

図 10・10 回転ディスク電極での対流ボルタモグラム(可逆系)(a)，i_L 対 $\omega^{1/2}$ プロット(レービッチプロット)(可逆系)(b)および i^{-1} 対 $\omega^{-1/2}$ プロット(コーテッキー–レービッチプロット)(不可逆系)(c)

---

*13 回転数は 500〜5000 rpm 程度の範囲とする．
*14 粘性率(coefficient of viscosity)を媒体の密度で除したもので，動粘性係数，動粘度などともいう．
*15 回転角速度 ω(rad s^{-1})は回転数 f(rps)と $\omega=2\pi f$ の関係にある．回転数 f の単位として rpm を用いる場合には，$\omega=2\pi f/60$ の関係となる．

$$i_L = 0.62\, nFCD^{2/3}\nu^{-1/6}\omega^{1/2} \qquad (10・16)$$

したがって，いろいろな回転数で図10・10(a)に示すような電流-電位曲線を求め，各回転数での i_L を $\omega^{1/2}$ に対してプロットすると図10・10(b)のような原点を通る直線となり，直線の勾配から反応物の拡散係数 D を求めることができる．ここで E_D は回転円盤電極の電位である．

不可逆系では，物質移動に加えて活性化過程での寄与が現れ，高回転域で上記のプロットが直線からずれてくる．この場合，可逆系では無視できていた電荷移動抵抗が直列に加わるため，ある電位での電流値 i はコーテッキー-レービッチ式(Koutecky-Levich equation)とよばれる式(10・17)[※16] で表される．

$$i^{-1} = i_K^{-1} + i_L^{-1} \qquad (10・17)$$

したがって，i^{-1} を $\omega^{-1/2}$ に対してプロットすると図10・11(c)のような直線が得られ，その $\omega^{-1/2} \to 0$ すなわち $\omega \to \infty$ の切片から，回転数にはよらない活性支配の電流密度(kinetically-controlled current density) i_K を求めることができる．また，反応速度定数 k が電位に依存するので，$i_K(=nFkC)$ も電位に依存する．このように，回転ディスク電極を用いれば，拡散の影響を排除した log i_K-η プロットを作成でき，電極反応の解析に非常に有効である．

他方，回転リングディスク電極はリング電極での反応生成物や反応中間体を

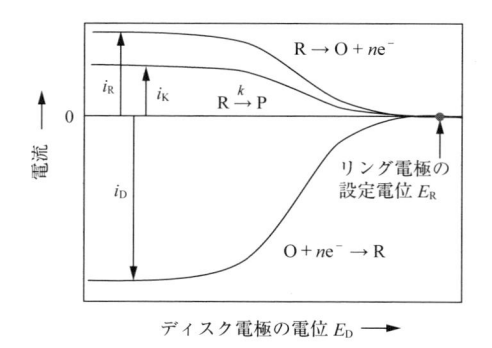

図 10・11 回転リングディスク電極におけるディスク電極のボルタモグラム

[※16] この式は測定された電流が電荷移動による電流と拡散による電流に分離できることを示しており，$i_K \ll i_L$ すなわち電荷移動律速では $i = i_K$ となり，$i_K \gg i_L$ すなわち拡散律速では $i = i_L$ となる．

検出するために用いられる．ディスク電極において電流 i_D によって生成した物質がリングに流れると，その一部がリング電極の電流 i_R として検出できる．

ディスク電極およびリング電極でそれぞれ次の反応が起こるとしよう．

$$O + ne^- \longrightarrow R \quad (ディスク電極) \quad (10 \cdot 18)$$

$$R \longrightarrow O + ne^- \quad (リング電極) \quad (10 \cdot 19)$$

これには，二つの電極の電位を独立して設定できるデュアルポテンショスタットを用いて，ディスク電極の電位 E_D を式(10・18)の反応が起こる電位に設定し，リング電極の電位 E_R を式(10・19)の反応が起こる電位に設定すればよい．図10・11のように，i_D と i_R をディスクにかけた電位 E_D に対してプロットする．I_R/I_D で定義される捕捉率(collection efficiency)が ω に依存しなければ対流拡散律速であり，ω の低下につれて小さくなれば後続反応が関与していることがわかる．このため，回転リングディスク電極は反応中間体として H_2O_2 を生成する可能性がある酸素還元反応などの解析によく使用される．

10・1・7　交流インピーダンス法

電気化学系に交流信号を加え，その交流信号の伝達の性質を測定する方法を交流インピーダンス法(AC impedance method)という．実際には，電極に直流電位を印加し，それに微小な交流電圧変動を与えたときの電流応答を測定し，その振幅比と位相差からインピーダンスを求め，電極界面や反応について解析する．なお，インピーダンス(impedance)あるいは複素インピーダンス(complex impedance)[*17] とは系に加わる交流電圧に対する交流電流の通りにくさすなわち交流で測定した抵抗をいい，その一般式は次式で表される．

$$Z = Z_{real} + jZ_{imaginary} \quad (10 \cdot 20)$$

ここで，Z_{real} は実数成分，$Z_{imaginary}$ は虚数成分を示す．

単純な電極反応 ($R \rightleftarrows O + ne^-$) に対する理論的な複素インピーダンスプロッ

---

*17　インピーダンスと同義であり，2端子の回路網の端子間電圧 E，電流 I がそれぞれ複素数表示の正弦関数 $E = E_0 \exp j(\omega t + \phi)$，$I = I_0 \exp j\omega t$ ($j = \sqrt{-1}$) で表されるとき，その比 $Z = E/I = (E_0/I_0)\exp j\phi = Z_0 \exp j\phi$ のことをいう．ここで，ω は角周波数，ϕ は初期位相である．インピーダンスは回路と角周波数によって決まり，$Z = R$ (抵抗 R だけの場合)，$Z = j\omega L$ (インダクタンス L だけの場合)，$Z = j\omega C$ (容量 C だけの場合)である．

トとその等価回路を図10・12に示す．なお，図10・12(a)中のωは交流の周波数f(Hz)に2πを掛けたものである．また，図10・12(b)の中のZ_Wは電極反応の拡散速度に関係したインピーダンス成分でワールブルグインピーダンス(Warburg impedance)とよばれる．図10・12(a)は図10・12(b)の電極/電解質溶液界面の等価回路に基づいて描かれたものである．高周波数側では抵抗とコンデンサーの並列回路のような半円がみられ，低周波数側では45°の傾きをもつ直線がみられる．

式の導き方は省略するが，低周波数領域で周波数を変化させたときの$-Z_\mathrm{imaginary}$対Z_realプロット[*18]は次式で表され，周波数の低下につれて勾配＝1の直線となる．

$$-Z_\mathrm{imaginary} = Z_\mathrm{real} - R_\mathrm{soln} - R_\mathrm{ct} + 2\sigma^2 C_\mathrm{dl} \quad (10\cdot 21)$$

ここで，R_solnは試験電極と参照電極との間の溶液抵抗，R_ctは電荷移動抵抗，C_dlは電気二重層容量である．また，σは次式で与えられる定数である．

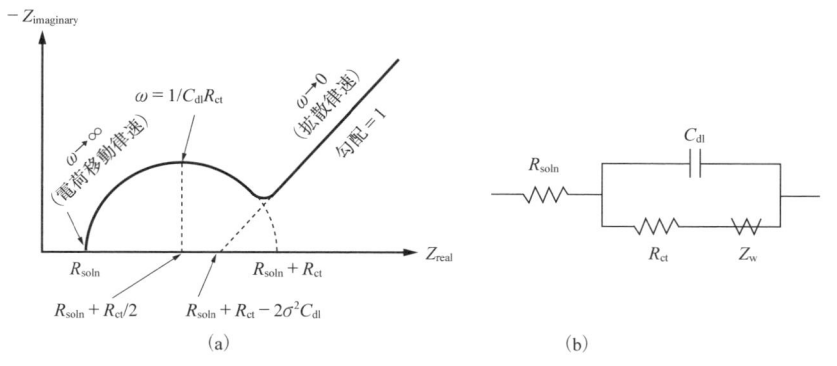

R_soln：溶液抵抗，C_dl：電気二重層容量，R_ct：電荷移動抵抗，Z_W：ワールブルグインピーダンス，σ：式(10・22)で与えられる定数

図10・12 単純な電極反応($R \rightleftarrows O + ne^-$)に対する理論的な複素インピーダンスプロット(a)とその等価回路(b)

[*18] 図10・12(a)のように周波数をパラメーターとして実数部と虚数部を複素平面に表示するのをコールコールプロット(Cole-Cole plot)あるいはナイキストプロット(Nyquist plot)という．

$$\sigma = \frac{RT}{2^{1/2}n^2F^2} \frac{1}{D_O^{1/2}C_O} + \frac{1}{D_R^{1/2}C_R} \quad (10\cdot22)$$

一方,高周波数領域で周波数を変化させたときの$-Z_{imaginary}$対Z_{real}プロットは次式で表され,直径が電荷移動抵抗R_{ct}に相当する半円となる.

$$(Z_{real} - R_{soln} - R_{ct}/2)^2 + Z_{imaginary}^2 = (R_{ct}/2)^2 \quad (10\cdot23)$$

周波数を無限大に増大させると,C_{dl}のインピーダンスがゼロに近づくので,溶液抵抗であるR_{soln}だけとなる.このようにして,R_{soln}をはじめ各種パラメーターを求めることができる

10・1・8 コンダクトメトリー

インピーダンス測定は,狭義には電極/電解質溶液界面の交流信号についての測定を意味するが,広義には二つの電極間に置かれた物質の電気伝導率や誘電率の測定が含まれる.コンダクトメトリー(conductometry)[*19]は試料溶液の電気伝導率を測定して,系の物理的あるいは化学的な情報を得る方法であり,代表例には伝導滴定(conductometric titration)がある.

伝導滴定は,試料溶液の電気伝導率を測定しながら行う滴定をいう.一般に,滴定反応によって,溶液中のイオンの種類や濃度が変化するため溶液の伝導率が変化し,当量点を通過すると伝導率変化の傾向が変わる.したがって,滴定の進行に伴う伝導率変化を追跡すれば,滴定曲線の折れ目に対応する点として滴定の終点が求められる.

たとえば,HCl水溶液をNaOH水溶液で滴定すると,図10・13に示すような結果が得られる.この場合,NaOH水溶液の滴下につれてH^+イオンが減少し,Na^+イオンが増加する.H^+イオンのモルイオン伝導率はNa^+イオンのそれに比べてずっと高いので,当量点までは溶液の伝導率は低下する.当量点を過ぎると,モルイオン伝導率の高いOH^-イオンが次第に増加するので,溶液の伝導率は増大する.このように,溶液の伝導率の変化は,H^+イオンやOH^-イオンのモルイオン伝導率がNa^+イオンやCl^-イオンのそれに比べて非常に高いことによっている.

[*19] コンダクトメトリーは英語でconductimetryともいう.伝導測定,電気伝導度測定法などともいう.

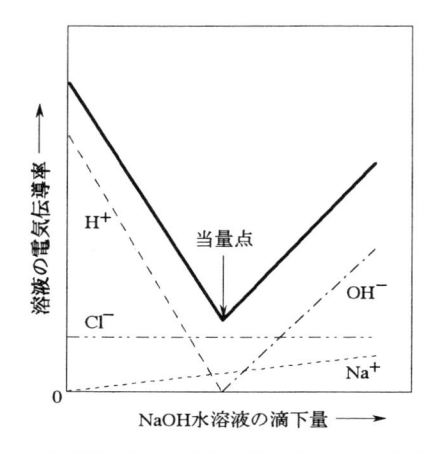

破線は溶液の電気伝導率に対する各イオンの電気伝導率の寄与分を示す.

図 10・13　HCl 水溶液を NaOH 水溶液で滴定したときの電気伝導率の変化

伝導滴定は，指示薬を必要とせず着色溶液でも行えるし，中和，沈澱，酸化還元，錯形成などいろいろな型の滴定に応用することができる.

10・1・9　分光電気化学測定法

分光電気化学測定法(spectro-electochemical measurement)は分光法を取り入れた電気化学測定法であり，いくつかの種類がある．ここでは，その一例として光透過性薄層電極(optically transparent thin layer electrode)を用いる薄層セル(thin-layer cell)をとりあげる.

薄層セルの構造を図 10・14 に示す．厚さが数十μmくらいの網状の金や白

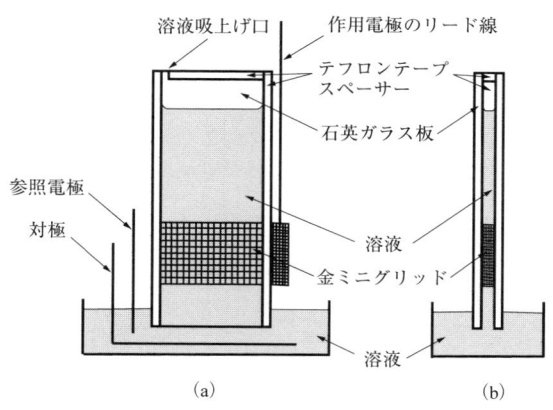

図 10・14　光透過性電極を用いる薄層セルの構造
(a)　正面図　　(b)　側面図

金のミニグリッドを作用電極とし,それを2枚の石英ガラス板で挟んだものである.照射された光はミニグリッドの隙間を透過する.対極には白金線や金線,参照電極には銀線などを使用することができる.石英ガラス間の距離はスペーサーとしてテフロンテープの厚みを用いて調節し100~200 μm程度にする.電解質溶液はこの隙間に毛管現象を利用して注入されるので,50 μL程度の非常に少ない量ですむ.したがって,試料溶液の電解を完了するに要する時間も短時間ですみ,通常,数十秒以内で設定電位に応じた平衡濃度比 c_O/c_R に到達させることができる.

このような薄層セルに適当な波長の光を垂直方向から照射し,透過光をフォトマルなどの受光素子で検出して吸光度を測定する.実際には,作用電極をいろいろな電位に設定して電解を行い,それに対応する吸収スペクトルを測定する.吸収スペクトルの一例を図10・15(a)に示す.この結果に基づき,25 °C でのネルンスト式 $E = E^{\circ\prime} + (0.059/n)\log(c_O/c_R)$ に従って E と $\log(c_O/c_R)$ の関係[20]をプロットすると,レドックス系の場合には図10・15(b)のような直線

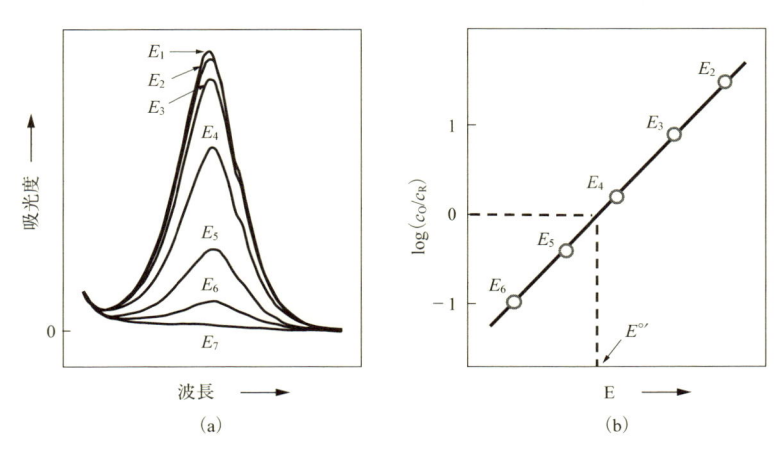

図 10・15 吸収スペクトルの電位依存性(a)と E-$\log(c_O/c_R)$プロット(b)

---

[20] E は設定した電位であり,濃度比 c_O/c_R はランベルト-ベールの法則(Lambert-Beer law)に基づいてスペクトルの吸光度から求められる.すなわち,吸光度を A とすると,$c_O/c_R = [A(E_x) - A(E_7)]/[A(E_1) - A(E_x)]$ で与えられる.

になる．この直線から反応電子数 n と式量電位(formal potential) $E^{0\prime}$ が求められる．

一般に，薄層セルを用いると，反応種，生成種，中間体の吸収スペクトルのほか，濃度，拡散係数および寿命などの反応パラメーターに関する情報が得られる．

10・2　セ ン サ ー

センサーは，9章で述べたように，レセプター(receptor)とよばれる物質を認識検知する部分とトランスデューサー(transducer)とよばれるそこで生じる変化を信号に変換する部分を組み合せたものである．バイオセンサーについては 9 章ですでに学んだので，ここではイオンセンサー(ion sensor)[*21] とガスセンサー(gas sensor)をとりあげる．

10・2・1　イオンセンサー

イオンセンサー(ion sensor)とは，溶液中の特定のイオンに選択的に応答し，

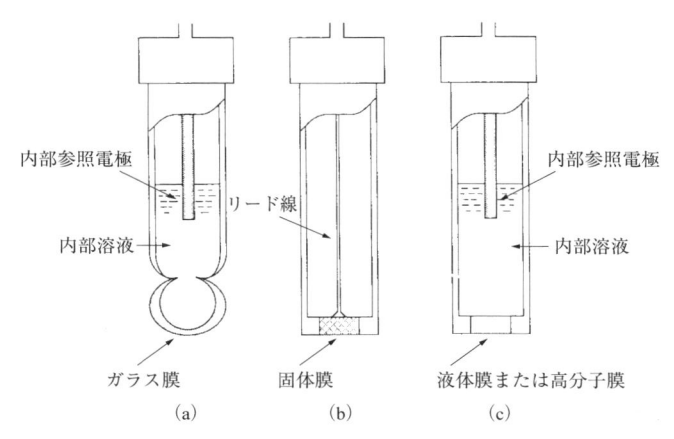

図 10・16　代表的なイオンセンサーの構造
(a)　ガラス膜型　(b)　固体膜型
(c)　液体膜型または高分子膜型

---

*21　イオン電極(ion electrode)，イオン選択性電極(ion-selective electrode)ともいう．

その濃度を測定できる電極をいう．代表的なイオンセンサーの構造を図10・16に示す．イオンセンサーは外部参照電極とともに試料溶液に浸し，イオン感応膜を挟んで発生する膜電位を検出するものである．そのため，金属電極を用いる固体膜型[*22]以外では，測定系は次のような構成になっている．す

表 10・2 主なイオンセンサーの特性

種 類	感応膜	感応膜組成	測定イオン
ガラス膜型	H^+やアルカリ金属イオンに選択的に感応する組成（ケイ酸を主成分とし，アルミナや酸化ナトリウムなどを含む）のガラス膜	Na_2O-CaO-SiO_2 Na_2O-Al_2O_3-SiO_2 Na_2O-Al_2O_3-SiO_2	H^+ Na^+ K^+
固体膜型	硫化銀やハロゲン化銀などの難溶性無機塩の粉末を加圧成形した膜やフッ化ランタンの単結晶膜	LaF_3 $AgCl$-Ag_2S $AgBr$-Ag_2S AgI-Ag_2S $AgSCN$ Ag_2S CuS-Ag_2S CdS-Ag_2S	F^- Cl^- Br^- I^- SCN^- Ag^+, S^{2-} Cu^{2+} Cd^{2+}
液体膜型	測定イオンに選択的に感応するようなイオン交換体やバリノマイシン，モナクチンなどのニュートラルキャリヤーを有機溶媒に溶かし，多孔質膜に含浸させた液体の膜	塩化トリオクチルメチルアンモニウム 過塩素酸トリオクチルメチルアンモニウム 硝酸トリオクチルメチルアンモニウム バリノマイシン ノナクチン ジデシルリン酸	Cl^- ClO_4^- NO_3^- K^+ NH_4^+ Ca^{2+}
高分子膜型	上記の液体膜型における感応物質にポリ塩化ビニルなどの高分子ポリマーおよび可塑剤を加えて溶解，固体化した高分子膜	塩化トリオクチルメチルアンモニウム 硝酸トリオクチルメチルアンモニウム ニュートラルキャリヤー，ビスクラウンエーテル バリノマイシン，ビスクラウンエーテル ノナクチン，モナクチン ニュートラルキャリヤー，ジデシルリン酸	Cl^- NO_3^- Na^+ K^+ NH_4^+ Ca^{2+}

[*22] 固体膜型の場合における測定系の構成は，外部参照電極|試料溶液|イオン感応膜|金属電極となっている．

なわち，

　外部参照電極｜試料溶液｜イオン感応膜｜内部溶液｜内部参照電極

この中で，イオン感応膜から右の部分がイオンセンサーである．内部および外部参照電極には飽和カロメル電極や銀・塩化銀電極がよく用いられる．主なイオンセンサーの特性を表 10・2 に示す．

　以下では，イオンセンサーの代表としてガラス膜型イオンセンサーの pH センサー (pH sensor) をとりあげ，その作動原理を考えてみよう．

　pH センサーを含む pH メーターの基本構成を図 10・17 に示す．そのガラス膜は H^+ イオンだけをほぼ選択的に透過させる性質を有している．そこで，ガラス膜の両側の溶液で H^+ イオン濃度に差があれば，濃度の高い方から低い方へ H^+ イオンが移動しようとする．このとき，対イオンであるアニオンはガラス膜を透過できないので，H^+ イオン濃度の高い溶液側にはアニオンが取り残され，他方 H^+ イオン濃度の低い溶液側には H^+ イオンが移動してきてカチオンが増加する．その結果，ガラス膜の片側は負に反対側は正に帯電することになり，電位差が生ずる．この電位差は H^+ イオンがさらに移動してくるのを妨げる方向に作用するので，それらがつり合ったところで H^+ イオンの移動は見かけ上なくなり，平衡状態となる．この膜電位 E_m は，試料溶液と内部溶液の

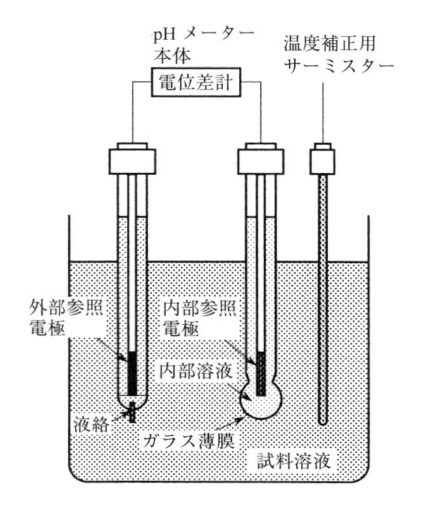

図 10・17　pH センサーを含む pH メーターの基本構造

H$^+$ イオン活量をそれぞれ $a(\mathrm{H}^+)_\mathrm{x}$, $a(\mathrm{H}^+)_\mathrm{o}$ とすると，次式で与えられる．

$$E_\mathrm{m} = \frac{RT}{F}\ln\left[\frac{a(\mathrm{H}^+)_\mathrm{x}}{a(\mathrm{H}^+)_\mathrm{o}}\right] \quad (10\cdot 24)$$

さらに，$a(\mathrm{H}^+)_\mathrm{o}$ は既知であるから，試料溶液の $\mathrm{pH}(\mathrm{X}) = -\log a(\mathrm{H}^+)_\mathrm{x}$ と測定される膜電位 E_m の関係は次のようになる．

$$\begin{aligned}E_\mathrm{m} &= \mathrm{const.} + \frac{RT}{F}\ln[a(\mathrm{H}^+)_\mathrm{x}]\\ &= \mathrm{const.} - 0.059\,\mathrm{pH}(\mathrm{X}) \quad (25\,°\mathrm{C}) \quad (10\cdot 25)\end{aligned}$$

このように，25 °C で pH の値が 1 だけ変化すると，センサーの示す電位 E は 59 mV 変化する．

このような共存する妨害イオンを j，その活量を a_j，電荷数を z_j，目的のイオン i の測定に対して妨害を受ける程度を $K_{\mathrm{i,j}}$ で表すと，イオンセンサーの示す電位 E は

$$E = \mathrm{const.} + (RT/z_\mathrm{i}F)\ln\left\{a_\mathrm{i} + \sum_\mathrm{j} K_{\mathrm{i,j}}\cdot a_\mathrm{j}^{(z_\mathrm{i}/z_\mathrm{j})}\right\} \quad (10\cdot 26)$$

で表される．$K_{\mathrm{i,j}}$ はイオン選択係数(selectivity coefficient)あるいは選択定数(selectivity constant)とよばれ，この値が小さいほど，イオンセンサーは共存イオン j の妨害を受けることが少なくて，目的のイオン i に対する選択性がよい．

実際の pH 測定においては，pH センサーを pH 標準溶液中に浸漬したときと試料溶液中に浸漬したときの膜電位の差から，次式によって，試料溶液の pH を決定する．

$$\mathrm{pH}(\mathrm{X}) = \mathrm{pH}(\mathrm{S}) + \frac{E_\mathrm{X} - E_\mathrm{S}}{0.059} \quad (25\,°\mathrm{C}) \quad (10\cdot 27)$$

また，2 種類の標準溶液を使用する場合には，次の関係式から，試料溶液の pH を決定する．

$$\frac{\mathrm{pH}(\mathrm{X}) - \mathrm{pH}(\mathrm{S}_1)}{\mathrm{pH}(\mathrm{S}_2) - \mathrm{pH}(\mathrm{S}_1)} = \frac{E(\mathrm{X}) - E(\mathrm{S}_1)}{E(\mathrm{S}_2) - E(\mathrm{S}_1)} \quad (10\cdot 28)$$

これらの式中での pH(X)，pH(S)，pH(S$_1$) および pH(S$_2$) はそれぞれ試料溶液 X，標準溶液 S，S$_1$ および S$_2$ 中の pH 値であり，$E(\mathrm{X})$，$E(\mathrm{S})$，$E(\mathrm{S}_1)$ およ

び $E(S_2)$ はそれぞれ試料溶液 X,標準溶液 S,S_1 および S_2 中の膜電位である.この場合,pH 標準溶液 S_1 と S_2 はそれらの中での膜電位 E_1 と E_2 が試料溶液中での膜電位 E_X の両側にあり,しかもできるだけ E_X に近いように選ぶことが大切である.なお,pH 標準溶液としては,表 10・3 に示す溶液がしばしば採用されている.

なお,pH 測定の際には,温度の制御および補正も非常に重要である.さらに,ガラス膜は K^+,Na^+,Li^+ などの 1 価のカチオンにもいくらか応答するので,高濃度のアルカリ水溶液中では正しい pH 値を測定できなくなることも知っておく必要がある.

表 10・3 代表的な標準溶液(水溶液)の pH 値

温度(°C)	25°Cで飽和した酒石酸水素カリウム〔$KHC_4H_4O_6$〕	0.05 mol kg^{-1} フタル酸水素カリウム〔$C_6H_4(COOK)(COOH)$〕	0.025 mol kg^{-1} リン酸二水素カリウム〔KH_2PO_4〕+0.025 mol kg^{-1} リン酸水素二ナトリウム〔Na_2HPO_4〕	0.008695 mol kg^{-1} リン酸二水素カリウム〔KH_2PO_4〕+0.03043 mol kg^{-1} リン酸水素二ナトリウム〔Na_2HPO_4〕	0.01 mol kg^{-1} 四ホウ酸二ナトリウム〔$Na_2B_4O_7$〕
0		4.003	6.984	7.534	9.464
5		3.999	6.951	7.500	9.395
10		3.998	6.923	7.472	9.332
15		3.999	6.900	7.448	9.276
20		4.002	6.881	7.429	9.225
25	3.557	4.008	6.865	7.413	9.180
30	3.552	4.015	6.853	7.400	9.139
35	3.549	4.024	6.844	7.389	9.102
38	3.548	4.030	6.840	7.384	9.081
40	3.547	4.035	6.838	7.380	9.068
45	3.547	4.047	6.834	7.373	9.038
50	3.549	4.060	6.833	7.367	9.011
55	3.554	4.075	6.834		8.985
60	3.560	4.091	6.836		8.962
70	3.580	4.126	6.845		8.921
80	3.609	4.164	6.859		8.885
90	3.650	4.205	6.877		8.850
95	3.674	4.227	6.886		8.833

10・2・2 ガスセンサー

気体成分を検出するセンサーはガスセンサー(gas sensor)とよばれる．ガスセンサーには多種多様の材料や原理が使われ，用途もさまざまである．たとえば，半導体表面にガスが吸着したときの電気伝導率の変化を検出する半導体ガスセンサー，ガスを活性な酸化触媒で完全燃焼させたときの温度の変化を検出する接触燃焼式ガスセンサー，電気化学的に活性なガスを定電位で酸化または還元させたときの電流の変化を検出する定電位電解式ガスセンサー，電気化学的に活性なガスの電極反応と適当な対極反応を組み合せて構成した電池の電流を検出するガルバニ電池式ガスセンサー，固体電解質のイオン伝導性を利用した固体電解質ガスセンサーなどがある．

以下では，ガスセンサーの代表として電気抵抗式の半導体ガスセンサー(semicondactor gas sensor)をとりあげ，その作動原理を考えてみよう．電気抵抗式はガスに触れたときの半導体の電気抵抗の変化を利用するものである．

半導体ガスセンサーには金属酸化物半導体，とくに，n型半導体であるSnO_2がよく用いられる．n型半導体の表面に気体分子が吸着する場合には，図10・18に示すように，半導体表面と吸着分子の間で電子の授受が起こり，電荷の偏りが生じる．一般に，水素，一酸化炭素，メタン，プロパン，アルコールなどの可燃性すなわち還元性の気体はイオン化エネルギーが小さい[*23]の

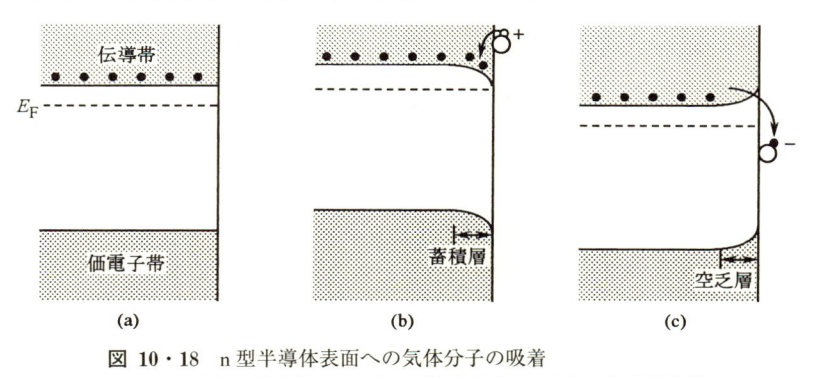

図 10・18　n型半導体表面への気体分子の吸着
(a) 吸着前　(b) 正電荷吸着　(c) 負電荷吸着

[*23] 吸着準位が半導体のフェルミ準位より上にある．

で，このような気体分子が吸着する場合には，吸着分子が半導体表面に自由電子を与えてカチオンとなり，半導体表面には自由電子の多い蓄積層が生じる．n型半導体の導電性をもたらすキャリアーは自由電子であるから，この場合には，ガスが吸着することにより電気伝導率が上がる，すなわち電気抵抗が小さくなる．なお，酸素のような電子親和力が大きい分子が吸着する場合には，これと逆になる．

半導体ガスセンサー素子の構造の一例を図 10・19 に示す．これは，一対の貴金属線[24]コイルが n 型半導体の金属酸化物[25]の焼結体内部に埋め込まれたものであり，使用時にはヒーターを兼ねた一方のコイルに電圧を加えて約 350 ℃ に加熱する．大気中で通電すると SnO_2 焼結体の表面に可燃性気体がカチオンとして吸着し，半導体内部の電子が増加することと表面電位が変化することにより，半導体の電気抵抗値が急激に変化する．この素子の抵抗変化は，一定電圧を印加した状態で素子と直列に基準抵抗を入れ，その両端電圧から求められる．このようなセンサーは，高感度で長寿命，小型で低コストであるなどの特長があり，家庭用のガス漏れ警報器などによく使われる．

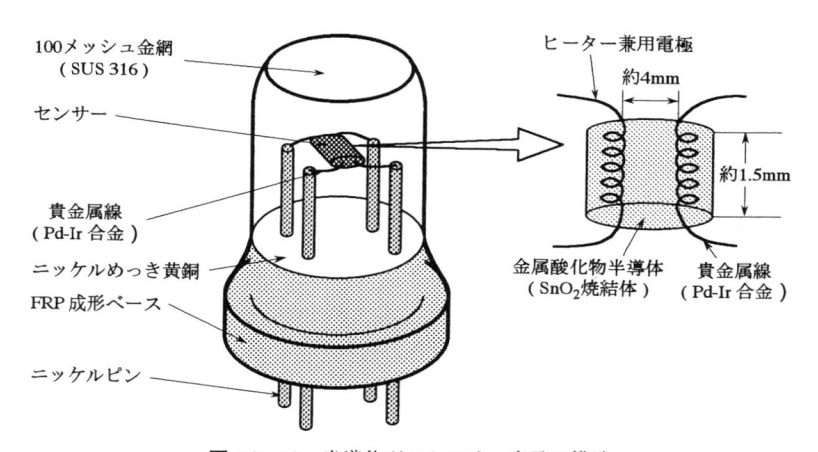

図 10・19 半導体ガスセンサー素子の構造

---

[24] Pd-Ir 合金．
[25] 主成分 SnO_2

においセンサー(odor sensor)もよく似た原理で製造される．その一例として熱線型焼結半導体センサーをとりあげよう．これは，たとえば白金線コイルの上に SnO_2 を主成分とする金属酸化物を薄く球状に塗布した後，焼結させたものである．白金線コイルに電流を流し，金属酸化物半導体の温度を約400°Cに保っておく．半導体表面に電子供与性のアミン類などのにおい成分が吸着すると，その電子濃度が増大し，半導体の電気伝導率が上昇するとともに熱伝導率もよくなる．その結果，放熱によって温度が下がり，白金線の電気抵抗値が下がる．その抵抗値の変化をブリッジ回路の偏差電圧として取り出す．このようなにおいセンサーは，高感度で長寿命，耐被毒性に優れるなどの特長があるので，食品の品質監視，肉や魚などの鮮度判定，河川や工場廃水の水質監視などの多くの用途がある．

演 習 問 題

10・1 ポテンショメトリー(電位差測定法)の原理について述べよ．

10・2 アンペロメトリー(電流測定法)の原理について述べよ．

10・3 クーロメトリー(電気量測定法)の原理について述べよ．

10・4 レドックス種を含む溶液中で得られるサイクリックボルタモグラムにおいて電流のピークが現われる理由を述べよ．

10・5 化学センサーを分類し，それぞれについて一つずつ例を挙げて，簡単に説明せよ．

10・6 ガラス膜を用いた pH センサーの作動原理を説明せよ．

参考図書，参考文献および参考資料

電気化学一般の教科書

A. R. Denaro 著，本多健一訳，"基礎電気化学"，東京化学同人(1970)．

吉沢四郎・渡辺信淳，"電気化学I，II"，共立出版(1974)．

吉沢四郎編，"電気化学III"，共立出版(1974)．

外島 忍・佐々木英夫，"電気化学(改訂版)"，電気学会(オーム社)(1976)．

田村英雄・松田好晴，"現代電気化学"，培風館(1977)．

日本化学会編，松野武雄・朝倉祝治，"新版 電気化学"，大日本図書(1981)．

喜多英明・魚崎浩平，"電気化学の基礎―電気化学を志す人へ―"，技報堂出版(1983)．

電気化学協会編，"新しい電気化学"，培風館(1984)．

日本化学会編，米山 宏，"新化学ライブラリー．電気化学"，大日本図書(1986)．

田島 栄，"電気化学通論 第3版"，共立出版(1986)．

J. Koryta 著，藤平正道他訳，"コリタ 電気化学"，共立出版(1987)．

小沢昭弥企画・監修，"現代の電気化学"，新星社(1990)．

玉虫伶太，"電気化学 第2版"，東京化学同人(1991)．

増子 昇・高橋正雄，"理工系学生・エンジニアのための電気化学―問題とその解き方―"，アグネ技術センター(1993)．

松田好晴・岩倉千秋，"化学教科書シリーズ 電気化学概論"，丸善出版(1994)．

大堺利行・加納健司・桑畑 進，"ベーシック電気化学"，化学同人(2000)．

渡辺 正・金村聖志・益田秀樹・渡辺正義，"基礎化学コース 電気化学"，丸善出版(2001)．

金村聖志，"電気化学 基礎と応用"，化学同人(2010)．

電気化学の専門書

J. M. West 著，岡本 剛監修，石川達雄・柴田俊夫共訳，"電析と腐食 第2版"，産業図書(1977)．

P. Delahay 著，加藤晧一訳，"電気二重層と電極反応機構"，コロナ社(1970)．

岡本 剛・井上勝也，"腐食と防食"，大日本図書(1971)．

長 哲郎編，"共立化学ライブラリー 電極反応の応用"，共立出版(1973)．

G. Wranglén 著，吉沢四郎・山川宏二・片桐　晃共訳，"金属の腐食防食序論"，化学同人(1973)．

日本化学会編，"化学総説 No. 7 分子レベルからみた界面の電気化学"，東京大学出版会(1975)．

日本化学会編，"イオンと溶媒(化学総説 No. 11)"，学会出版センター(1976)．

H. H. Bauer 著，玉虫伶太・佐藤　弦訳，"電極反応―エレクトロディクス概説―"，東京化学同人(1976)．

日根文男，"腐食工学の概要"，化学同人(1977)．

日根文男，"電気化学反応操作と電解槽工学"，化学同人(1979)．

高橋正雄・増子　昇，"工業電解の化学"，アグネ(1979)．

佐々木和夫・九内淳堯，"電極反応入門"，化学同人(1980)．

坪村　宏，"光電気化学とエネルギー変換"，東京化学同人(1980)．

鳥居　滋，"有機電解合成―電解酸化の方法と応用"，講談社(1981)．

吉沢四郎編，"電池"，講談社(1982)．

清山哲郎・塩川二朗・鈴木周一・笛木和夫編，"化学センサ―その基礎と応用―"，講談社(1982)．

高橋武彦，"化学 One Point 8 燃料電池"，共立出版(1984)．

藤嶋　昭・相澤益男・井上　徹，"電気化学測定法(上，下)"，技報堂出版(1984)．

鈴木周一編，"バイオセンサー"，講談社(1984)．

電気化学協会編，"電気化学便覧 第 4 版"，丸善出版(1985)．

電気化学会編，"電気化学便覧 第 5 版"，丸善出版(2000)．

電気化学会編，"電気化学便覧 第 6 版"，丸善出版(2013)．

D. K. Kyriacou 著，松田好晴訳，"基礎 有機電解合成"，培風館(1985)．

清山哲郎，"化学センサ"，共立出版(1985)．

電気鍍金研究会編，"めっき教本"，日刊工業新聞社(1986)．

軽部征夫，"バイオセンサー"，共立出版(1986)．

竹原善一郎，"電池―その化学と材料"，大日本図書(1988)．

電気化学協会編，"新編 電気化学測定法"，電気化学協会(1988)．

窪川　祐・本多健一・斎藤泰和編，"光触媒"，朝倉書店(1988)．

日本化学会編，"季刊 化学総説 No. 1 バイオセンシングとそのシステム"，学会出版センター(1988)．

平井竹次・高橋祥夫，"ポピュラーサイエンス 電池の話"，裳華房(1989)．

逢坂哲彌・小山　昇・大坂武男，"電気化学法—基礎測定マニュアル"，講談社(1989).

電池便覧編集委員会編（編集代表　松田好晴，竹原善一郎），"電池便覧"，丸善出版(1990).

電池便覧編集委員会編（編集代表　松田好晴，竹原善一郎），"電池便覧　増補版"，丸善出版(1995).

電池便覧編集委員会編（編集代表　松田好晴，竹原善一郎），"電池便覧　第3版"，丸善出版(2001).

逢坂哲彌・小山　昇編，"電気化学法—応用測定マニュアル"，講談社(1990).

池田宏之助，"電池の進化とエレクトロニクス"，工業調査会(1992).

川内昌介・飯島孝志・川瀬哲成監修，"コードレス機器全盛時代を支える新しい電池技術のはなし"，工業調査会(1993).

表面技術協会編，"表面処理工学基礎と応用"，日刊工業新聞社(2000).

日本化学会編，"季刊化学総説　新型電池の材料化学"，学会出版センター(2001).

田村英雄監修，池田宏之助・岩倉千秋・松田好晴編著，"電子とイオンの機能化学シリーズ Vol.1 いま注目されているニッケル-水素二次電池のすべて"，エヌ・ティー・エス(2001).

田村英雄監修，松田好晴・高須芳雄・森田昌行編著，"電子とイオンの機能化学シリーズ Vol.2 大容量電気二重層キャパシタの最前線"，エヌ・ティー・エス(2002).

田村英雄監修，森田昌行・池田宏之助・岩倉千秋・松田好晴編著，"電子とイオンの機能化学シリーズ Vol.3 次世代型リチウム二次電池"，エヌ・ティー・エス(2003).

田村英雄監修，内田裕之，池田宏之助，岩倉千秋，高須芳雄編著，"電子とイオンの機能化学シリーズ Vol.4 固体高分子形燃料電池のすべて"，エヌ・ティー・エス(2003).

電気化学会編，"電気化学測定マニュアル　基礎編"，丸善出版(2002).

電気化学会編，"電気化学測定マニュアル　実践編"，丸善出版(2002).

電気鍍金研究会編著，"次世代めっき技術—表面技術におけるプロセス・イノベーション—"，日刊工業新聞社(2004).

日本化学会編，"実力養成化学スクール4　燃料電池"，丸善出版(2005).

松下電池工業株式会社監修，"図解入門　よくわかる最新電池の基本と仕組み"，秀和

システム(2005).

三洋電機株式会社監修,"入門ビジュアルテクノロジー よくわかる電池",日本実業出版社(2006).

D. T. Sawyer・A. Sobkowiak・J. L. Roberts. Jr. 著,藤嶋　昭・立間　徹訳,"電気化学測定法の基礎",丸善出版(2003).

その他

片桐　晃,"わかりやすい電気化学とその応用"(第5回電気化学講習会テキスト),p. 50(1975),電気化学協会関西支部.

鵜飼義一・岸　松平・豊永　実,三田郁夫編,"表面技術便覧―めっき・陽極酸化編―",広信社(1983).

今堀和友・山川民夫監修,"生化学辞典",東京化学同人(1984).

玉虫伶太・井上祥平・梅沢喜夫・小谷正博・鈴木紘一・務台　潔編,"エッセンシャル化学辞典",東京化学同人(1999).

文部省・日本化学会編,"学術用語集 化学編(増訂2版)",南江堂(1986).

久保亮五・長倉三郎・井口洋夫・江沢　洋編,"岩波 理化学辞典 第5版",岩波書店(2003).

岩倉千秋・桑畑　進,"実験を主とした電気化学測定法講習会"(第17回電気化学講習会テキスト),p. 37(1987),電気化学協会関西支部.

塩川二朗監修,"カーク・オスマー化学大辞典",丸善出版(1988).

電池・器具,第794号,p. 5145(1988年2月15日発行),日本電池工業会.

"ムーンライト計画新型電池電力貯蔵システム",p. 2(1988),新エネルギー・産業技術総合開発機構.

G. M. Barrow 著,大門　寛・堂免一成訳,"バーロー物理化学(上,下)(第6版)",東京化学同人(1999).

P. Atkins・J. de Paula 著,千原秀昭・中村亘男訳,"アトキンス物理化学 (上,下)(第8版)",東京化学同人(2009).

沢井啓安,"バッテリー技術の現状と将来動向"(第1回バッテリー技術シンポジウムテキスト),B1-4-1(1993),日本能率協会.

日本化学会編,"第5版 化学便覧 応用化学編",丸善出版(1995).

日本化学会編,"第6版 化学便覧 応用化学編",丸善出版(2003).

日本化学会編,"第7版 化学便覧 応用化学編",丸善出版(2014).

足立吟也・岩倉千秋・馬場章夫編，"新しい工業化学 環境との調和をめざして"，化学同人(2004)．
井上博史・野原慎士，"ゼロから学ぶ電気化学―測定データを解釈するために―"（第36回電気化学講習会テキスト），p. 44(2006)，電気化学会関西支部．
電気化学会電池技術委員会編，"電池ハンドブック"，オーム社(2010)．
松田好晴・逢坂哲彌・佐藤祐一編集代表，"キャパシタ便覧"，丸善出版(2009)．

参考資料

電池工業会ホームページ(http://www.baj.or.jp/)
日本ソーダ工業会ホームページ(http://www.jsia.gr.jp/)
パナソニックホームページ(http://panasonic.co.jp/index3.html)．
ジーエス・ユアサコーポレーションホームページ(http://www.gs-yuasa.com/jp/index.asp)
ソニーホームページ(http://www.sony.co.jp/)
シャープホームページ(http://www.sharp.co.jp/)

付表 A　SI 基本単位と物理量

物理量	量の記号	SI 単位の名称	SI 単位の記号
長さ	l	メートル	m
質量	m	キログラム	kg
時間	t	秒	s
電流	I	アンペア	A
熱力学温度	T	ケルビン	K
物質量	n	モル	mol
光度	I_v	カンデラ	cd

付表 B　SI 接頭語

倍数	接頭語	記号	倍数	接頭語	記号
10	デカ	da	10^{-1}	デシ	d
10^2	ヘクト	h	10^{-2}	センチ	c
10^3	キロ	k	10^{-3}	ミリ	m
10^6	メガ	M	10^{-6}	マイクロ	μ
10^9	ギガ	G	10^{-9}	ナノ	n
10^{12}	テラ	T	10^{-12}	ピコ	p
10^{15}	ペタ	P	10^{-15}	フェムト	f
10^{18}	エクサ	E	10^{-18}	アト	a

注）質量の SI 基本単位は kg であるが，質量の単位の 10 の整数乗倍は，グラムに接頭語をつけて表示する．たとえば，mg（μkg と書かない），Mg（kkg と書かない）

付表 C　SI と併用される単位

物理量	単位の名称	記号	SI 単位による値	
時間	分	min	60	s
時間	時	h	3600	s
時間	日	d	86 400	s
平面角	度	°	$(\pi/180)$	rad
体積	リットル	l, L	10^{-3}	m^3
質量	トン	t	10^3	kg
長さ	オングストローム	Å	10^{-10}	m
圧力	バール	bar	10^5	Pa
エネルギー	電子ボルト	eV	1.60218	$\times 10^{-19}$ J
質量	統一原子質量単位	u	1.66054	$\times 10^{-27}$ kg

付表 D　エネルギー単位の換算表

波数 $\tilde{\nu}$ cm^{-1}	振動数 ν MHz	エネルギー E eV	モルエネルギー E_m kJ mol^{-1}	E_m kcal mol^{-1}	温度 T K
1	2.997925×10^4	1.239842×10^{-4}	11.96266×10^{-3}	2.85914×10^{-3}	1.438769
3.33564×10^{-5}	1	4.135669×10^{-9}	3.990313×10^{-7}	9.53708×10^{-8}	4.79922×10^{-5}
8065.54	2.417988×10^8	1	96.4853	23.0605	1.16045×10^4
83.5935	2.506069×10^6	1.036427×10^{-2}	1	0.239006	120.272
349.755	1.048539×10^7	4.336411×10^{-2}	4.184	1	503.217
0.695039	2.08367×10^4	8.61738×10^{-5}	8.31451×10^{-3}	1.98722×10^{-3}	1

$E = h\nu = hc\tilde{\nu} = kT$,　$E_m = N_A E$ (N_A: Avogadro 定数)

付表 E　基本物理定数の値

物理量	記号	数値	単位
真空中の光速度*	c_0	299 792 458	m s^{-1}
真空の誘電率*	ε_0	$8.854\,187\,816 \times 10^{-12}$	F m^{-1}
電気素量	e	$1.602\,177\,33(49) \times 10^{-19}$	C
Planck 定数	h	$6.626\,0755(40) \times 10^{-34}$	J s
Avogadro 定数	L, N_A	$6.022\,1367(36) \times 10^{23}$	mol^{-1}
Faraday 定数	F	$9.648\,5309(29) \times 10^4$	C mol^{-1}
Bohr 半径	a_0	$5.291\,772\,49(24) \times 10^{-11}$	m
Bohr 磁子	μ_B	$9.274\,0154(31) \times 10^{-24}$	J T^{-1}
Rydberg 定数	R_∞	10 973 731.534(13)	m^{-1}
気体定数	R	8.314 510(70)	J K^{-1} mol^{-1}
Boltzmann 定数	k, k_B	$1.380\,658(12) \times 10^{-23}$	J K^{-1}
自由落下の標準加速度*	g_n	9.806 65	m s^{-2}
Celsius 温度目盛のゼロ点*	$T(0°C)$	273.15	K

*　定義された正確な値

付表 F　ギリシャ文字

アルファ	A α	イータ	H η	ニュー	N ν	タウ	T τ
ベータ	B β	シータ	Θ ϑ, θ	グザイ	Ξ ξ	ウプシロン	Υ υ
ガンマ	Γ γ	イオタ	I ι	オミクロン	O o	ファイ	Φ φ, ϕ
デルタ	Δ δ, ∂	カッパ	K κ	パイ	Π π	カイ	X χ
イプシロン	E ε, ϵ	ラムダ	Λ λ	ロー	P ρ	プサイ	Ψ ψ
ゼータ	Z ζ	ミュー	M μ	シグマ	Σ σ	オメガ	Ω ω

演習問題解答

1 章

1・3 ガルバニ電池の放電過程では正極がカソードであり，負極がアノードである．一方，電解セルでは正極がアノードであり，負極がカソードである．

これは正極，負極が電極の静電的な電位の高低によって決められるのに対して，アノードとカソードは電極反応（電極/電解質溶液界面で電子を授受する反応）が酸化反応であるか還元反応であるかによって決められるからである．

アノード酸化，カソード還元と覚えればよい．

1・4 アルカリ水溶液を用いる水の電気分解における電極反応は次の通りである．

陰極（カソード）：$2\,H_2O + 2\,e^- \longrightarrow H_2 + 2\,OH^-$

陽極（アノード）：$2\,OH^- \longrightarrow 1/2\,O_2 + H_2O + 2\,e^-$

したがって，水の電気分解では，2 F の電気量当り水素は 1 mol，酸素は 1/2 mol 発生する．

理想気体の状態方程式 $PV = nRT$ より 25 °C，1 気圧で 0.108 dm^3 の水素と 0.054 dm^3 の酸素の物質量（mol）はそれぞれ次のように計算される．

水素：$n = \dfrac{PV}{RT} = \dfrac{1 \times 0.108}{0.082\,06 \times 298.15} = 0.004\,414$ mol

酸素：$n = \dfrac{PV}{RT} = \dfrac{1 \times 0.054}{0.082\,06 \times 298.15} = 0.002\,207$ mol

それゆえ，実際に電解槽中を流れた電気量は水素の物質量を用いて計算すると

$$\dfrac{2\,\text{F} \times 0.004\,414}{1} = 0.008\,828\,\text{F} = 0.008\,828 \times 96\,485\,\text{C}\,(= \text{A s})$$
$$= 851.8\,\text{C}\,(= \text{A s})$$

これだけの電気量が 20 分間で流れたので，平均電流は次のように計算される．

$$\dfrac{851.8}{20 \times 60} = 0.7098\,\text{A}$$

1・5 (1) 式(1・7)より

$$m = \dfrac{Q}{F} \cdot \dfrac{M}{n} = \dfrac{0.500 \times 5 \times 60}{96\,485} \cdot \dfrac{63.546}{2} = 0.0494\,\text{g}$$

(2) 式(1・10)より

$$\text{電流効率} = \frac{\text{実際の析出量}}{\text{理論析出量}} \times 100 (\%)$$

$$= \frac{0.0478}{0.0494} \times 100 (\%)$$

$$= 96.8 (\%)$$

1・6 求める電流値を I アンペア(A)とすると，銅電量計へ通じた電気量は

$$I \times 13 \times 60 = I \times 780 \, (\text{C})$$

と表される．銅電量計の重量変化は 1.531 g であったから，式(1・7)を用いると，

$$m = 1.531 = \frac{Q}{F} \cdot \frac{M}{n} = \frac{I \times 780}{96\,485} \cdot \frac{63.546}{2}$$

$$\therefore \ I = 5.96 \, \text{A}$$

同じ電気量をニッケルのめっき槽に通じたから，ニッケルの理論析出量は

$$m = \frac{Q}{F} \cdot \frac{M}{n} = \frac{5.96 \times 780}{96\,485} \cdot \frac{58.693}{2} = 1.414 \, \text{g}$$

ゆえに，ニッケルめっきの電流効率は次のように計算される．

$$\frac{1.350}{1.414} \times 100 = 95.47 \%$$

1・7 水の電気分解反応は 2 電子反応で表すと，$H_2O \rightarrow H_2 + 1/2 \, O_2$ となる．したがって，理論的には，2 F の電気量で水 1 mol すなわち 18.02 g の水が電気分解される．ゆえに，1 t の水を電気分解するための理論電気量は

$$2 \times \frac{1\,000\,000}{18.02} \fallingdotseq 111\,000 \, \text{F}$$

理論電解エネルギー(J)は(理論分解電圧(V))×(理論電気量(C))で与えられ，1 F=96 485 C，1 J=1 V C であるから

$$1.23 (\text{V}) \times 111\,000 (\text{F}) = 1.23 (\text{V}) \times 111\,000 \times 96\,485 (\text{C}) = 1.32 \times 10^{10} (\text{V C})$$

$$= 1.32 \times 10^{10} \, \text{J}$$

1・8 求める電流値を I アンペア(A)とすると，銀電量計へ通じた電気量(Q)は

$$Q = I \times t$$

$$= I (\text{A}) \times 40 \times 60 (\text{s})$$

$$= I \times 2400 \, \text{C}$$

銀電量計の重量変化(m)は 8.95 mg であったから，

$$m = 8.95 \times 10^{-3}$$

$$m = \frac{Q}{F} \cdot \frac{M}{n}$$

$$= \frac{I \times 2400}{96\,485} \cdot \frac{107.8682}{1}$$

これらは相等しいので, $8.95 \times 10^{-3} = \left(\dfrac{I \times 2400}{96\,485}\right) \cdot \left(\dfrac{107.8682}{1}\right)$

$$\therefore\ I = 0.003\,336\,\mathrm{A} = 3.336\,\mathrm{mA}$$

2 章

2・5 式(2・6)と表(2・2)から

$\Lambda^\infty[\mathrm{Ca(OH)_2}] = \lambda^\infty[\mathrm{Ca^{2+}}] + 2\lambda^\infty[\mathrm{OH^-}] = 119.0 \times 10^{-4} + 2 \times 198.3 \times 10^{-4}$
$\qquad = 515.6 \times 10^{-4}\,\mathrm{S\,m^2\,mol^{-1}}$

2・6 (1) まず式(2・2)を用いてセル定数を求め, 次に同じ式を用いて比電気伝導率を求める.

セル定数: $\dfrac{l}{A} = \dfrac{\chi}{1/R} = \chi R = 1.286 \times 1555 = 2000\,\mathrm{m^{-1}}$

比電気伝導率: $\chi = \dfrac{1}{R} \cdot \dfrac{l}{A} = \dfrac{1}{787} \times 2000 = 2.541\,\mathrm{S\,m^{-1}}$

(2) 式(2・4)を用いる.

モル電気伝導率: $\Lambda = \dfrac{\chi}{1000c} = \dfrac{2.541}{1000 \times 0.5}$
$\qquad = 0.005\,082\,\mathrm{S\,m^2\,mol^{-1}}$

(3) 式(2・17)を用いて解離度を求め, 式(2・13)を用いて平衡定数を求める.

解離度: $\alpha = \dfrac{\Lambda}{\Lambda^\infty} = \dfrac{\Lambda}{\lambda_+^\infty + \lambda_-^\infty}$
$\qquad = \dfrac{50.82 \times 10^{-4}}{349.81 \times 10^{-4} + 54.6 \times 10^{-4}}$
$\qquad = 0.126$

平衡定数: $K_\mathrm{C} = \dfrac{\alpha^2 c}{1-\alpha} = \dfrac{(0.126)^2 \times 0.5}{1 - 0.126}$
$\qquad = 9.08 \times 10^{-3}$

(4) 式(2・27)を用いる. $\lambda_+^\infty = Fu_+^\infty$, $\lambda_-^\infty = Fu_-^\infty$ より

カチオンの移動度: $u_+^\infty = \dfrac{\lambda_+^\infty}{F} = \dfrac{349.81 \times 10^{-4}}{96\,485}$
$\qquad = 0.003\,625\,5 \times 10^{-4}\,\mathrm{m^2\,s^{-1}\,V^{-1}}$

アニオンの移動度: $u_-^\infty = \dfrac{\lambda_-^\infty}{F} = \dfrac{54.6 \times 10^{-4}}{96\,485}$

$$= 0.00056589 \times 10^{-4} \text{ m}^2 \text{ s}^{-1} \text{ V}^{-1}$$

なお，題意にあるカチオンの輸率 $t_+ = 0.865$ は $t_+^\infty = 349.81 \times 10^{-4}/(349.81 \times 10^{-4} + 54.6 \times 10^{-4}) = 0.865$ であることから，確認する目的以外，とくに必要ではない．

2・7 式(2・27)を用いる．$\lambda_+^\infty = Fu_+^\infty$, $\lambda_-^\infty = Fu_-^\infty$ より

カチオンの移動度：$u_+^\infty = \dfrac{\lambda_+^\infty}{F} = \dfrac{349.81 \times 10^{-4}}{96485}$

$$= 0.0036255 \times 10^{-4} \text{ m}^2 \text{ s}^{-1} \text{ V}^{-1}$$

アニオンの移動度：$u_-^\infty = \dfrac{\lambda_-^\infty}{F} = \dfrac{54.6 \times 10^{-4}}{96485}$

$$= 0.00056589 \times 10^{-4} \text{ m}^2 \text{ s}^{-1} \text{ V}^{-1}$$

2・8 まず式(2・39)を用いてイオン強度 I を計算し，次に式(2・40)を用いて平均活量係数 $\gamma_\pm$ を計算する．

$$I = (1/2) \sum m_i z_i^2 = (1/2)[0.0007 \times 2 \times 1^2 + 0.0007 \times (-2)^2] = 0.0021$$

$$\log \gamma_\pm = -0.5091|z_+ z_-| I^{1/2} = 0.5091 \times 1 \times (-2) \times \sqrt{0.0021}$$

$$= -0.5091 \times |1 \times (-2)| \times 0.0458 = -0.0466$$

$$\therefore \quad \gamma_\pm = 0.898$$

3章

3・4 (1) 負極：$H_2 \longrightarrow 2H^+ + 2e^-$　　　$E^\circ = 0.000$ V *vs.* SHE

正極：$Cu^{2+} + 2e^- \longrightarrow Cu$　　　$E^\circ = 0.340$ V *vs.* SHE

電池：$H_2 + Cu^{2+} \longrightarrow 2H^+ + Cu$　　$E^\circ = 0.340$ V

$\Delta G^\circ = -nFE^\circ = -2 \times 96485 \times 0.340 \fallingdotseq -65600$ J $= -65.6$ kJ mol^{-1}

(2) 負極：$Zn \longrightarrow Zn^{2+} + 2e^-$　　　　　　$E^\circ = -0.763$ V *vs.* SHE

正極：$Fe^{3+} + e^- \longrightarrow Fe^{2+}$　　　　　　$E^\circ = 0.771$ V *vs.* SHE

電池：$Zn + 2Fe^{3+} \longrightarrow Zn^{2+} + 2Fe^{2+}$　$E^\circ = 0.771 - (-0.763)$

$$= 1.534 \text{ V}$$

$\Delta G^\circ = -nFE^\circ = -2 \times 96485 \times 1.534 \fallingdotseq -296016$ J mol^{-1}

$$= -296.0 \text{ kJ mol}^{-1}$$

3・5 (1) 負極：$Fe^{2+}(a = 0.8) \mid Fe$

$$Fe^{2+}(a = 0.8) + 2e^- \rightleftarrows Fe$$

$$E = E^\circ - \dfrac{0.059}{2} \log \dfrac{1}{0.8} = -0.440 - \dfrac{0.059}{2} \log 1.25$$

$$= -0.440 - 0.003$$

$$= -0.443 \text{ V } vs. \text{ SHE}$$

正極：$Br^2 | Br^- (a = 0.1)$

$$Br_2 + 2e^- \rightleftharpoons 2Br^- (a = 0.1)$$

$$E = E° - \frac{0.059}{2} \log \frac{(0.1)^2}{1} = 1.065 - \frac{0.059}{2} \log 0.01$$

$$= 1.065 + 0.059 = 1.124 \text{ V } vs. \text{ SHE}$$

電池の起電力

$$E = E_{正極} - E_{負極} = 1.124 - (-0.443) = 1.567 \text{ V}$$

(2) 負極：$Zn^{2+} (a = 0.7) | Zn$

$$Zn^{2+} (a = 0.7) + 2e^- \rightleftharpoons Zn$$

$$E = E° - \frac{0.059}{2} \log \frac{1}{0.7} = -0.763 - \frac{0.059}{2} \log \frac{1}{0.7}$$

$$= -0.763 - 0.005 = -0.768 \text{ V } vs. \text{ SHE}$$

正極：$Ni^{2+} (a = 1.6) | Ni$

$$Ni^{2+} (a = 1.6) + 2e^- \rightleftharpoons Ni$$

$$E = E° - \frac{0.059}{2} \log \frac{1}{1.6}$$

$$= -0.257 - \frac{0.059}{2} \log \frac{1}{1.6} = -0.257 + 0.006 = -0.251 \text{ V } vs. \text{ SHE}$$

電池の起電力

$$E = E_{正極} - E_{負極} = -0.251 - (-0.768) = 0.517 \text{ V}$$

3・6 $2.3 \dfrac{RT}{F} = \dfrac{2.3 \times 8.31 (\text{J K}^{-1} \text{mol}^{-1}) \times 298 (\text{K})}{96485 (\text{C mol}^{-1})}$

$$= 0.059 \text{ J C}^{-1}$$

$$= 0.059 \text{ V}$$

$\ln x \fallingdotseq 2.3026 \log x$, $R \fallingdotseq 8.3145 \text{ J K}^{-1} \text{mol}^{-1}$, $F \fallingdotseq 96485 \text{ C mol}^{-1}$, $1 \text{ J} = 1 \text{ CV}$ であるから，もっと正確な数値は 25 °C ($T = 298.15$ K) で $\dfrac{2.3026 RT}{F} = 0.05916$ となる．

3・7 上式の電池反応にあずかる電子の数は 1 であるから，
 25 °C では

$$\Delta G° = -nFE° = -1 \times 96485 \times 0.2239 = -21603 \text{ J mol}^{-1}$$

$$\Delta S° = -\left[\frac{\partial (\Delta G°)}{\partial T}\right]_P = nF \left[\frac{\partial E°}{\partial T}\right]_P$$

$$= 1 \times 96485 \times (-645.52 \times 10^{-6}) = -62.283 \text{ J K}^{-1} \text{mol}^{-1}$$

$$\Delta H^\circ = \Delta G^\circ + T\Delta S^\circ = -21\,603 + 298.15 \times (-62.283)$$
$$= -40\,173 \text{ J mol}^{-1}$$

60 °C では

$$\Delta G^\circ = -nFE^\circ$$
$$= -1 \times 96\,485 \times (0.2239 - 645.52 \times 10^{-6} \times 35 - 3.284 \times 10^{-6} \times 35^2$$
$$+ 9.948 \times 10^{-9} \times 35^3) = -19\,076 \text{ J mol}^{-1}$$

$$\Delta S^\circ = -\left[\frac{\partial(\Delta G^\circ)}{\partial T}\right]_P = nF\left[\frac{\partial E^\circ}{\partial T}\right]_P$$
$$= 1 \times 96\,485 \times (-645.52 \times 10^{-6} - 2 \times 3.284 \times 10^{-6} \times 35$$
$$+ 3 \times 9.948 \times 10^{-9} \times 35^2) = -80.936 \text{ J K}^{-1}\text{ mol}^{-1}$$

$$\Delta H^\circ = \Delta G^\circ + T\Delta S^\circ = -19\,076 + 333.15 \times (-80.936)$$
$$= -46\,040 \text{ J mol}^{-1}$$

3・8 ギブズエネルギー変化：$\Delta G = -nFE = -2 \times 96\,485 \times 1.01832$
$$= -196\,505 \text{ J mol}^{-1}$$

エントロピー変化：$\Delta S = -\left[\frac{\partial(\Delta G)}{\partial T}\right]_P = nF\left[\frac{\partial E}{\partial T}\right]_P$
$$= 2 \times 96\,485 \times (-5.00 \times 10^{-5}) = -9.65 \text{ J K}^{-1}\text{ mol}^{-1}$$

エンタルピー変化：$\Delta H = \Delta G + T\Delta S = -196\,505 + 298.15 \times (-9.65)$
$$= -199\,382 \text{ J mol}^{-1}$$

3・9 式(3・41)を用いるとよい．

$$E = \frac{RT}{2F}\ln\frac{p_1}{p_2}$$
$$= \frac{0.059}{2}\log\frac{0.8}{0.2} = 0.0178 \text{ V}$$

3・10 電池構成が Pt｜H_2(1 atm)｜H^+($a=1$)｜O｜R で表される電池を考えて，ネルンスト式を適用すると，この電池の全反応式は式(3)となり，この電池の起電力は式(4)すなわち式(5)となる．

$$\frac{1}{2}H_2 + \frac{1}{n}O \rightleftharpoons H^+ + \frac{1}{n}R \qquad (3)$$

$$E = E^\circ - \frac{RT}{F}\ln\frac{a_{H^+}\cdot a_R^{1/n}}{P_{H_2}^{1/2}\cdot a_O^{1/n}} \qquad (4)$$

ここで，$P_{H_2}=1$, $a_{H^+}=1$ であるから，

$$E = E^\circ - \frac{RT}{nF}\ln\frac{a_R}{a_O} \qquad (5)$$

これは半電池 O｜R の単極の電位にほかならない．

5章

5・3 ダニエル電池の電池反応は次のように表される．
$$Zn + CuSO_4 \rightleftarrows ZnSO_4 + Cu$$
1 mol の Zn と 1 mol の $CuSO_4$ の質量は
$$65.39 + 159.61 = 225.00 \text{ g} = 0.225 \text{ kg}$$
である．また，理論的には，これから
$$2 \text{ F} = 2 \times 96\,485 \text{ C} = 192\,970 \text{ C} = 192\,970 \text{ As} = 53.60 \text{ Ah}$$
の電気量が得られる．したがって，単位質量当りの理論容量は
$$\frac{53.60}{0.225} = 238 \text{ Ah kg}^{-1}$$

5・4 この電池のエネルギーは
$$1.5(\text{V}) \times \frac{1.5(\text{V})}{200(\Omega)} \times 60(\text{h}) = 0.675 \text{ V A h} = 0.675 \text{ Wh}$$
である．したがって，単位質量当りのエネルギー密度は
$$\frac{0.675(\text{Wh})}{15 \times 10^{-3}(\text{kg})} = 45 \text{ Wh kg}^{-1}$$

5・5 この電池のエネルギーは
$$1.2(\text{V}) \times 2700(\text{mAh}) = 3240(\text{V mAh}) = 3.240 \text{ Wh}$$
である．また，電池の体積は
$$\pi r^2 H = 3.14 \times \left(\frac{14.35}{2}\right)^2 (\text{mm}^2) \times 50.4(\text{mm}) = 8147 \text{ mm}^3$$
$$= 8.147 \times 10^{-3} \text{ dm}^3$$
と計算される．したがって，単位体積当りのエネルギー密度は
$$\frac{3.240(\text{Wh})}{8.147 \times 10^{-3}(\text{dm}^3)} = 397.7 \text{ Wh dm}^{-3}$$
また，単位質量当りのエネルギー密度は
$$\frac{3.240(\text{Wh})}{31 \times 10^{-3}(\text{kg})} = 104.5 \text{ Wh kg}^{-3}$$

5・6 この反応式の充放電で移動する電子数は 1 である．$LiFePO_4$ のモル質量が 157.76 であることより，$LiFePO_4$ の 1 g は 1/157.76＝0.006 34 mol に相当する．
$LiFePO_4$ 1 g 当りの理論充放電容量は
$$0.006\,34 \text{ F} = 0.006\,34 \times 96\,485 \text{ C} = 611.7 \text{ C}$$
$$= 611.7 \text{ As} = 169.9 \text{ mAh}$$

5・8 理論起電力 $= -\dfrac{\Delta G°}{nF} = \dfrac{-219.2 \times 1000}{-2 \times 96\,485} = 1.136 \text{ V}$

$$\text{理論エネルギー変換効率} = \frac{-\Delta G°}{-\Delta H°} \times 100 = \frac{219.2}{243.5} \times 100$$
$$= 90.0\%$$

5・9 このキャパシタの放電電気量は
$$50 \times 10^{-3} \times 120 = 6.00 \text{ C}$$
キャパシタ端子電圧の変化は
$$0.90 - 0.20 = 0.70 \text{ V}$$
キャパシタの静電容量は
$$\frac{6.00}{0.70} = 8.57 \text{ F}$$
この電気二重層キャパシタで使用されている活性化炭素の質量は
$$72 \times 10^{-3} \times 2 = 144 \times 10^{-3} = 0.144 \text{ g}$$
活性化炭素の単位質量に対する静電容量は
$$\frac{8.57}{0.144} = 59.5 \text{ F g}^{-1}$$

6章

6・3 理論電気量原単位 $Q°(\text{kAh t}^{-1})$ は,式(1・7)から,$Q° = Q/m = (n/M)F$ となる.食塩電解の全反応は次の通りである.
$$2\text{NaCl} + 2\text{H}_2\text{O} \longrightarrow 2\text{NaOH} + \text{Cl}_2 + \text{H}_2$$
食塩電解による水素の製造
$$Q° = \frac{n}{M}F = \frac{2}{2.016} \times 26.80 = 26.587 \text{ Ah g}^{-1} = 26\,587 \text{ kAh t}^{-1}$$
食塩電解による塩素の製造
$$Q° = \frac{n}{M}F = \frac{2}{70.9} \times 26.80 = 0.756 \text{ Ah g}^{-1} = 756 \text{ kAh t}^{-1}$$
食塩電解によるカセイソーダの製造
$$Q° = \frac{n}{M}F = \frac{1}{40.0} \times 26.80 = 0.670 \text{ Ah g}^{-1} = 670 \text{ kAh t}^{-1}$$

8章

8・3 (1) $+0.5(\text{V }\textit{vs.}\text{ SCE}) - (-0.3)(\text{V }\textit{vs.}\text{ SCE}) = 0.8 \text{ V}$.すなわち 0.8 V アノード分極したので,図 8・8(a)のように,表面の方が上向きになる

(2) 図 8・8(a)および(b)に題意の条件を当てはめるとよい.フラットバンドの状態では,図 8・8(b)から,伝導帯の下端 $E_\text{c} = -0.4 \text{ V }\textit{vs.}\text{ SCE}(+0.4 \text{ eV})$,価

電子帯の上端 $E_\mathrm{V}=+2.1\,\mathrm{V}$ $vs.$ $\mathrm{SCE}(-2.1\,\mathrm{eV})$. 分極された状態下では，図 8・8 (a) から，伝導帯の下端 $E_\mathrm{C}=+0.4\,\mathrm{V}$ $vs.$ $\mathrm{SCE}(-0.4\,\mathrm{eV})$，価電子帯の上端 $E_\mathrm{V}=+2.9\,\mathrm{V}$ $vs.$ $\mathrm{SCE}(-2.9\,\mathrm{eV})$

8・4 式(8・1)を用いる．

$$E = h\nu = \frac{hc}{\lambda} = \frac{1.24 \times 10^3}{\lambda} \quad (\lambda:\mathrm{nm}\ \text{単位})$$

n 型 ZnO 電極：$\lambda = \dfrac{1.24 \times 10^3}{E} = \dfrac{1.24 \times 10^3}{3.20} \fallingdotseq 388\,\mathrm{nm}$ 以下

n 型 $\mathrm{TiO_2}$ 電極：$\lambda = \dfrac{1.24 \times 10^3}{E} = \dfrac{1.24 \times 10^3}{3.0} \fallingdotseq 413\,\mathrm{nm}$ 以下

n 型 (p 型) GaP 電極：$\lambda = \dfrac{1.24 \times 10^3}{E} = \dfrac{1.24 \times 10^3}{2.30} \fallingdotseq 539\,\mathrm{nm}$ 以下

索　引

あ　行

IR 降下　(IR drop)　60
IR 損　(IR loss)　60, 72, 74
亜鉛空気電池　(zinc-air battery)　91
亜鉛製錬　(zinc refining)　128
アクセプター　(acceptor)　183
アクリロニトリルの電気還元二量化　135
アデノシン 5′-三リン酸　(adenosine 5′-triphosphate)　204
アデノシン 5′-二リン酸　(adenosine 5′-diphosphate)　211
アニオン　(anion)　2
アノード　(anode)　6
アノード光電流　(anodic photocurrent)　191
アノード酸化　(anodic oxidation)　152
アノード処理　(anodic treatment)　143
アノードスライム　(anode slime)　140
アノードピーク電位　(anodic peak potential)　231
アノードピーク電流密度　(anodic peak current density)　231
アノード分極　(anodic polarization)　64
アノード防食　(anodic protection)　173
アポ酵素　(apoenzyme)　205
RI 電池　(RI battery)　79
アルカリ(電解質)形燃料電池　(alkaline electrolyte fuel cell, AFC)　108
アルカリ乾電池　(alkaline dry battery)　88
アルカリ蓄電池　(alkaline storage battery)　98
アルカリマンガン乾電池　(alkaline manganese dry battery)　88
アルカリマンガン電池　(alkaline manganese battery)　88
アルマイト　(anodized aluminium)　153
アルミニウム製錬　(aluminium refining)　128
アルミニウム電解キャパシタ　(aluminium electrolytic capacitor)　154
アルミニウムのアノード酸化　153
アレニウス式　(Arrhenius equation)　61
アレニウスの電離説　(theory of electrolytic dissociation)　16
安定化ジルコニア　(stabilized zirconia)　130
アンペロメトリー　(amperometry)　226
イオン　(ion)　2
　　——の輸率　(transport number, transference number)　19, 21
イオン液体　(ionic liquid)　32
イオン解離　(ionic dissociation)　17
イオン化電位　(ionization potential)　46
イオン強度　(ionic strength)　29
イオン交換膜法　(ion-exchange membrane process)　132
イオン交換膜法食塩電解　132
イオンセンサー　(ion sensor)　213, 242
イオン選択係数　(selectivity coefficient)　245
イオン選択性電極　(ion-selective electrode)　242
イオン選択定数　(selectivity constant)　245
イオン電極　(ion electrode)　242
イオン伝導　(ion conduction)　24
イオン伝導体　(ionic conductor)　4
イオン雰囲気　(ionic atmosphere)　24
一次電池　(primary battery)　80, 85
移動係数　(transfer coefficient)　65
移動度　(ionic mobility)　22
陰イオン　(anion)　2
インピーダンス　(impedance)　237

索引

ウィーン効果　(Wien effect)　24
ウェストン電池　(Weston cell)　37

泳動　(migration)　69
液間電位　(liquid junction potential)　49, 53
エッジ欠陥　(edge vacancy)　144
n 型半導体　(n-type semiconductor)　179
エネルギーギャップ　(energy gap)　181
エネルギー効率　(energy efficiency)　124
エネルギーバンド　(energy band)　181
エネルギー変換効率　(energy conversion efficiency)　83
エネルギー密度　(energy density)　84
エレクトロキャタリシス　(electrocatalysis)　74
エロージョン・コロージョン　(erosion-corrosion)　161
塩化亜鉛型電池　(zinc chloride battery)　87
塩化チオニルリチウム電池　(thionyl chloride-lithium battery)　92
塩橋　(salt bridge)　54

黄銅　(brass)　162
応力腐食　(stress corrosion)　161
帯　(band)　179
オーミック接合　(ohmic junction)　187
オーム降下　(ohmic drop)　60
オーム損　(ohmic loss)　60

か 行

回転ディスク電極　(rotating disk electrode, RDE)　234
回転リングディスク電極　(rotating ring-disk electrode, RRDE)　234
解糖系　(glycolytic pathway)　208
外部ヘルムホルツ面　(outer Helmholtz plane)　58
解離度　(degree of dissociation)　17, 18
化学当量　(chemical equivalent)　8
化学めっき　(chemical plating)　143
可逆電極電位　(reversible electrode potential)　60
可逆半波電位　(reversible half-wave potential)　225
拡散　(diffusion)　69

拡散係数　(diffusion coefficient)　26, 69
拡散限界電流密度　(diffusion-limited current density)　235
拡散層　(diffusion layer)　59, 70
拡散流束　(diffusion flux)　26 69
角速度　(angular velocity)　235
隔膜　(separator)　4
隔膜法　(diaphragm process)　132
ガスセンサー　(gas sensor)　213, 242, 247
カソード　(cathode)　7
カソード光電流　(cathodic photocurrent)　191
カソードピーク電位　(cathodic peak potential)　231
カソードピーク電流密度　(cathodic peak current density)　231
カソード分極　(cathodic polarization)　64
カソード防食　(cathodic protection)　173
カチオン　(cation)　2
カチオン交換膜　(cation exchange membrane)　111
活性化エネルギー　(activation energy)　61
活性化過電圧　(activation overpotential)　63
活性化処理　(activation treatment)　148
活性支配の電流密度　(kinetically-controlled current density)　236
活動電位　(action potential)　202, 205
活物質　(active material)　80
活量　(activity)　27
活量係数　(activity coefficient)　27
過電圧　(overpotential, overoltage)　63, 82, 124
価電子帯　(valence band)　181
過不動態　(transpassivity)　172
ガルバニ電池　(Galvanic cell)　4
カロメル電極　(calomel electrode)　42
乾食　(dry corrosion)　161
乾電池　(dry battery)　87
感応化処理　(sensitization treatment)　148
緩和効果　(relaxation effect)　24

基質　(substrate)　205
犠牲アノード法　(sacrificial anode method)　173
起電力　(electromotive force)　35
ギブズエネルギー　(Gibbs energy)　4
ギブズ自由エネルギー　(Gibbs free energy)　4

索引　271

ギブズ-ヘルムホルツ式（Gibbs-Helmholtz equation）　40
キャパシタ（capacitor）　113, 154
強制通電法（impressed current method）　174
強電解質（strong electrolyte）　14
局部電池機構（local cell mechanism）　162, 165, 206
局部腐食（local corrosion）　161
均一腐食（homogeneous corrosion）　161
銀-塩化銀電極　42
キンク（kink）　144
禁制帯（forbidden band）　181
金属水素化物（metal hydride, MH）　100
空間電荷層（space-charge layer）　185
空気亜鉛電池（air-zinc battery）　91
空気電池（air battery）　91
クエン酸回路（citric acid cycle）　208
グラナ（granum）　210
クリステ（cristae）　208
グルコースセンサー（glucose sensor）　214
クロノアンペロメトリー（chronoamperometry）　222, 223, 226
クロノクーロメトリー（chronocoulometry）　222, 223, 229
クロノポテンショグラム（chronopotentiogram）　225
クロノポテンショメトリー（chronopotentiometry）　222, 225
クーロメトリー（coulometry）　228
クロロフィル（chlorophyll）　209
クーロンの法則（Coulomb's law）　18
結晶化過電圧（crystallization overvoltage）　144
限界拡散電流密度（limiting diffusion current density）　71
限界電流密度（limiting current density）　71
原子力電池（nuclear battery, atomic battery）　79
高温高圧型アルカリ水溶液電解　130
交換電流密度（exchange current density）　62, 66
光合成電子伝達系（photosynthetic electron transport）　205
孔食（pitting corrosion）　161
酵素（enzyme）　201
酵素反応（enzyme reaction）　214
抗体（antibody）　214
高分子電解質形燃料電池（polymer electrolyte fuel cell, PEFC）　108
高率放電（high rate discharge）　97
交流インピーダンス法（AC impedance method）　237
呼吸（respiration）　208
呼吸鎖電子伝達系（respiratory chain electron transport system）　205
コージェネレーション（cogeneration）　112
固体高分子(電解質)形燃料電池（solid polymer electrolyte fuel cell, PEFC）　108
固体高分子形燃料電池（solid polymer fuel cell, SPFC）　108
固体高分子電解質（solid polymer electrolyte, SPE）　130
固体高分子電解質形燃料電池（solid polymer electrolyte fuel cell, SPEFC）　108
固体酸化物(電解質)形燃料電池（solid oxide electrolyte fuel cell, SOFC）　108
コットレル式（Cottrell equation）　227
コーテッキー-レービッチ式（Koutecky-Levich equation）　236
コールコールプロット（Cole-Cole plot）　238
コールラウシュのイオン独立移動の法則（Kohlrausch's law of the independent migration of ions）　15
コールラウシュブリッジ（Kohlrausch bridge）　12
混成電位（mixed potential）　169
コンダクタンス（conductance）　11
コンダクトメトリー（conductometry）　239
コンデンサ（condenser）　113, 154

さ　行

サイクリックボルタモグラム（cyclic voltammogram）　230
サイクリックボルタンメトリー（cyclic voltammetry, CV）　230
最高被占軌道（highest occupied molecular

orbital, HOMO)　179
最低空軌道 （lowest unoccupied molecular orbital, LUMO)　180
作用電極 （working electrode)　73
酸化銀電池 （silver oxide battery)　89, 90
酸化酵素 （oxidase)　206
酸化水銀電極 （mercuric oxide electrode)　42
酸化水銀電池 （mercury oxide battery)　90
酸化銅リチウム電池 （copper oxide-lithium battery)　92
参照電極 （reference electrode)　42, 48, 74
酸素過電圧 （oxygen overvoltage)　125
サンド式 （Sand equation)　225

色素増感 （dye sensitization)　197
色素増感太陽電池 （dye-sensitized solar cell)　198
式量電位 （formal potential)　242
試験電極 （test electrode)　73
仕事関数 （work function)　185
自己放電 （self-discharge)　84
支持電解質 （supporting electrolyte)　126
指示電極 （indicator electrode)　222
実際のエネルギー変換効率 （energy conversion efficiency)　83
湿食 （wet corrosion)　161
シトクロム （cytochrome)　208
シナプス （synapse)　202
四分波電位 （quarter wave potential)　225
弱電解質 （weak electrolyte)　14
自由電子 （free electron)　179, 181
出力密度 （power density)　84
食塩電解 （brine electrolysis)　128
食塩電解工業　131
助酵素 （coenzyme)　205
ショットキー障壁 （Schottky barrier)　186
神経系 （nervous system)　201
神経細胞 （nerve cell)　202
神経伝達物質 （neurotransmitter)　202
浸出 （leaching)　139
真性半導体 （intrinsic semiconductor)　181

水銀電池 （mercury battery)　90
水銀法 （mercury process)　132
水素過電圧 （hydrogen overvoltage)　125
水素-酸素燃料電池 （hydrogen-oxygen fuel cell)　4, 110
水素電極 （hydrogen electrode)　41
水和 （hydration)　23
隙間腐食 （crevice corrosion)　161
スタック （stack)　113
ステップ （step)　144
ストロマ （stroma)　210
寸法安定性アノード（電極）（dimensionally stable anode (electrode))　133

正極 （positive electrode)　4, 6, 80
正孔 （positive hole)　179, 181
静止状態 （resting state)　202
静止電位 （resting potential)　203
生物電気化学 （bioelectrochemistry)　201
生物電池 （biocell)　201
接触腐食 （contact corrosion)　161
Zスキーム （Z scheme)　211
セル定数 （cell constant)　13
零電荷電位 （potential of zero charge)　60
遷移時間 （transition time)　225
センサー （sensor)　213
全面腐食 （general corrosion)　161

槽電圧 （cell voltage)　123
速度定数 （rate constant)　61
素反応 （elementary reaction)　60
ゾーン電気泳動法 （zone electrophoresis)　212

た 行

第一種電極 （electrode of the first kind)　41
対極 （counter electrode)　73
耐食合金 （corrosion resistant alloy)　177
第二種電極 （electrode of the second kind)　41
太陽電池 （solar battery)　79
対流 （convection)　69
対流ボルタンメトリー （hydrodynamic voltammetry)　234
脱水素酵素 （dehydrogenase)　206
脱成分腐食 （dealloying)　161
ダニエル電池 （Daniell cell)　35, 163
ターフェル式 （Tafel equation)　2, 67
炭酸固定 （carbon dioxide fixation)　210

索　引

炭酸同化 (carbon dioxide assimilation)	210
タンタル電解キャパシタ (tantalum electrolytic capacitor)	155
蓄電器 (condenser)	113
蓄電池 (storage battery, accumulator)	80
抵抗率 (resistivity)	11
定常法 (steady-state method)	222
定電位クーロメトリー (potentiostatic coulometry)	228
定電位電解 (potentiostatic electrolysis)	222
定電流クーロメトリー (galvanostatic coulometry)	228
定電流電解 (galvanostatic electrolysis)	222
低率放電 (low rate discharge)	97
滴下水銀電極 (dropping mercury electrode)	225
テトラフルオロエチレンポリマー (tetrafluoroethylene polymer)	133
デバイ-ヒュッケルの極限法則 (Debye-Huckel's limiting law)	28
デバイ-ファルケンハーゲン効果 (Debye-Falkenhagen effect)	24
テラス (terrace)	144
電圧効率 (voltage efficiency)	83, 124
電位-pH 図 (プールベ図)	169
電位規制法 (potentiostatic method)	219
電位差計 (potentiometer)	36
電位差測定(法) (potentiometry)	223
電位差滴定 (potentiometric titration)	223
電位差滴定曲線 (potentiometric titration curve)	224
電位走査法 (potential sweep method)	230
電位窓 (potential window)	29, 31, 126
電解 (electrolysis)	121
電解液 (electrolytic solution)	2, 11
電解還元二量化	135
電解研磨 (electrolytic polishing)	155
電解採取 (electrolytic winning)	138
電解質 (electrolyte)	2, 11
電解質溶液 (electrolyte solution)	2, 11
電解重合 (electropolymerization)	136
電解製錬(電解精製) (electrolytic refining, electrorefining)	126, 140
電解セル (electrolytic cell)	4, 73
電解槽 (electrolysis cell, electrolytic cell, electrolyzer)	73, 121
電解着色 (electrolytic coloring)	155
電荷移動過程 (charge transfer process)	60
電荷移動抵抗 (charge transfer resistance)	67
電荷担体 (charge carrier)	179
電気泳動効果 (electrophoretic effect)	24
電気泳動法 (electrophoresis)	212
電気化学 (electrochemistry)	1
電気化学セル (electrochemical cell)	1, 73
電気化学当量 (electrochemical equivalent)	8
電気化学反応 (electrochemical reaction)	57
電気化学光電池 (electrochemical photovoltaic cell)	193
電気抵抗 (resistance)	11
電気伝導率, 電気伝導度 (electric conductivity)	11
電気透析 (electrodialysis)	141
電気二重層 (electrical double layer)	57
電気二重層キャパシタ (electric double layer capacitor, EDLC)	114
電気分解 (electrolysis)	2, 5, 121
電気めっき (electroplating)	143
電気容量 (capacitance)	113
電極 (electrode)	2
電極触媒 (electrocatalyst)	74
電極電位 (electrode potential)	35
電極反応 (electrode reaction)	57
電気量規制法 (coulostatic method)	222
電子 (electron)	4
電子伝達系 (electron transport system)	205
電子伝達反応 (electron transport reaction)	205
電子伝導体 (electronic conductor)	4
電池 (battery, cell)	1, 79
——の表示法	35
電着塗装 (electrocoating)	143, 157
伝導帯 (conduction band)	181
伝導滴定 (conductometric titration)	239
伝導率 (conductivity)	11
電流 (current)	62
電流規制法 (galvanostatic method)	222
電流効率 (current efficiency)	9, 83, 124
電流測定(法) (amperometry)	226

電流密度 (current density) 57, 61
電量計 (coulometer) 8

銅精錬 (copper refining) 128
等電点 (isoelectric point) 212
導電性高分子 (conducting polymer) 136
導電率 (electric conductivity) 11
動粘性率 (kinematic viscosity) 235
特異吸着 (specific adsorption) 58
ドナー (donor) 183
ドナン膜電位 (Donnan membrane potential) 50, 203
ドーピング (doping) 182
トランスデューサー (transducer) 213, 242
トンネル効果 (tunneling) 25

な 行

ナイキストプロット (Nyquist plot) 238
内部抵抗 (internal resistance) 83
内部電位 (inner potential) 58
内部ヘルムホルツ面 (inner Helmholtz plane) 58
ナトリウムイオンポンプ (sodium pump) 204
鉛蓄電池 (lead-storage battery, lead-acid battery) 94

においセンサー (odor sensor) 249
ニカド電池 (nickel-cadmium battery) 98
ニコチンアミドアデニンジヌクレオチド (nicotinamide adenine dinucleotide) 206
二酸化マンガンリチウム一次電池 (manganese dioxide-lithium battery) 92
二次電池 (secondary battery) 80, 94
ニッケル-カドミウム電池 (nickel-cadmium battery) 98
ニッケル水素電池 (nickel-metal hydride battery) 98
ニューロン (neuron) 202

熱電併給 (cogeneration) 112
ネルンスト式 (Nernst equation) 2, 35, 38
燃料電池 (fuel cell) 4, 80, 108

濃淡電池 (concentration cell) 50
濃度過電圧 (concentration overpotential) 63

は 行

バイオセンサー (biosensor) 201, 212, 213
ばい焼 (roasting) 139
パウリの排他原理 (Pauli exclusion principle) 180
薄層セル (thin-layer cell) 240
バトラー-フォルマー式 (Butler-Volmer equation) 66
バリア層 (barrier layer) 153
半電池 (half cell) 41
バンド (band) 179
半導体ガスセンサー (semiconductor gas sensor) 247
半導体電極 (semiconductor electrode) 179
バンドギャップ (band gap) 181
半波電位 (half-wave potential) 232
半ピーク電流密度 (half-peak potential) 231

pHセンサー (pH sensor) 244
pn接合 (pn junction) 187
p型半導体 (p-type semiconductor) 179
光起電力 (photoelectromotive force) 188
光触媒 (photocatalyst) 195
光増感電解還元 (photosensitized electrolytic reduction) 192
光増感電解酸化 (photosensitized electrolytic oxidation) 192
光電気化学 (photoelectrochemistry) 179
光電池 (photoelectric cell, photovoltaic cell) 188
光透過性薄層電極 (optically transparent thin layer electrode) 240
ピーク電位 (peak potential) 231
ピーク電流密度 (peak current density) 231
非水電解質溶液 (nonaqueous electrolyte solution) 29
非対称効果 (asymmetry effect) 24
ヒットルフ (Hittorf) の方法 19
比抵抗 (specific resistivity) 11
非定常法 (nonsteady-state method) 222
比電気伝導率, 比電気伝導度 (specific electric conductivity) 11

比導電率 (specific conductivity)　　　11
標準起電力 (standard electromotive force)
　　　　　　　　　　　　　　　　39, 82
標準水素電極 (standard hydrogen
　electrode, SHE, normal hydrogen
　electrode, NHE)　　　　　　　43, 48
標準電極電位 (standard electrode potential,
　normal electrode potential)　　43, 44
頻度因子 (frequency factor)　　　　61

ファラデー (Faraday)　　　　　　　　7
ファラデー定数 (Faraday constant)　　8
ファラデーの法則 (Faraday's law)　1, 7
ファントホッフの i 係数 (van't Hoff's i
　factor)　　　　　　　　　　　　　17
フィックの拡散第一法則 (Fick's first law
　of diffusion)　　　　　　　　26, 69
フィックの拡散第二法則 (Fick's second
　law of diffusion)　　　　　　26, 69
フェルミ準位 (Fermi level)　　　　184
不活性電解質 (inert electrolyte)　　 69
不活態 (immunity)　　　　　　　　171
負極 (negative electrode)　　 4, 6, 80
複合めっき (composite plating)　　151
複素インピーダンス (complex impedance)
　　　　　　　　　　　　　　　　237
不純物半導体 (impurity semiconductor) 183
腐食 (corrosion)　　　　　　　　　161
腐食電位 (corrosion potential)　　 166
腐食電流 (corrosion current)　　　166
腐食抑制剤 (corrosion inhibitor)　173, 175
フッ化黒鉛リチウム電池 (graphite fluoride-
　lithium battery)　　　　　　　　 92
物質移動過程 (mass transfer process)　60
フッ素の電解製造　　　　　　　　 137
不動態 (passive state)　　　　　　 171
不動態化 (passivation)　　　　　　172
部分アノード電流密度 (partial anodic
　current density)　　　　　　　　 62
部分カソード電流密度 (partial cathodic
　current density)　　　　　　　　 62
不溶性 (金属電極)　　　　　　　 133
フラットバンド電位 (flat-band potential)
　　　　　　　　　　　　　　　　189
フラーデ電位 (Flade potential)　　172

プールベ図 (Pourbaix diagram)　　169
プロトン交換膜 (proton exchange
　membrane, PEM)　　　　　　　111
プロトン交換膜形燃料電池 (proton exchange
　membrane fuel cell, PEMFC)　　108
分解電圧 (decomposition voltage)　123
分極 (polarization)　　　　　　12, 82
分極抵抗 (polarization resistance)　 67
分光増感 (spectral sensitization)　 197
分光電気化学測定法 (spectro-electrochemical
　measurement)　　　　　　　　　240

平均活量 (mean activity)　　　　　 27
平均活量係数 (mean activity coefficient) 27
平衡定数 (equilibrium constant)　　 17
平衡電位 (equilibrium potential)　　 60
平衡電極電位 (equilibrium electrode
　potential)　　　　　　　　　　　60
ペルオキシソーム (peroxisome)　　205
ヘンリーの法則 (Henry's law)　　　27

ホイートストンブリッジ
　(Wheatstonebridge)　　　　　　　12
放射線電池 (radioactive battery)　　79
放電容量 (discharge capacity)　　　84
放電率 (rate of discharge)　　　　　97
包膜 (indusium)　　　　　　　　　210
補酵素 (coenzyme)　　　　　　　　205
補助電極 (auxiliary electrode)　　　73
ボタン形アルカリ電池 (button-type
　alkaline battery)　　　　　　　　90
ポテンショスタット (potentiostat)　223
ポテンショメトリー (potentiometry)　223
ポーラログラフィー (polarography)　225
ポーラログラム (polarogram)　　　232
ホール (hole)　　　　　　　　　　144
ボルタ電池 (Volta cell)　　　　　　163
ボルタンメトリー (voltammetry)　　230

ま 行

膜電位 (membrane potential)　　　 49
マンガン乾電池 (manganese dry battery) 85
ミクロソーム (microsome)　　　　205

索引

水電解（water electrolysis）　128
水の電気分解（water electrolysis）　5
密隔膜（membrane）　127
密閉型鉛蓄電池（sealed lead-acid battery）　96
ミトコンドリア（mitochondria）　205
無関係電解質（indifferent electrolyte）　69
無限希釈におけるモル電気伝導率（molar electric conductivity at infinite dilution）　14
無停電電源装置（uninterrupted power supply, UPS）　97
無電解銅めっき（electroless copper plating）　149
無電解めっき（electroless plating）　143, 147
めっき（plating）　142
メディエーター（mediator）　216
モルイオン電気伝導率（molar ionic conductivity）　15
モル電気伝導率（molar electric conductivity）　13

や　行

陽イオン（cation）　2
陽極効果（anode effect）　137
溶融塩（molten salt, fused salt）　137
溶融炭酸塩（電解質）形燃料電池（molten carbonate electrolyte fuel cell, MCFC）　108
葉緑素（chlorophyll）　210
葉緑体（chloroplast）　205

ら　行

ラジオアイソトープ電池（radio isotope battery）　79
ラメラ（lamella）　210
リチウムイオン電池（lithium ion battery）　102
リチウム一次電池（lithium primary battery）　92
リチウム二次電池（lithium secondary battery）　102
律速過程（rate-determining process）　60
律速段階（rate-determining step）　60
粒界腐食（intergranular corrosion）　161
理論エネルギー変換効率（theoretical energy conversion efficiency）　83
理論エネルギー密度（theoretical energy density）　84
理論起電力（theoretical electromotive force）　82
理論分解電圧（theoretical decomposition voltage）　124, 129
理論容量（theoretical capacity）　83
リン酸（電解質）形燃料電池（phosphoric acid electrolyte fuel cell, PAFC）　108
ルギン毛管（Luggin capillary）　74, 222
ルクランシェ型電池（Leclanche cell）　87
レセプター（receptor）　213, 242
レドックス電極（redox electrode）　41
レービッチ式（Levich equation）　235
ろ過膜（diaphragm）　127

わ　行

ワールブルグインピーダンス（Warburg impedance）　238

索　引　　277

欧　文

AC impedance method	237
acceptor	183
accumulator	80
action potential	202
activation energy	61
activation overpotential	63
activation treatment	148
active material	80
activity	27
activity coefficient	27
adenosine 5'-diphosphate	211
adenosine 5'-triphosphate	204
AFC	108
air battery	91
air-zinc battery	91
alkaline dry battery	88
alkaline electrolyte fuel cell	108
alkaline manganese battery	88
alkaline manganese dry battery	88
alkaline storage battery	98
aluminium electrolytic capacitor	154
aluminium refining	128
amperometry	226
angular velocity	235
anion	2
anode	6
anode effect	137
anode slime	141
anodic oxidation	152
anodic photocurrent	191
anodic polarization	64
anodic protection	173
anodic treatment	143
anodized aluminium	153
antibody	214
apoenzyme	205
Arrhenius equation	61
asymmetry effect	24
atomic battery	79
auxiliary electrode	74
bacteria	205

band	179
band gap	181
barrier layer	153
battery	1, 79
biocell	201
bioelectrochemistry	201
biosensor	201, 213
brass	162
brine electrolysis	128
Butler-Volmer equation	66
button-type alkaline battery	90
calomel electrode	42
capacitance	113
capacitor	113, 154
carbon dioxide assimilation	210
carbon dioxide fixation	210
cathode	7
cathodic peak current density	231
cathodic peak potential	231
cathodic photocurrent	191
cathodic polarization	64
cathodic protection	173
cation	2
cation exchange membrane	111
cell	79
cell constant	13
cell voltage	123
charge carrier	179
charge transfer process	60
charge transfer resistance	67
chemical equivalent	8
chemical plating	143
chlorophyll	209
chloroplast	205
chronoamperometry	222, 226
chronocoulometry	222, 229
chronopotentiogram	225
chronopotentiometry	222, 225
citric acid cycle	208
coenzyme	205
cogeneration	112
Cole-Cole plot	238
complex impedance	237
composite plating	151

concentration cell	50
concentration overpotential	63
condenser	113, 154
conductance	11
conducting polymer	136
conduction band	181
conductivity	11
conductometric titration	239
conductometry	239
contact corrosion	161
convection	69
copper refining	128
corrosion	161
corrosion current	166
corrosion inhibitor	173, 175
corrosion potential	166
corrosion resistant alloy	177
Cottrell equation	227
Coulomb's law	18
coulometer	8
coulometry	228
coulostatic method	222
counter electrode	74
crevice corrosion	161
cristae	208
crystallization overvoltage	144
current density	57
current efficiency	9, 83, 124
CV	230
cyclic voltammetry	230
cyclic voltammogram	230
cytochrome	208
Daniell cell	35, 163
dealloying	161
Debye-Falkenhagen effect	24
Debye-Huckel's limiting law	28
decomposition voltage	123
degree of dissociation	17, 18
dehydrogenase	206
diaphragm	127
diaphragm process	132
diffusion	69
diffusion coefficient	26, 69
diffusion flux	26, 69

diffusion layer	59, 71
diffusion-limited current density	235
dimensionally stable anode (electrode)	133
discharge capacity	84
Donnan membrane potential	50, 203
donor	183
doping	182
dropping mercury electrode	225
dry battery	87
dry corrosion	161
DSA	133
DSE	133
dye sensitization	197
dye-sensitized solar cell	198
edge vacancy	144
EDLC	114
electrolytic cell	4
electric conductivity	11
electric double layer capacitor	114
electrical double layer	57
electrocatalysis	74
electrocatalyst	74
electrochemical cell	1
electrochemical equivalent	8
electrochemical photovoltaic cell	193
electrochemical reaction	57
electrochemistry	1
electrocoating	143, 157
electrode	2
electrode of the first kind	41
electrode of the second kind	41
electrode potential	35
electrode reaction	57
electrodialysis	141
electroless copper plating	149
electroless plating	143, 147
electrolysis	2, 121
electrolysis cell	121
electrolyte	2, 11
electrolyte solution	2, 11
electrolytic cell	121
electrolytic coloring	155
electrolytic polishing	155
electrolytic refining	126

electrolytic solution	2, 11
electrolytic winning	138
electrolyzer	121
electromotive force	35
electron	4
electron transport reaction	205
electron transport system	205
electronic conductor	4
electrophoresis	212
electrophoretic effect	24
electroplating	143
electropolymerization	136
electrorefining	126
elementary reaction	60
energy band	181
energy conversion efficiency	83
energy density	84
energy efficiency	124
energy gap	181
enzyme	201
enzyme reaction	214
equilibrium constant	17
equilibrium electrode potential	60
equilibrium potential	60
erosion-corrosion	161
exchange current density	62
Faraday	7
Faraday constant	8
Faraday's law	1
Fermi level	184
Fick's first law of diffusion	26, 69
Fick's second law of diffusion	26, 69
Flade potential	172
flat-band potential	189
forbidden band	181
formal potential	242
free electron	179, 181
frequency factor	61
fuel cell	80, 108
fused salt	137
Galvanic cell	4
galvanization	143
galvanizing	143
galvanostatic coulometry	228
galvanostatic electrolysis	222
galvanostatic method	222
gas sensor	213, 242, 247
general corrosion	161
Gibbs energy	4
Gibbs free energy	4
Gibbs-Helmholtz equation	40
glycolytic pathway	208
granum	210
graphite fluoride-lithium battery	92
half cell	41
half-peak potential	231
half-wave potential	232
Henry's law	27
high rate discharge	97
highest occupied molecular orbital	179
Hittorfの方法	19
hole	144
HOMO	179
homogeneous corrosion	161
hydration	23
hydrodynamic voltammetry	234
hydrogen electrode	41
hydrogen overvoltage	125
hydrogen-oxygen fuel cell	110
immunity	171
impedance	237
impressed current method	174
impurity semiconductor	183
indicator electrode	222
indifferent electrolyte	69
indusium	210
inert electrolyte	69
inner Helmholtz plane	58
inner potential	58
intergranular corrosion	161
internal resistance	83
intrinsic semiconductor	181
ion	2
ion conduction	24
ion electrode	242
ion-exchange membrane process	132

ion-selective electrode	242
ion sensor	213, 242
ionic atmosphere	24
ionic conductor	4
ionic dissociation	17
ionic liquid	32
ionic mobility	22
ionic strength	29
ionization potential	46
IR drop	60
IR loss	60
isoelectric point	212
kinematic viscosity	235
kinetically-controlled current density	236
kink	144
Kohlrausch bridge	12
Kohlrausch's law of the independent migration of ions	15
Koutecky-Levich equation	236
lamella	210
leaching	139
lead-acid battery	94
lead-storage battery	94
Leclanché cell	87
Levich equation	235
limiting current density	71
limiting diffusion current density	71
liquid junction potential	49, 53
lithium ion battery	102
lithium primary battery	92
lithium secondary battery	102
local cell mechanism	162
local corrosion	161
low rate discharge	97
lowest unoccupied molecular orbital	180
Luggin capillary	74, 222
LUMO	180
manganese dioxide-lithium battery	92
manganese dry battery	85
mass transfer process	60
MCFC	108
MEA	112
mean activity	27

mean activity coefficient	28
mediator	216
membrane	127
membrane electrode assembly	112
membrane potential	49
mercuric oxide electrode	42
mercury battery	90
mercury oxide battery	90
mercury process	132
metal hydride	100
metal plating	143
MH	100
microsome	205
migration	69
mitochondria	205
mixed potential	169
molar electric conductivity	13
——at infinite dilution	14
molar ionic conductivity	15
molten carbonate electrolyte fuel cell	108
molten salt	137
n-type semiconductor	179
$NADH_2$	206
NADP	211
negative electrode	4, 80
Nernst equation	2, 35, 38
nerve cell	202
nervous system	201
neuron	202
neurotransmitter	202
NHE	43
nickel-cadmium battery	98
nickel-metal hydride battery	98
nicotinamide adenine dinucleotide	206
nicotinamide adenine dinucleotide phosphate	211
nonaqueous electrolyte solution	29
nonsteady-state method	222
normal electrode potential	43
normal hydrogen electrode	43
nuclear battery	79
Nyquist plot	238
odor sensor	249

ohmic drop	60
ohmic junction	187
ohmic loss	60
optically transparent thin layer electrode	240
outer Helmholtz plane	58
overoltage	63
overpotential	63
overvoltage	82, 124
oxidase	206
oxygen overvoltage	125
p-type semiconductor	179
PAFC	108
partial anodic current density	62
partial cathodic current density	62
passivation	172
passive state	171
Pauli exclusion principle	180
peak current density	231
peak potential	231
PEFC	108
PEM	111
PEMFC	108
peroxisome	205
pH sensor	244
phosphoric acid electrolyte fuel cell	108
photocatalyst	195
photoelectric cell	188
photoelectrochemistry	179
photoelectromotive force	188
photosensitized electrolytic oxidation	192
photosensitized electrolytic reduction	192
photosynthetic electron transport	205
photovoltaic cell	188
pitting corrosion	161
plating	142
pn junction	187
polarization	12, 82
polarization resistance	67
polarogram	232
polarography	225
polymer electrolyte fuel cell	108
positive electrode	4, 80
positive hole	179, 181
potential of zero charge	60

potential sweep method	230
potential window	29, 126
potentiometer	36
potentiometric titration	223
potentiometric titration curve	224
potentiometry	223
potentiostat	223
potentiostatic coulometry	228
potentiostatic electrolysis	222
potentiostatic method	219
Pourbaix diagram	169
power density	84
primary battery	80, 85
proton exchange membrane	111
proton exchange membrane fuel cell	108
quarter wave potential	225
radio isotope battery	79
radioactive battery	79
rate constant	61
rate of discharge	97
rate-determining process	60
rate-determining step	60
RDE	234
receptor	213, 242
redox electrode	41
reference electrode	42, 48, 74
relaxation effect	24
resistance	11
resistivity	11
respiration	208
resting potential	203
resting state	202
respiratory chain electron transport system	205
reversible electrode potential	60
reversible half-wave potential	225
RI battery	79
roasting	139
rotating disk electrode	234
rotating ring-disk electrode	234
RRDE	234
sacrificial anode method	173
salt bridge	54

Sand equation	225
Schottky barrier	186
sealed lead-acid battery	96
secondary battery	80, 94
selectivity coefficient	245
selectivity constant	245
self-discharge	84
semiconductor electrode	179
semiconductor gas sensor	247
sensitization treatment	148
sensor	213
separator	4
SHE	43, 48
silver oxide battery	89
sodium pump	204
SOFC	108
solar battery	79
solid oxide electrolyte fuel cell	108
solid polymer electrolyte	130
solid polymer electrolyte fuel cell	108
solid polymer fuel cell	108
space-charge layer	185
SPE	130
specific adsorption	58
specific conductivity	11
specific electric conductivity	11
specific resistivity	11
spectral sensitization	197
spectro-electrochemical measurement	240
SPEFC	108
SPFC	108
stabilized zirconia	130
stack	112
standard electrode potential	43
standard electromotive force	39, 82
standard hydrogen electrode	43
steady-state method	222
step	144
storage battery	80
stress corrosion	161
stroma	210
strong electrolyte	14
substrate	205
supporting electrolyte	126
synapse	202
Tafel equation	2, 67
tantalum electrolytic capacitor	155
terrace	144
test electrode	74
tetrafluoroethylene polymer	133
theoretical capacity	83
theoretical decomposition voltage	124
theoretical electromotive force	82
theoretical energy conversion efficiency	83
theoretical energy density	84
theory of electrolytic dissociation	16
thin-layer cell	240
thionly chloride-lithium battery	90
transducer	213, 242
transfer coefficient	64
transference number	19
transition time	225
transpassivity	172
transport number	19
tunneling	25
uninterrupted power supply	97
UPS	97
valence band	181
van't Hoff's i factor	17
Volta cell	163
voltage efficiency	83, 124
voltammetry	230
Warburg impedance	238
water electrolysis	128
weak electrolyte	14
Weston cell	37
wet corrosion	161
Wheatstonebridge	12
Wien effect	24
work function	185
working electrode	74
Z scheme	211
zinc-air battery	91
zinc chloride battery	87
zinc refining	128
zone electrophoresis	212

著者紹介
松田好晴
1965年　大阪大学大学院工学研究科修了　工学博士
1996年　山口大学名誉教授
岩倉千秋
1969年　大阪大学大学院工学研究科修了　工学博士
2005年　大阪府立大学名誉教授

化学教科書シリーズ
第2版　電気化学概論

　　　　　　　　　　　平成 6 年 9 月 30 日　　　　初版発行
　　　　　　　　　　　平成 25 年 8 月 30 日　　　初版第 20 刷発行
　　　　　　　平成 26 年 3 月 30 日　　　　第 2 版発行
　　　　　　　令和 5 年 8 月 30 日　　　第 2 版第 5 刷発行

著作者　　松　田　好　晴
　　　　　岩　倉　千　秋

発行者　　池　田　和　博

発行所　　丸善出版株式会社
〒101-0051　東京都千代田区神田神保町二丁目17番
編集：電話(03)3512-3262／FAX(03)3512-3272
営業：電話(03)3512-3256／FAX(03)3512-3270
https://www.maruzen-publishing.co.jp

© Yoshiharu Matsuda, Chiaki Iwakura, 2014

組版印刷・中央印刷株式会社／製本・株式会社 松岳社

ISBN 978-4-621-08680-3 C3343　　　　Printed in Japan

JCOPY 〈(一社)出版者著作権管理機構　委託出版物〉
本書の無断複写は著作権法上での例外を除き禁じられています．複写される場合は，そのつど事前に，(一社)出版者著作権管理機構(電話 03-5244-5088, FAX 03-5244-5089, e-mail：info@jcopy.or.jp)の許諾を得てください．